中华民族
传统家具大典

**Encyclopedia of
Chinese Traditional Furniture**

张福昌

主编

民族卷

清華大学出版社

北京

内 容 简 介

本书是第一部系统反映我国代表性地区和少数民族传统家具历史和特色的家具大典，全书共有 4 卷，分别为地区卷、民族卷、场景卷和综合卷。本卷为民族卷，分为 11 章，分别为中国少数民族传统家具综述、蒙古族传统家具、藏族传统家具、维吾尔族传统家具、苗族传统家具、彝族传统家具、满族传统家具、朝鲜族传统家具、傣族传统家具、纳西族传统家具和其他少数民族传统家具。为了纪念中国少数民族传统家具研究的开拓者——南京林业大学李德炳先生，将他在《家具》杂志上发表的系列研究文章作为本卷的综述部分；其他每一章都阐述了代表性少数民族传统家具的基本概况，该民族传统家具的起源、用材、结构及加工工艺、造型艺术等特征方面的内容，并以代表性的传统家具图片进行赏析介绍。

本书既可供国内外图书馆收藏，也可供从事家具、室内、建筑设计的生产企业与研究单位的工作人员参考，还可作为家具与工业设计、环境设计、设计艺术学、设计文化等学科的师生和喜好我国传统家具及文化的读者的参考资料。

图书在版编目 (CIP) 数据

中华民族传统家具大典 . 民族卷 / 张福昌主编 . -- 北京：清华大学出版社，2016

ISBN 978-7-302-43270-8

Ⅰ . ①中… 　 Ⅱ . ①张… 　 Ⅲ . ①少数民族 – 民族风格 – 家具 – 介绍 – 中国 　 Ⅳ . ① TS666.2

中国版本图书馆 CIP 数据核字（2016）第 044221 号

责任编辑：张秋玲
封面设计：傅瑞学
责任校对：刘玉霞
责任印制：沈　露

出版发行：清华大学出版社
　　　网　　　址：http://www.tup.com.cn, http://www.wqbook.com
　　　地　　　址：北京清华大学学研大厦 A 座　　　邮　　编：100084
　　　社 总 机：010-62770175　　　邮　　购：010-62786544
　　　投稿与读者服务：010-62776969, c-service@tup.tsinghua.edu.cn
　　　质量反馈：010-62772015, zhiliang@tup.tsinghua.edu.cn
印 装 者：三河市中晟雅豪印务有限公司
经　　销：全国新华书店
开　　本：210mm×285mm　　　印　　张：20.75　　　字　　数：510 千字
版　　次：2016 年 5 月第 1 版　　　印　　次：2016 年 5 月第 1 次印刷
定　　价：198.00 元

产品编号：066038-01

编 委 会

特别鸣谢

  本书是以中国几代从事传统文化和传统家具教育与研究的院校师生、从事传统家具生产和经营的企业家、从事传统家具收藏的艺术家和爱好者，长期积累的成果为基础编著而成的。本书在编写过程中特别得到了下列院校、企业和个人的热情支持和无私帮助，在此向他们表示崇高的敬意！

单位：

  江南大学设计学院

  江南大学设计科学与文化研究所

  南京林业大学家具与工业设计学院

  东北林业大学材料科学与工程学院

  北京林业大学材料科学与技术学院

  中南林业大学家具与艺术设计学院

  河南工业大学设计艺术学院

  广东轻工职业技术学院设计学院

  深圳祥利工艺家俬有限公司（友联为家）

  浙江宁波永淦进出口有限公司

  台湾工艺研究发展中心

  台湾台南·家具产业博物馆

  台湾"中国家具博物馆"

  香港华埔家具有限公司

  福建省连天红家具有限公司

  南通市永琦紫檀家具艺术珍藏馆

  东阳杜隆工艺品有限公司

  《家具》杂志社

  《家具与室内装饰》杂志社

  扬州工艺美术协会

  扬州漆器厂

  广东中山忠华瑞明清古典家具

  广东省东莞名家具俱乐部

  广西玉林民间收藏家协会等

个人：

田霖霞	平国安	王庆斌	王温漫	林秀娟	王美星	刘丽聪	朱方成	代福平
訾鹏	魏强	杨宛萤	李林芳	苏健	刘倩茹	邓利刚	徐秋鹏	刘曦卉
朱宁嘉	周林	李慧	刘俊哲	沈卓娅	赵来振	赵永淦	陈燕木	谢世强
周芳莼	边文虎	王少君	郭谕历	许丛瑶	吴如松	覃芳圆	田登刚	钟锦德
唐恬	葛美琴	冉祥飞	伍琴	朱瑞兴	莫沃佳	顾永琦	许熠萤	杨淳
牛晓霆	刘婷	李伟	肖雪霞	廖晓梅			

序 一

    家具不但是人类的生活必需品，也是人类的宝贵文化遗产。中国是世界上屈指可数的传统家具文化大国，具有几千年的历史，家具的种类和数量为世界之最。但是，随着全球经济一体化和中国经济快速发展与大规模城市化，人们的生活方式和文化发生了巨大变化，现代家具高速发展、种类繁多。与此同时，随着人民物质经济生活水平和精神文化消费需求的不断提高，传统家具的生产制造和消费市场正在国内迅速扩大。

    由张福昌、吴智慧、许美琪、胡景初、王逢瑚、林作新等 10 多位专家教授和企业的设计师编写的《中华民族传统家具大典》，着眼于以优秀传统家具为主体的中国传统文化遗产的挖掘、保护和传承，从全国各地收集、积累了几万张珍贵图片，经过精心挑选，编撰出这部展示中国代表性地区和少数民族传统家具类型、品种最多、规模最大的传统家具大型图书。

    本书不但从学术上系统论述了中国传统家具的类型、特征等理论，内容也显著区别于目前大量出版的供收藏、拍卖和企业模仿参考的古典家具图册，在中国传统家具研究领域中既有地区和民族文化的广度，又有传统家具研究的高度和深度。本书作为对中华民族传统家具理论和实践的专项研究，在历史、地域、民族和文化的跨度上都具有代表性、典型性和开拓性，除了在家具学科方面的作用之外，在文物学、历史学、民族学、美术学等领域也都具有较高的学术研究价值和现实应用价值。本书以中国代表性地区和少数民族所创造的实用、经济、美观的民间"原生态"传统家具及其代表性的家具场景为主体，充分体现了传统的"以人为本"、"天人合一"的设计理念和传统家具绿色环保的特色。

    本书特色鲜明，图文并茂，强调系统性、科学性、学术性、资料性、实用性和鉴赏性，展示了中国传统家具的博大精深及中华民族的无穷智慧和创造力。本书的编著出版符合国家经济、社会、文化的发展方向，不但能够弘扬中华民族的优秀传统文化、振奋民族精神、增强民族自信心，而且对中国家具产业继承优秀的传统设计理念和文化遗产，走有中国特色的创新发展道路具有十分重要的意义。可以说，这是一部兼具很高学术价值和社会价值的大型图书。

张齐生

中国工程院院士，南京林业大学教授

2014 年 10 月 14 日

序 二

    中国传统家具历经几千年，其发展历程源远流长，灿烂辉煌，所达到的艺术造诣举世闻名，其影响遍及世界各地，几乎所有世界闻名的博物馆都有收藏。作为中华民族固有文化的重要组成部分，中国传统家具既是弥足珍贵的文化科学遗产，又是技术基因的重要载体。

    传统家具不仅在历史上发挥了重大作用，对现代生活也有很大的影响。传统家具的造型、装饰和工艺对现代家具设计和生产都有启示和指导意义。许多现代经典家具中都包含中国元素，"中国传统家具系统中所蕴含的丰富理念为现代家具的主流成就提供了基石"得到了充分的论证。中国传统家具的精髓在于神，神乃中华灿烂文化的精神享受。中国古人在先哲的精神指引下，将神化物，不懈追求，让家具设计日臻完美，使得中国家具在世界家具史上独树一帜。

    本书的作者都是分布在全国各地长期从事传统家具研究的学者及企业的设计专家，他们经过长期的系统研究，拾遗中国传统家具的美质，传承中国民族家具的款式，积累了大量的精美图片素材，尤其在各地区家具和少数民族家具方面具有系统性、完整性和独创性。本书全面介绍了中国传统家具的造型、装饰、结构、材料及工艺，并通过对代表性地区及少数民族家具的分析介绍，展现了原汁原味的地域特色和民族风情家具，既有理论高度，又有实用价值。

    随着中国现代化建设的进展以及人民物质生活和精神生活水平的提高，人们的审美也趋于多样化和丰富性。本书内容丰富全面、结构合理、叙述严谨、信息量大，是一部中国民族传统家具方面的综合性著作，对弘扬民族传统文化、推动中国家具事业的延续传承与创新发展都有着深刻而重大的意义。

中国工程院院士，东北林业大学教授

2014 年 10 月 10 日

前　言

随着信息革命、知识经济时代的到来，大工业时代的"大量生产、大量消费、即用即丢"的大工业文明将随之成为历史，整个世界尤其以发达国家为代表，正由物的不足转向精神的不足，由物质消费转向精神文化消费。随着世界科技的日新月异，全球经济一体化，商品竞争国际化，世界已进入一个崭新的设计文化时代。

大工业时代划一的工业产品充斥世界每个角落，尽管改变了人们的生活方式和生活文化，但是人们越来越深刻地认识到，以牺牲环境为代价的大工业文明造成了全球性的自然生态破坏，引发了越来越多的对人类生存构成严重威胁的自然灾害。同时人们也认识到，大工业时代也导致了曾经创造辉煌的世界各国特色鲜明的传统文化正在迅速衰亡，各民族的文化生态也受到了不同程度的破坏，诱发了种种社会问题。

随着全球经济一体化和文化产业的发展，随着人们生活质量的提高，对精神文化的需求和对个性化的要求日益增强，因此，在新的技术革命和知识经济时代的条件下，整个世界都在重新审视和评价各国的传统文化，都在重新发现传统文化的美，同时把发掘和振兴地域传统文化作为发展经济的战略之一。正是在这样的背景下，具有5000年文明历史的中国传统文化产业再次受到世界和国人的关注，中国的传统古旧家具也成了国内外收藏的热门产品。

家具是人类衣食住行中必不可少的。人生的三分之一因睡眠而在床上度过，还有三分之一是因生活、工作而在桌椅上度过的。

家具是一门古老而年轻的学科，说其古老，是指世界家具有几千年历史；说它年轻，是指对家具进行科学研究的历史仅半个多世纪。家具伴随着人类的种种需求而创造，伴随着生活方式的变化、科技的进步而日新月异，伴随着各地不同的自然资源、传统文化及民俗而呈现出千姿百态、五彩斑斓的地域特色。

中国地域辽阔，人类历史文化和自然遗产丰富，人口和民族众多，在漫长的历史进程中，各族民众利用当地丰富的资源，发挥聪明才智，创造了无数世代相传、经济、实用、美观、特色鲜明的家具，因此，从某种意义上说，中国是世界上屈指可数的家具文化大国，其种类和数量可称世界之最，可以称得上是世界家具博物馆。

然而，长期以来，人们似乎只知道中国的明式家具和清式家具，却对平民百姓日常生活中所创造和使用的家具熟视无睹。虽然我们世世代代、年复一年、日复一日地接触这些极其普通的家具，但是对其了解甚少，甚至可以说是一片空白。历史总带有偏见，总是记载帝王将相、达官贵人的一切，而真正创造人类文明的民众以及他们创造的无数充满智慧的生活用品却总被遗忘。这些文化遗产尽管在历史上很少被人刻意地收集、整理和保存下来，但她仍以强大的生命力伴随着人类生活文化而不断地继承和创新到今天。如果说明式家具是中国传统家具的典范，那么各族人民在历史的长河中用智慧所创造的无数传统家具则组成了中国家具的海洋。传统家具绝不是民间那些简单、低俗的家具的代名词，而是有着极其丰富的内涵。

本书之所以不用"民族家具"，是因为在同一地域聚居多个民族，其生活用品有相当数量是相同的；之所以不用"民间家具"，是因为传统有广泛的文化内涵，不仅仅是相对达官贵人而言，还包含其他阶层的人群和习俗。本书所述的"传统家具"，是指一种深具文化内涵的生活用具，它表现了各时代、各地域、各民族的物质和精神风貌，深深打上了中国传统民族文化的烙印。传统家具是家具与传统文化相结合的产物，除了具有家具的基本特征外，更主要的是受到传统文化背景和资源环境的影响，是中国优秀传统文化的物化表现。中国的传统家具，几千年来始终保持着鲜明的地域和民族的传统文化特征。

尽管在古代还没有人体工学的研究，但是我们的祖先早已根据自身的人体尺寸创造了各种符合人体工学的器具。如农具，同样的犁，东西南北各地尺寸都不一样；椅子，男女尺寸有别；儿童用的立桶，可以随着孩子的成长调节高度。

尽管古代中国没有材料学和生态学的研究，但我们的祖先早已根据不同的功能合理选材，并有效使用材料。特别是利用竹材的特性创造了无数的竹家具、竹工艺、竹工具制品，以及建筑、桥梁、交通工具等。这些物品不但是中华民族的创举，也是对人类社会的贡献。这些物品废弃后又回归自然，周而复始，良性循环，和谐发展。

尽管古代劳动人民没有富裕的物质条件，但是各族人民发挥聪明才智，根据生活和生产的需要，遵循"天人合一"的理念，因地制宜，就地取材，因陋就简，创造了无数实用、经济、美观、朴实的家具和工具；尽管古代还没有系统论的研究，但是我们的前人早就以自己的民族文化为指导，创造了具有鲜明文化特色的系列产品，其中尤以与建筑风格一致的成套系列家具为典型。如苏式家具与江南民居十分协调；又如十里红妆家具，其功能的完善，品种的齐全，造型、色彩、装饰风格的一致，以及制作的精美，令人赞叹不已。

此外，像儿童藤睡床，取开床面活动小板，孩子可坐，盖上可睡；楼梯椅既可作座椅，也可作楼梯使用；钓鱼凳上面为椅面，下面为桶，可存放钓上的鱼，一物多用；菜橱柜，上部有橱门，可存放熟食防虫，下部有开敞框架，可存放蔬菜及不用器物；秧凳下部用一大块翘头平板，既便于向前移动又不会下陷；榨凳利用了物理杠杆的作用，既省力又便于移动；枕箱可将最重要的物品放在枕内，较为安全；清代竹编葫芦提梁餐具篮，用将近30件物品，组合成一个葫芦形的提篮；还有轻巧而便于储存和携带的折叠交杌等。这些科学合理的古旧家具不仅使我们对前人的创造深感钦佩和震撼，而且对我们重新认识设计的原点，端正设计思想，如何设计创造有中国特色和地域风格以及深受消费者欢迎的产品，如何创造"人、物、自然、社会"的和谐系统，具有重要的现实意义和学术价值。但是，早在中国开始逐步认识到这些传统古旧家具的文化价值之前，西方发达国家就已经一批又一批地把中国传统家具运往国外进行收藏、陈列和研究。因此，加快对中国传统家具的收集、整理、保护和研究，已是摆在我们面前的一件迫在眉睫的任务。

本书的写作计划源于日本，成在祖国。1981年，我肩负着祖国人民的重托，到日本千叶大学工业意匠学科做访问学者，研修工业设计及其设计基础，期间日本著名学者小原二郎先生的室内、家具的人间工学研究和宫崎清教授的传统工艺产业的设计振兴给我留下了终生难忘的印象。1983 年回国后，我将传统工艺的设计振兴和传统家具的科学与文化研究作为一项长期研究的课题，30 年来，收集了数以万计的中国传统家具资料，指导了一些研究生研究、设计传统家具，取得了可喜的成果。设计的多种产品已经投产，撰写的国家重点图书《中国民俗家具》获得了 2006 年首届中华优秀出版物提名奖，得到了国内外专家的好评。

随着国家越来越重视传统文化产业，随着对传统家具研究的不断深入和资料的进一步丰富，2009 年我们团队决定在《中国民俗家具》的基础上，编纂一部以代表性地区和少数民族传统家具为主的《中华民族传统家具大典》，以填补国内外的这一空白。虽然这是一项"劳民伤财"的事情，但是这一计划得到了南京林业大学张齐生院士和东北林业大学李坚院士的推荐；得到了吴智慧、胡景初、许美琪、林作新、王逢瑚、和品正等家具设计界著名学者和学科带头人，李伟、周橙旻、张小开、张欣宏、赵俊学、张宗登、傅小芳、陈立未、王黎、和玉媛、黄河等中青年学术骨干，以及在传统家具创新设计开发方面成果突出的台湾台南·家具产业博物馆馆长江文义、东莞市弘开实业有限公司总裁戴爱国、深圳祥利工艺家俬有限公司（友联为家）总经理王温漫等企业家的热烈反响和支持，大家怀着拯救中华民族传统文化的强烈的责任感与使命感共同努力完成了书稿。从立项以来，老一辈的专家们不但积极撰写了研究论文，还为本书的特色、内容结构等提出了宝贵的建议；长期生活工作在少数民族地区的李伟教授将自己多年研究、收集、积累的成果整理成书稿；年轻的学者们将自己的博士、硕士学位论文以及工作以后的研究成果整理成文；身为纳西族的和品正、和玉媛父女，朝鲜族的赵俊学副教授和满族的蒋兰老师，为了撰写本民族的传统家具，一次又一次深入民族地区、民居和博物馆收集第一手资料；傅小芳副教授利用长期收集的河南各地的家具资料撰写了河南传统家具，填补了河南家具的空白；桂元龙教授为本书收集传统家具资料做了大量工作；周林校友在百忙中专门协助我们请广西玉林收藏家协会提供传统家具资料……在各位作者、家具界和设计院校的朋友们的支持下，本书收集的传统家具资料在地域上，涉及 23 个省（直辖市、自治区），包括京作家具、苏作家具、广作家具、宁作家具、晋作家具、海派家具、福建客家家具、皖南家具、河南家具、巴蜀家具、台湾传统家具等；在民族上，涉及蒙古族、藏族、维吾尔族、苗族、彝族、满族、朝鲜族、傣族、纳西族等十几个民族；在传统家具应用上，涉及宫廷王府、宅邸、衙署、宗教庙宇、园林、名人故居、普通民居等；在传统家具类型上，涉及床榻类、椅凳墩类、桌案几类、框架类、箱柜橱类、屏风类、门窗格子类、综合类等，所有这些奠定了本书的基础。

在这里要特别指出的是，为了填补台湾传统家具的空白，台湾工艺研究发展中心、台湾台南·家具产业博物馆和"中国家具博物馆"的台湾朋友为我们提供了无私帮助，不但提供了丰富的资料，江文义先生还在百忙之中对"台湾传统家具"部分进行了认真仔细的修改和补充，令人感动。

《中华民族传统家具大典》一书出版的目的，既不是为了满足人们的怀旧情结，也不是要作为收藏指南，更不是为了抄袭复制，而是在于"温故而知新"，学习前人坚持以人为本、天人合一、因地制宜、珍惜资源、保护环境的创造理念，学习前人继承与创新的方法，从中得到启迪、找到规律，提取中国的地域特色元素，在国际化、个性化时代，古为今用、与时俱进，少一点崇洋媚外和盲目模仿外国的思想，多一点民族自信，创造更多深受广大消费者欢迎又具有鲜明时代特征和地域文化特色的科学合理的新的中国传统家具。

本书的出版虽然填补了国内外的空白，作者们在编著过程中的每个环节也都尽心尽力、精益求精，但是，中国传统家具源远流长、博大精深，几千年来各族人民世代传承和创新了无数家具，这一世界文化宝库的整理和研究绝不是我们这代人花十年八年时间就可以得到一个完美结果的。书中所涉及的家具种类和数量只能算是沧海一粟，再加上我们水平有限，经验不足，研究条件有限，在传统家具的发掘、传承与创新发展，在传统家具的科学与文化艺术的深层次研究等方面还有待专家们进一步探讨，我们期待本书的出版能起到抛砖引玉的作用。

杨叔子院士说过："一个国家没有高科技一打就垮，没有传统文化不打自垮。"希望本书的出版能引起社会各界关注，进一步加强对传统家具的深入研究，涌现更多传统家具研究的新成果，弘扬民族传统文化，振奋民族精神，为中国家具产业屹立于世界民族之林，再创辉煌作出新贡献。

参加本卷图书编写工作的有：张福昌，刘倩茹，周橙旻，李伟，张宗登，蒋兰，张欣宏，赵俊学，王逢瑚，和品正，和玉媛，张小开。在编写过程中，作者们学习和参考了家具界老一辈专家的研究成果，参考了国内已出版的各种古典家具及其相关资料，因此，在某种意义上来讲，本书是中国家具界传统家具研究成果的一次汇总，是全国各地传统家具的老中青研究队伍的一次集体创作。在此谨向所有关心、支持和帮助本书出版的单位和专家、朋友们表示最衷心的感谢！

最后，要感谢南京林业大学的周橙旻副教授，是她一次又一次不辞艰辛、不遗余力地承担了一般人难以接受的书稿的修改工作；特别要感谢清华大学出版社的吴培华总编辑和理工分社的张秋玲社长，在我们迷茫的时候，是他们高瞻远瞩、独具慧眼，不断给予我们鼓励、鞭策、支持和帮助，使我们满怀信心坚持到今天，使这本中国家具历史上第一本传统家具大典能够和读者见面。

"滴水之恩，当涌泉相报"，我们谨以本书：

献给我们深爱的祖国！

献给养育我们的人民！

献给世世代代传统家具的创造者！

献给传统家具制作和研究的前辈！

2014 年 4 月 26 日

目　录

1

中国少数民族传统家具综述

本章对中国少数民族传统家具进行了综述，概述了中国少数民族传统家具的形成原因、种类区分、总体特征和主要风格，阐释了中国少数民族传统家具的造型、色彩、装饰及其造型方法，并通过代表性的传统家具图片进行了赏析介绍。

编者按：

本章是南京林业大学李德炳先生生前在《家具》杂志上连载的系列文章，是作者长期研究少数民族家具成果的一部分。为纪念李教授对中国少数民族传统家具所作出的贡献，在《家具》杂志主编许美琪教授的大力支持和帮助下，我们把全文重新整理后出版，以表达我们的敬意和怀念。

原文中的部分插图，受当时用纸和印刷技术所限，效果欠佳，故请冯雨博士进行了重新绘制，特此说明并致谢。

1.1 中国少数民族传统家具概述

我们曾对云、黔、湘、粤、琼等省的主要少数民族家具作过多次实地调查，并全面收集了全国有关的资料，进行了较为深入的研究工作，取得了初步成果。过去在《家具》杂志上发表过一些有关特征方面的论文，这次较为系统地就中国少数民族家具的形成原因、种类区分、总的特征和主要风格等内容，经试探性整理，分别作简要介绍。

中国是一个多民族的国家，已确认的有 56 个民族，除汉族以外，其他 55 个统称中国少数民族。少数民族人口虽只占全国人口总数的 6.7%，却广居于全国总面积 50%~60% 的山林、草原和坝乡等边远地区，长期使用具有一定民族特色的多种多样家具，俗称中国少数民族家具。

1.1.1 中国少数民族传统家具的形成原因

由于少数民族所处的历史、地理、经济、文化、宗教、风俗、习惯及生活与生产方式等情况的不同，特别是由于社会发展的不平衡，因而各少数民族所用家具的配置、造型、结构、用材、加工和布置方式等也不完全一样。它们既有统一，又有变化；虽有共性，更有个性；类别中有属，特征同中有异，形式律中有韵，风格俗中有奇，形成了中国丰富多彩的传统家具的重要分支。

1.1.2 中国少数民族传统家具的种类区分

各少数民族家具种类繁多，但根据使用家具时的人体姿势，并以支体坐具为主线，可将众多家具分为如下四大类型。

1. 席地而坐型家具（图 1.1.1）

用者以盘足而坐、箕踞平坐和一腿平伸与一腿屈膝而坐等姿势，坐于地面、地板、炕面、台面的席子或毡毯上。属此种类型的，有朝鲜族、蒙古族、维吾尔族和藏族（牧民）、满族等民族家具。相对于汉族的传统家具，此类家具的数量较少，一般无专用凳、椅和床铺，席、毯既作坐具又是卧具，常以一矮小的圆、方、长方桌或几为主，同一些无腿与高低不一的柜、橱为辅进行配套。

■ 图 1.1.1 席地而坐型家具场景

2. 低矮坐具型家具（图 1.1.2）

用者使用矮凳、矮椅和矮小木墩、草墩、石墩等坐具，以及与之相配的矮桌、箱柜等家具，最具代表性的有傣、苗、侗、彝等民族。这种家具的配套数量，较之席地而坐型家具稍多，有专门的卧室配套家具；厨房多合于堂屋，家具也多混合使用，并常围着火炉布置。傣族中水傣与旱傣使用的家具不同，水傣一般无床，全家合睡于竹楼同一隔间的楼板之上，内室床位间常置竹编箱柜，外室围着火坑放置方或圆形矮凳、矮桌、碗柜、杂物柜和凉椅等，常与竹楼外墙和凉台栏杆结为一体；旱傣的床，过去多架于几根地桩之上，床面也很低矮，其他家具的尺度均偏矮小，柜橱顶面大都在站立视线之下。

3. 高大坐具型家具（图 1.1.3）

这类家具指垂足高坐用的配套家具，比较典型的有哈尼族和土家族等民族家具。其配套数量多而全，堂屋、书斋、卧室和厨房等不同用室都配有专用的家具。家具尺度偏高偏大，有的甚至超过使用者的人体生理舒适与方便的合理标准，而从构成威严、豪华等精神功能出发，以适应某些心理感受的要求。例如，哈尼族堂屋的桌、椅，不仅尺度高大（桌面与椅座面高度分别达 810cm 与 525cm），而且寓意怀祖的山形造型特异。当地人的身高一般为男 1.6m、女 1.5m 左右，显然，家具与人体尺度并不适应，而巍巍高山的形象却因此大增感染力。

4. 高矮结合型家具（图 1.1.4）

这类家具指高坐、矮坐和席地而坐型家具同时并用，突出的有白族和回族等民族家具。家具的配套数量较齐全，很注重使用功能，造型与陈设均综合和较完美于前 3 种坐具型家具。如白族堂屋家具，既有居上摆设的高大条案（或神龛）和太师椅，又有左右陈列的低矮春凳；而置中的两体相架的双套桌，则在高矮家具之间起着协调作用，

以适于较矮人体的使用；同时又可分可合地改变用途，而收一物多用和高矮兼用之效。

■ 图 1.1.2　低矮坐具型家具场景

■ 图 1.1.3　高大坐具型家具

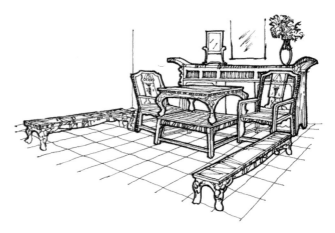

■ 图 1.1.4　高矮结合型家具

1.1.3 中国少数民族传统家具总的特征

1. 残留社会历史面貌（图 1.1.5）

黎族的剐木独木椅、凳，形式简朴，原始气息较浓；哈尼族土司及其妻妾分用的鸳鸯床，突出反映了封建农奴社会一夫多妻制度；土家族的滴水床，更是封建地主生活的写照。

2. 表现宗教信仰色彩（图 1.1.6）

回族的诵经矮桌，是宗教礼仪的直接用具；黑彝的家具，几乎全用黑漆饰面，也是民族信仰的反映。

3. 反映民俗习惯风情（图 1.1.7）

德昂族的婚礼烛笼，是结婚时男女青年对烛跪坐、相互祝福的喜庆家具；瑶族饭桌，不仅桌面有长、短边，长者坐长边，晚辈坐短边，以显尊长风俗，而且桌面短边下部两腿间没有横挡，以便架放从桌面长边下柜抽出的侧板，而推行阴历 9 月 28 日过民族年时，长者先趴于桌下呈犬姿，用嘴衔吃置于搁板上碗中的鼠肉后再开席的民俗。

4. 寓意思想寄托幻境（图 1.1.8）

白族龙床顶的两龙装饰，取材白龙斗败黑龙的民间故事，寓意善者必胜和天下太平、生活安逸；苗族椅背雕刻的狗形（犬飞天）和满、彝、侗、瑶、白、哈尼等民族用椅上的葫芦、圆盘与山形，都运用了槃瓠图腾造型，以表怀祖的思想寄托。

诵经矮桌

■ 图 1.1.6 表现宗教信仰色彩的家具

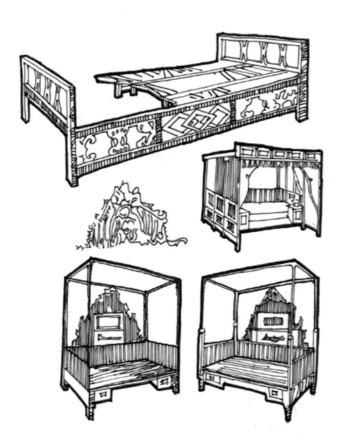

■ 图 1.1.5 残留社会历史面貌的家具

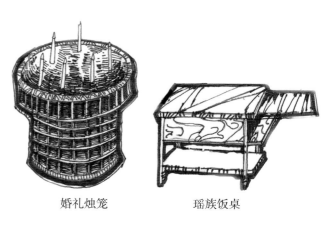

婚礼烛笼　　　瑶族饭桌

■ 图 1.1.7 反映民俗习惯风情的家具

5. 适应不同地理气候

维吾尔族的炕铺、朝鲜族的火道地板床铺和湘西土家族的多进滴水床中烤火家具以及傣族的架空竹楼地铺等，其形成无一不与当地气候密切相关；而湖南沅江山区的立体气候，甚至使居住于山顶的彝族、山腰的哈尼族和山下坝区的傣族人民，使用截然不同的家具。

6. 突出生产、生活方式

蒙古族的折床、折凳和藏族牧民的箱式柜等家具均有利搬运，突出体现游牧生活的需要；彝族的米仓床更是突出反映了山区民族以粮为主，贮粮、守粮的小农经济典型。

7. 融合建筑内、外结构

满族与鄂伦春族的儿童吊床、拉祜族的悬吊和柱挂式菜柜、藏族的壁床与壁橱、维吾尔族的组合壁龛、苗族的壁式碗柜、彝族的柱挂式碗柜、黎族的柱式牛角衣挂、傣族与布朗族的凉台围栏椅和壁橱、侗族的火铺、佤族与傣族（旱傣）的地桩铺等，几乎全成了建筑结构的一部分。

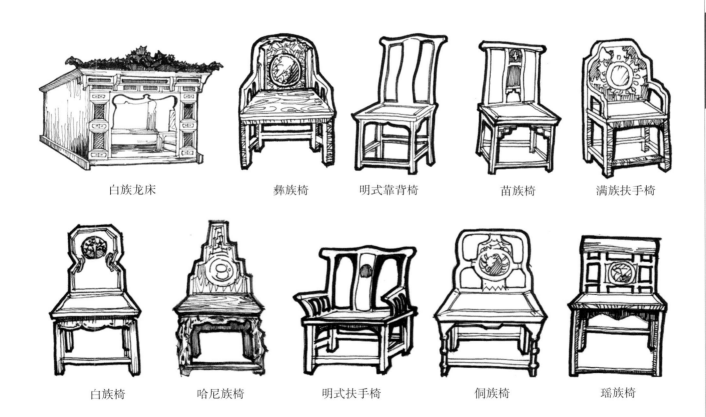

白族龙床	彝族椅	明式靠背椅	苗族椅	满族扶手椅
白族椅	哈尼族椅	明式扶手椅	侗族椅	瑶族椅

■ 图 1.1.8　寓意思想寄托幻境的家具

8. 适合各族人体尺度

水族与布依族的矮竹椅，座面高为 20~30cm，靠背高约 70cm，且上宽下窄，此尺度对身高为 1.65m 左右的使用者能少而慢地产生静疲劳；白族的双套桌，能架高移矮而相应配合高、矮椅子，使较矮人体可合度与舒适地用高或矮的桌、椅；侗族的平柜面，1m 见方，两柜合在一起，也正好可作中等身材使用者的临时卧床。

9. 结构造型灵活多用

普米族和纳西族的错列抽屉多面用饭桌；壮族的转用饭桌面与碗柜；白族的叠用双套桌；傈僳族、独龙族和怒族的拼用矮饭桌；回族的六角双拼诵经矮桌；阿昌族的带抽翻面用折桌；苗族的火盆架式茶桌；瑶族的倒盆形矮饭桌兼饭柜；瑶族的移用女工矮桌；傣族的竹编饭桌兼饭柜；侗族的叠、拼用的节柜、亮柜、箱柜和平柜；藏族的坐、卧两用卡垫床；蒙古族的折用床；白族、土家族和苗族的套用（床中有家具）龙床、滴水床和罗汉床；白族的可折马扎；爱尼人（哈尼族分支）的可折靠背座椅、凳与矮桌三用靠背椅；景颇族的一料两功（腿部横挡兼作拼合面板的穿带）矮饭桌；德昂族的一榫三能（与桌面、横挡结合和桌面点饰）圆形矮桌；拉祜族的一腿四用（支床板、撑横挡、架搁板及点饰）单人或双人床及一木多穿（燕尾形榫接宝塔腿）杂物架；基诺族的利用不同榫头构成拉与压杆而加强床架整体与牢固性的木竹凉床；哈尼族的利用木或竹节构成钉式横挡，并在挡的尖头打孔，而后在四腿下部互插互扣的矮凳；彝族的适用软土地面支放的 U 形米谷仓柜腿；傣族与傈僳族的圈式腿脚架等家具，都具有独自的灵巧、活络与多用的结构。

10. 就地取用各种材料

基诺族的木竹凉床，傣族与布朗族、黎族的柳藤鼓形凳、桌，鄂伦春族的桦皮篓，藏族的牛皮柜，黎族的牛角柱式衣挂，水族的石凳与草凳等，大都是就地取材与广泛用材而不拘一格的。

11. 以素为主重点雕饰

各族民间使用的家具，大多不作涂饰而显露材质纹理的自然美，比较讲究雕刻，如壮族的条桌（两桌可拼成方桌）和回族的诵经六角矮桌等，常在迎面或视域中心等部位作重点装饰，或雕刻，或彩绘，方法多样。

12. 同汉族家具相关联

由于社会发展、相互贸易、技术交流和各族杂居等原因，各少数民族家具受汉族家具的影响较大，但在实用、艺术和技术上仍不失本民族的特色，既有共性，又有个性。

1.1.4　中国少数民族传统家具的主要风格

由于地理与气候条件、历史与社会发展、生产与生活方式以及各民族之间的相互同化等影响，形成的家具风格较多，主要有如下几种：

（1）山林原始风格。如黎族的剐木凳、椅等家具（图 1.1.9），因材而用，结构简单，工艺原始，造型粗犷。风格朴实无华，或凿木、石，或编草藤，陋而实用，饱含野性趣味。

■ 图 1.1.9　剐木凳、椅

（2）草原游牧风格。如蒙古族的摺、展床等家具，用材厚实，结构灵活，正面装饰，利于搬运。风格素中有华，或套之件，或件之部（局部），饰而不繁，凸显自然纹色。

（3）坝乡田园风格。如傣族的矮桌、矮凳等家具，混合用材，捆扎结构，线形造型，适用竹楼。风格轻巧活泼，或圆或方，或波或折，动中蕴静，颇具农乡情调。

（4）富家华丽风格。常为各族的上层人士或富有之家或宫廷寺庙的家具。取材多样，结构复杂，曲线造型，讲究雕饰。风格富丽堂皇，或展豪华，或显威风，意境突出，多有民族特色。

图 1.1.10 是部分少数民族家具示例。

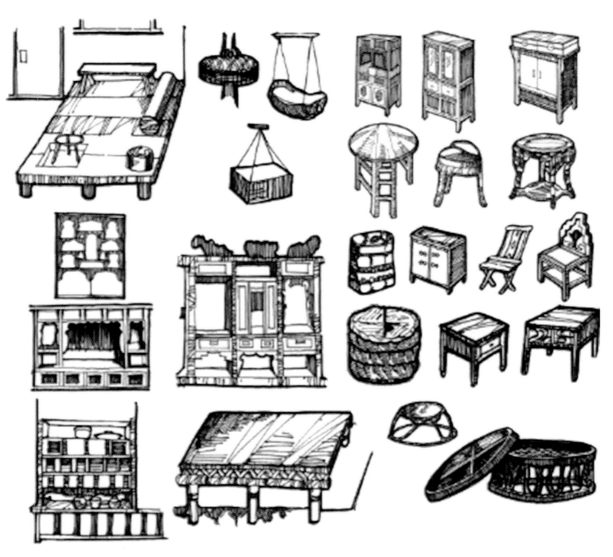

■ 图 1.1.10 少数民族家具示例

1.2 中国少数民族传统家具造型

不同的风格，总要通过一定的形式来表现。所谓造型，包括对家具的形、色、饰和肌理等方面的综合创造。

1.2.1 中国少数民族传统家具的体型

少数民族家具的体型，构思相当系统化与科学化，创作思路也极为广泛而细腻。

1. 功能造型

家具外形同各种使用功能结合紧密，宜人、宜物并宜合建筑。

图 1.2.1 所示贵州水族矮竹椅，座高 20~30cm，人坐在这个高度上，肌肉活动度较小。其靠背外廓上宽下窄，上部横挡长度 40cm 左右，正好同当地平均身高为 1.63m 的人体肩幅（$W_{肩} = H/4 = 1.63/4 = 40.75$cm）相适应；下部逐渐收缩到约 26cm，而自然地与人体背面的倒梯形外形相一致。

因而靠背边柱分别夹于左右肘与背之间，加上坐板是在竹架上铺以竹编包竹丝软垫，故人坐用时，既坐靠舒适，又能自由活动手臂而方便做活。椅靠中部的靠背框架带有的 S 形曲线，其高度与曲率也正好同人体脊椎曲线相吻合。另一张"冖"形靠背的矮竹椅，虽是简单的一点支撑靠背形式，但对坐着弯背于地或直背进行操作劳动和对腰部的劳逸调节都是有利的。这两张矮椅全是形宜于人的劳动用椅。

图 1.2.2 所示湘南瑶族茶桌，对茶具位置的安排合情而艺术。整个家具由下部桌体和上部两层式架体合成。彩釉茶罐置于主体；白色茶杯放于上层；外出劳动随身而带的竹制茶筒，连同绳子系立于架框之侧。功能突出、巧利空间、方便使用、形宜于物。空间右边的一小块桌面，留作款客品茶放置茶杯之地。若将此桌设于室内一角，在桌边再摆上几

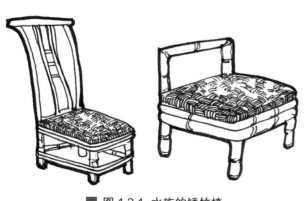

■ 图 1.2.1 水族的矮竹椅

■ 图 1.2.2 瑶族的茶桌

张凳、椅，就成了工闲学习和调节精神的好场所。

图 1.2.3 所示为傣族和黎族用竹、藤与牛皮制作的矮圆桌、凳。其脚部均采用圆框代之，这是为了适于在竹楼间隙较宽的楼板上和在凸凹不平的土质地面上摆放，使形宜于建筑了。

由上可见，少数民族家具的造型是很注重突出形中之功的。

2. 结构造型

云南西双版纳的水傣和海南五指山的黎族所用的竹、藤、牛皮制作的矮圆桌、凳，其面框与底框都是用弯曲的藤条、竹条或角形树枝，通过编扎相连并自然构成特定形状，前者摹水波形，后者仿山峰形，两形不仅结构符合受力要求，而且分别表现了各自的民族性格（傣族近水多性柔活泼，黎族靠山多性刚坚强）。这种糅合结构与材料的美感，创造出了具有特定艺术风格的家具外形，在各族普通民众使用的家具中是屡见不鲜的。

不难看出，少数民族家具的造型是很注重突出形中之骨的。

3. 仿生造型

摹仿动物、植物和微生物进行仿生物造型，是少数民族家具的常用方法。云南西双版纳有"孔雀之乡"的美称。图 1.2.4 所示傣族竹编圆桌的 7 条弯腿，就是摹仿孔雀羽毛造型的。图 1.2.5 所示湘西苗族茶桌，也是摹仿竹材制的"水笕"（引水的长竹管）来造型的。前者虽只是摹仿孔雀之羽，但似乎使人看到了栩栩如生的金雀全形，加上对那美丽凤凰的联想，怎不启人思乡爱里之情；后者虽不是枝叶齐生的竹形，却似乎令人看到了那茂密的竹林，那节节相通的竹管，又怎不引人产生饮水思源之感。两例均形神融合，且神似胜于形。

可见，少数民族家具在仿生造型中是很注重突出形中之神的。

4. 寓意造型

利用家具外表形状，内含某种意图，是少数民族家具造型的特色之一。傣族竹编圆桌的 7 条 S 形腿，之所以造成孔雀羽毛形态，是同傣族的"纳哨奔"（傣语为"偷姑娘"）等民族故事紧密相连的，蕴含着青年男女恋爱婚姻的民族风情；黎族矮圆凳中用枝丫构成的山形，也含有祖先与图腾崇拜之意。

由此，少数民族家具造型重视突出形中之情，也是一目了然的。

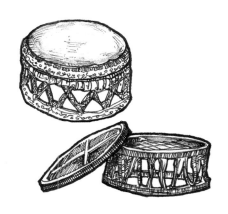

■ 图 1.2.3　傣族和黎族的矮圆桌、凳

■ 图 1.2.4　傣族的竹编圆桌

■ 图 1.2.5　苗族的茶桌

1.2.2　中国少数民族传统家具的色彩

少数民族家具的色彩施设相当民族化与地方化，配色方法多强调对比与艳丽。

1. 传统色彩

中国是世界上最早使用色彩与器物的国家之一，认识色彩的基本现象已有3000年的历史。中国古代对色彩曾有"彩色"、"采色"和"繢色"3种称法，"彩"指矿物质料的天然颜色，"采"指植物（动物）素质的原有采色，"繢"指丝帛染印的仕上色，三者在物素上有区别，在应用上是统一的。总的来说，未用谓之彩，已用称之色，未用之彩是自然的色，已用之色是人化的彩。红与黑，是原始社会的赤、黄、黑三彩（色）和奴隶社会的青、赤、黄、白、黑五色（采）及封建社会前期的赤、橙、黄、绿、青、蓝、紫七彩与后期的九彩（总起来讲，赤、黄、青称为彩——今称有彩色系；黑、白称为色——今称无彩色系，两者统称为最纯的正色。其余杂而不纯的紫、绿、橙、褐，皆称间色，也属今称的有彩色系）中的主要色彩，既是中华先民最早使用的基本色，又是历数千年而不衰的传统色。红色与黑色具有强大的生命力，可算作固定色中的佼佼者。

在中国少数民族家具的用色中，继承了中华民族的器物用色传统，而普遍应用红（朱）与黑（墨）色，通常的用法如下：

（1）墨染其外，朱画其内。如傣族孔雀尾造型的竹编凹面桌，桌面凹圈为红，其余部分均为黑色。又如白族的南官帽椅靠背上的团花和梳背椅中的梳条为红，其余均为黑色。

（2）黑施上部，红设下部（或相反）。如白族矮方桌桌面为黑，其余为红；而高方桌的设色则相反。

（3）朱涂上下，墨饰中间。如哈尼族的高叠几，几面与底座为红，中部几身为黑色。

（4）墨布上下，中配花色。如白族的双套桌，桌面与底座为黑，中部桌身为雕花，并施金、绿等。

（5）全身黑底，面为花色。如彝族的矮圆桌，桌面满布几何纹饰（云彩形、马齿形、金钱形、渔网形等），间配红、黑、黄色；白族的八角弯腿桌，桌面花饰中配以金、红色。两桌的全身均为黑底。

（6）全身红底，迎面花色。如蒙古族的矮茶桌、畲族的弯腿床和白族的大红柜，都是漆以红底，再在迎面部位饰以金色，或绿、白、黄色的花草纹样。

总之，尽管施色多样，但红、黑比重为大，红与黑总是主调，即使配以黄、白等色时，也是加强明、暗对比，更好显示主色，这都是传统手法。

2. 民族色彩

色彩的民族性是带有地方特色的，即使是同一民族，在不同地区的不同支系族民的用色也不尽相同。总的来看，其用色特征有：

（1）以色表情。云南的少数民族不少崇拜火，认为火神赐给了温暖与欢乐，从而喜爱火的变化色。尤其是玫瑰红，傣族姑娘用以表示自己的纯洁与爱情，许多竹制凳、桌也要漆成红色。

（2）以色显俗。黑彝视黑为尊贵色，故自称黑彝；加上崇拜虎图腾，故将所在山区称为黑虎山脉，所依雅砻江与金沙江叫黑水。黑彝在建成新屋迁居前，要把新屋内全部熏黑，以表爱黑、尊祖。祭祖的神龛及常用家具也全漆成黑色；每当年节宴会，还要地撒青（近黑）松叶，跪其上叩头祭祖，盘膝坐食；盘、钵等祭器与餐具也须外涂黑色；甚至作祭的牲口，也只限用黑羊，总之均离不开黑色。

（3）以色助形。物象是形与色的综合体，两者互为补充、相互促进。色多表情，形多表意；色多起刺激作用，形多起审美效果；色属感性经验，形属理性控制；外向性格者重色，内向性格者重形。形与色主要是心理关系。有人将形与色做如下对应：方形对红色、三角形对黄色、圆形对蓝色、梯形对橙色、弧线三角形对绿色、椭圆形对紫色，确能迎合一般正常人的对形、色的心理感受。黑彝祭祖时，利用葫芦的凸面，涂上红底再绘上黑虎脸纹构成"虎头"瓢，挂在大门上，以色助形成像而表祖。白族的大红漆木方柜、鄂伦春族的黄色桦皮三角形帽盖箱盒、白族的青色大理石圆桌面、鄂伦春族的橙色梯形桶、伊斯兰教与回族的绿色圆弧线角形建筑窗框与家具线脚造型、满族的紫色（偏红）漆木椭圆形儿童吊床等，无不是色、形互融的总体，从而突出了各自的民族形式效果。

（4）以色争存。在旧社会，少数民族处于被压迫、被剥削的地位。为了生存，他们常以各种形式表示抗争。运用家具等器物的色彩与雕饰来含意对抗，是常见的一种手法。传说羌族人民同族敌屡战屡败，后被神赐白石为武器，获得了胜利。于是羌人便尊敬白石，喜爱白色，白色就成了羌族人民的胜利色、希望色、生存色。至今羌人仍在居住的石砌碉堡房平顶上供奉白石，视为天神；且服饰也倾向朴素，男女都穿麻布长衫，外套白色羊皮背心，并用白布包头、缠脚；在喜庆供桌旁，也悬挂白布，其上贴红双喜字，供桌上铺红台布放置盛食的白盘；在宴客的餐桌上，也铺白色台布。白族龙床顶上的白龙斗黑龙的寓意雕饰，也是以色争存的实例。

3. 宗教色彩

由于色彩具有明显的标志性与强烈的感染性，因而不同宗教总是利用不同色彩作其代表与传播媒介。维吾尔等族普信伊斯兰教，视绿色为最神圣的色彩，对白色也很尊重。喀什维吾尔族人在古尔邦节日里，在草绿色的桌台上宰羊；在置于面铺白布大方盘中的烤全羊头颈上，不仅系上一块红绸，还要插上两枝绿色树叶；一些老人头上也裹上一条白头巾；礼拜寺门口的立柱等也涂上绿色。傣族信奉小乘佛教，男童七八岁时都要进佛寺为僧一段时间，否则就是"岩里"——生人，而被人瞧不起，并无权结婚。因受佛教影响，便流行柠檬色与中黄色，许多木家具不作漆饰，而保持木材的浅黄本色或竹藤家具的藤黄色。

4. 自然色彩

构成自然美的因素中，自然之彩非常重要。色与彩是不可分割的，色就是颜色，可理解为物的固有色，它明确显示出"三要素"（色相、明度、纯度）的关系；而彩便是外界物色共存呈现出的视觉印象。彩是建立在色的基础之上的，在有光的条件下，凡物存必色存、色存必彩在，彩比色是更为深化而复杂的，更接近客观物质所呈现的色存实际。自然界的色存是美的，蓝天白云、碧海青山、绿树黄沙、紫霞红日、翡翠宝石，还有鸟羽的色泽、兽皮的纹色、花卉的滋色、岩石的光彩，以及贝壳的玄妙花色、蝴蝶的精美配色等，无一不蕴藏着自然之彩。在少数民族家具的装饰中，运用自然色彩的方法有：

（1）利用天然材料的自然色彩。藏族牧民用的牛皮箱，以木框蒙皮而成，深橙的色彩配合以红底彩色花纹装饰的小方柜等，在深色的帐篷内，既增强了明亮度，又反映了牧民们的生产与生活；既轻巧而有利于搬运，又调节了身心健康。

（2）巧用漆绘花卉的自然色彩。朝鲜族的无腿柜、藏族的中高柜、蒙古族的矮柜和白族的大红柜等，大都采用彩绘花饰，在黄边蓝底，或黑边红底，或全红的底色上，彩绘五彩缤纷的花草图案，反映了众多少数民族喜爱自然色彩的意境。彩绘技法精湛，配色也相当和谐。

（3）运用巧技染编的自然色彩。少数民族室内与家具上运用的染、织技艺，有间接和直接两类，台布、地毯和壁挂等织物的蜡染、刺绣、挑花、织锦属前者；桦皮染色箱、桶、盆和竹、藤编织的家具等属后者。前者在少数民族中既带有普遍性，又在取材与风格上各有特点。如织锦中的壮锦，是以白色棉纱为经线、五彩丝绒为纬线，用通断纬线方法编织而成的；苗锦的编织工艺大体类似壮锦，但在色彩上是用黑色丝绒构成图案骨架，再以桃红、枣红、鲜蓝、青莲、嫩绿、翠绿和橘黄等色穿插其间；

而侗锦的经纬线均用棉线，其浮线较短，两面起花，结实耐用，色彩多用两色相配，或深蓝与白，或浅蓝与白，或黑与白，或红棕与白等。土家族的西兰卡铺（织锦花被面）又有自己的特色。后者如鄂伦春族人，于农历五六月间，到身态婷立多姿、色彩典雅宁静的白桦林中剥取硬质树皮，进行蒸煮、染色，趁其潮湿缝制各种家具等用品，如"阿达玛勒"（箱子），既可做成长方形，也可做成椭圆形。为防止变形，箱口和箱盖均镶上柳条，然后再在箱子上雕刻花纹图案，并在底色上着上花色，姑娘常以此为嫁妆，可用一二十年。傣家的竹楼和竹、藤家具，也是艺术与生活的巧妙结合，经济、实用、美观，并给傣族人民增添了迷人的南国青春光色。

（4）活用无色金银的自然色彩。金银本属中性，是调和之色，也称光泽色，现属无彩色系。金色与银色在反射中最美，有流光溢彩之效。人们对金、银色感兴趣，是因为它们有一定的价值因素、有较强的装饰性、有丰富的象征性和有良好的调节性。金近黄、银近白，金与银的反光性强、光泽性好，金、银、黑、白、灰都是调和色。在少数民族家具的色饰中，用金、银做点缀的有，全用金饰的也有。藏族的神龛上雕饰的崇拜图腾，在金色神光的辉映下腾云飞舞竞相升天；白族的双套桌腿与束腰上的母子狮雕与竹节造型，蓄意父子两代的官职似竹节，一个比一个高，加上狮身与竹节上贴金，在黑、红底色衬托下又增添了高贵之感。

1.2.3 中国少数民族传统家具的装饰

少数民族家具的装饰题材相当自然化与抽象化，表现技法大多为彩绘与雕刻。

1. 彩绘装饰

彩绘装饰主要指漆画，也称漆彩画，或描画、描饰、描漆、描金、描彩。即先用一定的色漆作底，再在底漆上用不同色漆彩绘各种纹样、图案。

四川大小凉山彝族的漆器，已有1700余年的历史，达到了一定的艺术水平。这是因为彝族先祖是游牧民族，对不利搬迁的易碎陶瓦类物品均少选用，加上身居山林，故多用木、竹、皮、角制作的器皿与家具，这就为施行漆彩绘工艺提供了胎质条件。彝族漆器的胎骨质地发展到后期，共有木胎、皮胎、竹胎、角胎、竹木胎和皮木胎6种。其中，木胎和皮胎最多，竹胎较少。彩绘用生漆调和朱砂锅烟和石黄而成红、黑、黄色漆。漆器的纹饰源于自然与来自生活，通过艺匠们的提炼、概括，使丰富的素材规则化、艺术化、抽象化和浪漫化。常见的图案有表现大自然的（日、月、山脉、水波、方向纹等），有表现动植物的（牛眼、羊角、鸡冠、虫蛇和菜籽、蒜瓣、南瓜籽纹等），有反映生产与生活的（渔网、火镰、织布的经纬线、栅栏纹等），还有反映其他方面的（矛头、指甲纹等）。纹饰含义不一，有的同纹异义，有的一纹多义。点纹可释为菜籽，也可理解为苏麻；被12角环绕的圆圈纹，可作太阳与光束的表示，也可作为12个月的象征或作12属相的代表，不同地区有不同的说法。但图案主要由点、线、面组成，三者或交织，或重置，或镶边，灵活组合，面与点、线相衬，花纹突出，层次分明，多用黑色烘托，色彩对比强烈。图案的布局与家具、器皿的形状和谐；图案的结构也很有章法，虽繁密而严谨，不显杂乱；虽简化而合理，不觉单调。并随产地不同而艺术风格各异，有的纹饰繁丽、精细、柔和；有的简练、粗犷、刚劲；有的则简而不呆、活泼奔放。总之，彝族漆器的彩绘纹饰以几何形为多；朝鲜族与蒙古族的彩绘家具纹饰常为花草形图案，且多在浅蓝底上用红、白、绿色漆绘成；福建畲族箱柜上的彩绘纹饰则多以风景和人物故事为题材，用色也更多样化。

2. 雕刻装饰

1）阴刻装饰（图 1.2.6）

以鄂伦春族为代表的（鄂温克族、赫哲族、达斡尔族、锡伯族和满族等），用桦树皮制作的盒、桶、箱等家用器具上的装饰，多采用阴刻手法，包括点刺和压花。自 17 世纪初至今，已有 300 多年的历史。

所谓点刺，指以"托格托文"（鄂伦春语，即用鹿、狍的腿骨或狍子、野猪下腿骨制作的雕刻点刺骨针）为工具，刺成凹槽形连续花纹，用 2 齿点刺骨针雕刻花朵，用 3 齿和 4 齿骨针雕刻边饰纹样。所谓压花，即直接用骨器打压成凹形花纹。阴刻纹样的部位多在家具身腰以上，也有通体装饰的。纹样多为多层次二方连续几何形（水波纹、直线纹、三角形纹、点刺纹、半圆纹、圆圈纹、"⊥"形纹等）和少量植物纹样（树形纹、树叶纹、变形花朵纹等）组合运用；在家具盖上常作华丽的重点装饰，主要为圆形、方形、长方形、椭圆形和腰子形的适合纹样；边饰多以单层或多层二方连续纹样组成，以双线纹、点刺回纹、半圆纹、"⊥"形纹、水波纹为

主；中心的图案有各种形式的"×"字纹、山纹和花草纹等。在花草纹中，又常以象征爱情的"南绰罗花"为最多和最具特色。中心图案的基本骨架有对称的"—·—"形和辐射的"+"、"×"、"*"形等，它们对称和谐、疏密相间。在点刺与压花图案上，最后还有再加彩绘的，色彩以大红、朱红、蓝、绿和黑色为多。彩绘面积虽不大，但在桦皮固有的浅土黄色上却能产生既有对比又很调和，既有立体感强又十分明快，既粗犷奔放又十分华丽的装饰艺术效果。

2）浮雕装饰

湘西苗椅靠背上的中格与上格，分别雕有"犬飞天"和"花飞天"。两者虽是一动一植之物象，却有外形与内在的区分与联系。犬，仰头、伸腿、施爪、摆尾在腾飞；花，竖瓣、展叶、沸须、翘蒂在飘行。正你追我赶地竞奔武陵山，下凡世间、创造人类；这犬首、四腿、一尾，那花下五叶、一蒂，均呈由本体延向外空的辐射形态，又巧妙地象征着共生六男六女的婚配硕果。这是形、神有异的外表。

■ 图 1.2.6　阴刻装饰

此外,那花瓣呈犬齿状排列;这犬脚作花蕾形造型,且都为"槃瓠图腾"、寓意怀祖的装饰,这又是犬、花共同的内容。两者虽隔有联、相互呼应,构成了统一而富于变化的完整图案。当然,其雕线之流畅,刀法之精彩,粗、细、深、浅之组合,阴、阳、顿、挫之匹配,均因形、因神而用,都是恰到好处的,可谓家具浮雕装饰的珍品。

3)透雕装饰(图1.2.7)

云南剑川县历来就有"雕刻之乡"的美称。这里的雕刻工艺,形象饱满雄厚,纹样变化丰富,尤其是深雕与透雕,更有古朴而豪放、粗壮而精致的风格特点。大理喜洲白族的双套桌是剑川木雕匠师的晚清作品,雕刻装饰集中在上桌的束腰与腿部,束腰上主要是浮雕,而四腿上的母子双狮和圆球则为深雕与透雕。双狮象征父子两代均受禄做官;束腰圈围的竹节意为升官发财节节循环不已、子孙万代相传。从侧面观赏四腿,倒立的母狮呈S形体姿,逼真动人,特别是那母狮昂首远眺、小狮仰头望母,充分显露着狮子兽性的情质,凝聚了其对人的凶猛威力、对己的自我私感,这种特性在正面造型中体现得尤为突出。母狮为那颗圆珠,几乎置小狮于不顾,而竭尽全力同对手竞相争夺,反映了以匠师为代表的人民群众对上层阶级的仇恨,也反映出家具雕饰的时代性与社会性。从双套桌的整体看,似乎上桌四腿间的罗锅枨和下体四腿间的直枨是多此一举。但两枨不仅在造型上将高居众上的8狮合成一群,表示其家族的兴旺;而且在结构上也构成了腿部支撑平衡力系,从而减轻了腿部各结点的力矩,加强了腿部的稳定作用。这是因为深雕与透雕中必须全面考虑构件截面变化结构受力所造成的影响。双套桌制作者的此种才能也是很出众的。

1.2.4 中国少数民族传统家具的其他造型方法

少数民族家具的造型、样式相当多样化,下面介绍几种最常用的。

1. 镶嵌纹石

山区的少数民族家具,就地取石材同木家具相配,是很有特色的,这是一种运用材料肌理造型的具体手法。所谓肌理,是指由于组成材料的分子与纤维等因素的不同排列、组合和构造,而形成不同

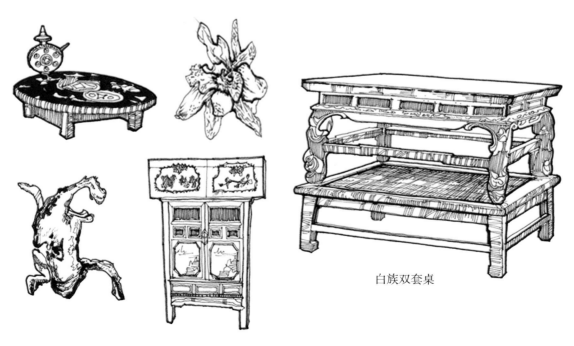

白族双套桌

■ 图1.2.7 透雕装饰

的条纹与纹理等物质属性，使人得到一定的触觉质感与视觉触感。因此，肌理有触觉肌理和视觉肌理之分，前者是人能直接用手抚摸而实际感觉清楚的肌理，后者是只能看到而不能直接用手抚摸来区分差别的肌理。所以，肌理是一种复杂的综合性触觉，是人对物体的一种感觉。人们常说的质地、手感、触感、织法、纹理和性质等，全可包括于肌理之中。它既具触感性质，又具视觉影响。除去自然存在的以外，肌理更可人工制造，同一材料也可创造出无数不同的肌理来。

云南大理洱海之滨的点苍山所产的大理石（也称醒酒石或础石）是一种由结晶碳酸钙构成的岩石，因含有不同金属化合物而呈现出千变万化的纹彩：有的像云雾缭绕的山峰，有的像峭壁悬崖的山谷；有的像飘浮腾飞的行云，有的像一泻千里的飞瀑；有的像滋润苍翠的松、竹、梅、兰、菊水墨画，有的像栩栩如生的花、鸟、虫、鱼、兽工艺品；有的像烟雨蒙蒙的乡村景色，有的像华灯闪闪的都市风貌……但总的分为彩花石、水花石和纯白石三大类。其中，比较珍贵的有水墨花、葡萄花、彩花、云辉和苍山白玉等品种。它们大多采自海拔 3400 多米高的点苍山中的悬崖深谷，均具有光泽柔润、色泽多样、花纹奇丽、质地细密等特点。特别是夹于水花石中的彩花石，花纹色泽能自然成画，可惜藏量不多，采取不易。白族人民利用它制作的大理石桌、几和凳、椅等家具，为盛名于世的剑川木雕

家具增添了新的品种与光彩，至今已有上千年历史。图 1.2.8 所示的白族大理石桌面，对双套桌的造型可算是锦上添花。精致的人工雕饰，配上浪漫云山形的自然纹理和青白色彩，使整个桌型俗中显雅，从而获得了民族与地方双重特色。不仅如此，由于桌面是盛放膳食物品的易脏之处，故光滑、坚硬的大理石又为利于清洁提供了条件；若作凳、椅的座面与靠背面，夏天还可增加清凉感，冬季加上软垫也符合软硬兼具的舒适度与人体保暖要求的。因此，郭沫若同志曾写诗称赞点苍山的大理石："苍山韵风月，奇石吐云烟，相石心胸外，凉生肘腋间。"

运用其他材料的肌理来加强家具的装饰性，在少数民族家具中尚有采用，如刺绣、挑花、织锦和印花、蜡染等。除了织锦与蜡染将在后文作专题介绍外，其他就不一一叙述了。

2. 刻绘铭文

彩绘花纹图案是家具的一种装饰手段；刻写诗、词、铭文也是家具装饰的常见手法。早在西周时期，人们就开始利用书法作为装潢了（如钟鼎文）。汉代碑文通用隶书，而碑额又镌以篆文，这是运用不同字体进行装饰的又一种形式。在少数民族家具中，也有采用传统书法来表现其民族性的。例如，在家具的某一部位书刻款识、题诗铭文等，虽不及在自用文具上那么习尚与普遍，但稍加注意，还是显而易见的，而且内容丰富、形式多样，比如制作年款、购置记识、名品题诗和自叙铭文等。

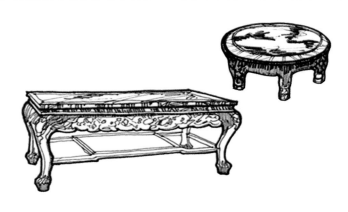

■ 图 1.2.8 白族的大理石桌面

图1.2.9是白族靠椅背上的篆书金描铭文："东官中作宝鼎，高庙为母作斋鬲"（左椅），"如入癸子伯鼎作南鼎，中南大寿界宝鬲，其万年子孙永保用"（右椅）。前者为记事性铭文，后者为嘱咐性铭文，两者均有实用价值。采用文字记载内容和运用篆文书法形式，都显得非常高雅与别致，别具一格，大大提高了少数民族家具的文明感与价值感。

书法能够丰富家具的装饰艺术，但也要使用得当，不能过多，更不能滥用，要同家具的总体造型相配合，其中包括适宜环境和融合形、色。白族靠椅背上作不同排列的大篆书法，用在堂屋或书斋是合情的，但若用在厨房就不协调了；在黑地上描金字显得高贵，若用在红地上就变富丽堂皇了；字的排列既不宜呆板，也不宜变化过多，否则难以形成一定的韵律与节奏，无法使人产生美感。总之，文字的应用只能是"锦上添花"，而不能是"画蛇添足"。

3. 移植纹样

所谓纹样，是指实用品、工艺品和工业品上装饰的植物、动物、人物、风景和几何形等，即狭义的图案（凡有关立体造型、装饰意图的设计，均为广义的图案）。其形式有自然形和几何形之分。少数民族家具装饰中，无论是绘制或是雕刻的纹样，都是丰富多彩的，并多直接源于生活和木工匠师的创作，但也有借鉴与移植于其他生活用品上的装饰纹样。例如织锦，苗锦、瑶锦、侗锦、傣锦和土家锦的纹样与织法均各有特色。尤其是土家锦的纹样，可算是土家族的一朵金花，朴实中隐艳丽、粗犷内含细腻，表现得优美而庄重，风格独特、技艺精湛。土家族妇女亲手制作、自我享用、世代相传，至今不衰。它不像苗、瑶、侗、傣等族的织锦那样清秀、淡雅和织工精细，而显得爽朗、明快和华丽，突出地表现了一个"土"字。土家织锦的题材与内容是建立在土家人的实用功能和审美情趣之上的。其采用的纹样，多为正方形与条形的连续。其表现手法，有的以单独几何形为母体进行演变与深化；有的以菱形为主体进行内外填充与点缀；还有的以直、折线为造型基础，以抽象、浪漫、象征的手法来表现；对色彩的配置，常以黑、红、蓝作底色，构成黑白交替、正反互换的纹样。土家织锦与土家族家具，无论是在室内陈设中的配用与烘托，还是在装饰纹样上的借鉴与移植，都有相互依存与互相影响之处，两者关系十分密切。具体表现在以下几方面。

1）家具影响织锦

土家织锦纹样中的桌子花、椅子花和豆腐架花等，都是摹仿家具外形而构成的。特别是传统图案中最具代表性的"八勾"，即以8个勾形组成的菱形纹样，并以此为中心而对称地向外缘逐层扩散，且在黑勾形成的空隙处又构成白勾，两者正反替变、相辅相成，整个织锦以8个勾为一单元，上下连续，组成多层次结构（图1.2.10）。这种土八勾纹样，由于同土家山寨人民竹编土皮箱的编织图案相像，因而称为土皮八勾。

■ 图1.2.9 白族靠椅背上的篆书

■ 图1.2.10 传统图案中的"八勾"

2）织锦影响家具

土家织锦的典型纹样——阳雀花，同土家山寨老幼皆知的"西兰卡布"民间传说密切相关：古代有一位名叫西兰的土家姑娘，美丽而聪明，善织土锦，几乎织尽了世上的各种鲜花，唯独没有织出"寅时开花、卯时谢"的白果花，于是她每天深夜独自守在花园的白果树下，等候白果树开花，以求仿织。谁知其嫂因妒心而背地谗言西兰品行不正。在一个月明之夜，白果树开花了。西兰摘下一朵，喜爱得又看又闻，并激动地赞花自语，被其长兄在醉睡中模糊听见，联思其妻的挑拨胡言，便火冒三丈顺手拿起洗衣槌棒，直奔花园将西兰打死于白果树下。当兄长酒醒之后，只见西兰已变成一只鸟雀，在土家山寨的白果树上飞翔，嘴里呼叫着："哥哥苦！哥哥苦！"此后，西兰便成了土家族人民心中的"织造女神"，特别激励着土家族姑娘们。为纪念西兰，土家族姑娘将她的鸟雀化身，创作与演变成了土家织锦中的阳雀图（图1.2.11）。此后当地人民便将土家织锦称作"西兰卡布"或"西兰卡普"或"打花"。

阳雀图虽出自土家织锦，但在图1.2.10所示土家族的扶手椅背的两侧雕刻中也惟妙惟肖地反映出来，无疑是移植于土家织锦的纹样。

3）两者相互影响

土家族滴水床也是很具特色的传统家具，有三滴水、五滴水、七滴水、九滴水之分，均仿名于建筑屋檐的滴水结构。

图1.2.12为三滴水床。床的正面分三进，每进相当于建筑的一层檐口，由基本床架、3层檐板和4块侧板装配而成。床的第一进，五格横屏高悬床顶，屏内每格均透雕成白果树丛与白果花，屏格之下有透雕网格垂缕，格中还分隔倒挂4枝白果花，稍远视之犹如欲落滴水，冲洗那洁白无瑕之花；屏的两侧镶上了两相呼应的三角花牙，使前屏外廓构成上大下小的倒梯形，加上突出于屏下边缘的4枝倒白果花柱，更增加了滴水的下落感。此种开门见山点题的造型手法，表现了土家人的爽朗性格。二、三两进均为柔中带刚线型构成的半壶门拱形垂花木罩，由于两罩内侧曲线交替突露，加上三进之间以雕花透窗屏状侧板，呈八字形喇叭口排列相联，且二进花罩下又没有踏脚板和在踏板前沿两侧装有两块栏板，从正面看去便给人造成一种向内收缩的进深感与安逸感，感到房内有洞，洞内有房。这种室内小洞房的形成与寓意造型，确实迎合了喜庆之家和新婚夫妇的心理要求；而借用建筑上的3层滴水与室内垂花罩构造，作为由大空间（房）向小空间（床）的过渡，更是工匠大师们的妙用技法。不仅如此，还妙在床体外形虽为正方，但由于采取了上小下大、上虚下实和上轻下重的内线分划与装饰，同时隔板均作对称安排，因而体形显得端庄中含活

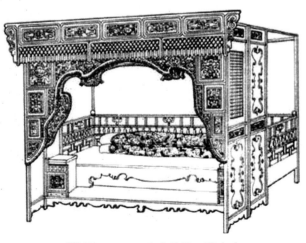

■ 图1.2.11　土家织锦中的阳雀图　　　　　■ 图1.2.12　土家族的三滴水床

泼，稳重内蕴轻巧；还妙在体积虽庞大，但由于采用分部装配结构，而搬运仍较方便，表现了当今拆装家具的优点；还妙在功能的多用上，此床虽好似中国明式拔步床的用途组合，可又不像拔步床那么固死不变，滴水床的空间分割，由于上隔下敞，故其三进空间是围中有透、隔中有联，从而其间布置几、桌、柜、凳相当灵活；还妙在由于空间的围而不死和隔而不断，从而既利保暖，又利通风，非常适用土家山寨的寒热变化气候，同时造成的床上光线既不过亮，也不太暗，相当理想地满足了就寝的采光要求，当然营造的空间大小，也适合土家人的身材尺度。

床的雕饰纹样也以阳雀图为主题，在一进檐板的正方透雕和二进左右两侧的大小六方浮雕中的花饰，几乎全是白果花树纹样，且在三进中部的三方浮雕的扇形内专雕了3只姿态不同的阳雀图案，这同床上土家织锦铺盖面上的阳雀图构成了两相呼应的整体效果，且插的图案布局，由被面的平面发展成了立体构图，并将阳雀隐于一进檐板下沿，象征滴水的网状垂檐之后和二进罩板之中及两罩前上与后侧雕刻的成片白果树林的深处，大有"百树朝雀、雀藏洞中、雀王织神、造福人间"的仙景与颂祈之内含。这种含蓄的整体造型与装饰手法，相对于土

锦被面的阳雀图，已是青出于蓝而胜于蓝了。尽管如此，在整体布局上，阳雀图饰被面铺盖不仅占据着床的中心主位，成为这洞中的主体，而且在白帐的衬托和层层收进床罩的诱导下极易吸引视线，从而成为人们观赏的主要集中目标。

4）完美融合效果

由上可知，土花铺盖是土中之花，脱俗成仙；三滴水床是床中之瑰，形古功现。两者紧密融合，形成了一具彼此依存、相互烘托，主次分明、层次清晰，既有共性、更有个性，整体完美、各有特色的全景构图和系统造型，是效果良好、今可借鉴的佳作。

4. 组合花字

这里的花，是指"宝相花"。传统的龙、凤装饰图案，常具龙有"九似"和凤有"五色"的特点，它们都是巧妙地把一些自然物的局部形状，加以适当地夸张、变形、添加、省略和寄寓以人们某种美好象征与愿望的图案组合构成的，表现了鲜明的想象、综合和求全的特性。宝相花也是以某一花卉为主体，搭配其他花卉的茎、叶、花、蕾和果，甚至还可加上宝珠形圆点等要素，构成富有装饰与组合性质的艺术形象（图1.2.13）。它既不受自然花卉的生长规律约束，也不受季节、形状与色彩所限制，

■ 图1.2.13 各类宝相花

设计者可按创作意图任意进行选配与组合，可以花中生花、花里长叶；也可以叶上结果，果内再生花蕾；还可以更浪漫地将云彩和吉祥动物的整体或局部配置于花卉之中，达到使某一单纯花卉变成丰满壮实、层次繁缛、色彩绚丽，有如闪闪发光的珍宝之效果，这就是宝相花（或称"宝仙花"、"宝花花"）得名的由来。依据宝相花的艺术特征，其历史可溯源到春秋、战国，它盛行于隋、唐，历宋、元、明，到了清代，中国各类工艺品的装饰纹样，除龙、凤等动物图案外，在运用植物图案时几乎都离不开宝相花了。

中国瑶族木制神龛上雕刻的花饰之一，可算作龙、凤和宝相花的大想象、大综合和大求全的典型图案（图1.2.14）。其组合结果很自然地推出了一个大"福"字，图的中右边，倒挂的盛开棉花上生长了一片卷曲之叶，叶端又生有含苞欲放的花蕾；另在主花的茎端部，竟冒出一个由花、茎、叶、蕾、果构成的龙头形。总起来看，一条头、身、尾完美的长龙正尽力地在滚翻与腾飞。图的中左边，在两棵硕果累累、长叶随风飘拂的高粱茎下，串联了3朵下悬的花蕾，并在蕾的蒂部巧妙地伸出了一个也由花瓣与花叶构成的凤头。综合来看，一只有首有体有尾的凤形，同在纵情地跳跃与起舞。这龙飞凤舞、龙凤嬉耍的活跃而热闹场景，都是由各种花卉的花、茎、叶、蕾、果所构成，组成龙、凤体形的是宝仙花，"游龙戏凤"之玩物也是宝花花。这种用植物构成动物图案，又以植、动物形象组成寓意（龙凤呈祥、丰衣足食的幸福象征的大"福"字体），

确是宝相花变形图的新发展。此外，在图的左右外侧，还绘有两只形态与姿势各异的"神鸟"，一只头朝天，一只头俯地，好似卫士一般注视着天上与地下的来敌，而守护这美好的幸福之"福"，也十分迎合以往山区瑶民的心理活动。

总之，在少数民族家具装饰中，运用宝相花和龙、凤图案，是屡见不鲜的，但如此生动、完美地用其组成"福"、"禄"、"喜"字形，则无不富有非凡的创造性。

5. 蕴藏数语

中国少数民族家具的装饰图案中不仅包含着具象的形与色，而且蕴藏着各种不同形态的和抽象的数语言，作为传情表意、祈福求安的手法。所谓抽象的数，是指带有较为集中的想象与空间各部的神秘感应作用，且在一定程度上具有宗教色彩，试图在具象的实物上寄予虚幻性精神生活上的某种功利性满足。因此，这种数语言，实质是客观的物象与想象的数观念与功利之间，在人们心理上建起的某种互渗性的特殊关系。具体有如下几种形态：

（1）人格化的物之复合具象。即摄取某些动、植物的局部形象，组成新的形象之物，并把这种物同某种字义与潜在的数重叠穿插和混合交感起来，以祈求生活的吉祥如意和幸福美好。此种形态，虽无数的明显表现，却包含有一定数的意义。如图1.2.14所示的宝相花构成的"福"字，就潜蓄着"花盛叶茂与季季长春"、"果硕累累与多子多孙"、"事事如意与幸福美好"、"各方吉祥与永保安宁"等祈求性数的意思。同时，由花卉组成的龙、凤等也具

■ 图1.2.14 瑶族木制神龛上雕刻的花饰（1）

■ 图1.2.15 瑶族木制神龛上雕刻的花饰（2）

有数的含义。例如，龙有"九似"（头似驼、眼似虎、鼻似狮、口与须与尾似鱼、颈似蛇、角似鹿、脊似鳄、足似鼍（tuó）、爪似鹰。说法不一，大体如此）和凤有"五色"（赤、青、黄、紫、白）等，这里又有具阳数之首、天数之极的"九"和涵盖天地、阴阳吉祥之数的"五"，从而使已被人格化与神化的龙、凤更增威力和神性。

（2）抽象化的数之对应具象。即运用的数语言，有其对应的构图和物品，并具有一定的象征含意和方位性。数的表现也较前者明显。如白族的双套八仙桌，不仅在4个方位上有8个位置，而桌面下的束腰上有的还透雕或浮雕8个长方格子，每格雕饰"暗八仙"图案之一物（或拐杖上寿带系葫芦，或笛子上系寿带，或宝剑上系拂帚、系花篮、系扇子等）。图1.2.14中用上了花卉植物的根、干、枝、叶、花、须、蕾和果8个要素组成宝相花，似乎也不是偶然的。这里的"八"也是地数之极，具有八卦中四方四佐之意。古人对"八"怀有一定的巫术神秘感，并自然带有方向性。

（3）抽象化的数之谐音具象。"福寿"与"佛手"，就是祝福性语言同具体食物形象名称的谐言结合，其表达意向是幸福长寿。而图1.2.15所示宝相花构成的"禄"字，还具有数语言的谐音，更含有多层次的喻义作用。整个字体由桃子、石榴、黄瓜、佛手、桂圆和牡丹花6种植物的茎、叶、花、果所构成，并且组合成鹿体和公鸡头两种动物图案，最终形成"禄"字，其构思之法不亚于图1.2.14，因为它不仅蕴图与字的谐音，而且藏数语言的谐音和怀祖寓意。例如，"六——鹿——禄"的数语言、动物具象名称、祈祝性文字三者的谐音，以及2种动物与8种植物组合的二与六，又包含有"六男六女"的怀祖寓意，即有2个六的"数"语言喻义。显然，其中还含有"富贵联姻"（牡丹与桂圆）、"连中三元"（3颗桂圆）、"功名富贵"（叫公鸡与牡丹花）、"瓜瓞绵绵"（黄瓜）和"多福、多寿、多子"（佛手、

桃子和石榴）等字音与物名谐音和吉祥含义。

（4）哲学化的物之太极具象。一阴一阳为太极的哲学观念，四方、八位和天圆地方等是太极图的形式。太极图式是中国图案规矩的基础。它主要突出数、位、向的内容，且最终将数的内容积淀为形式，并将功利性积淀为超功利性，而形成纯形式美所需的规范化模式。哈尼族鸳鸯床上的方、圆镜和"游龙戏凤"与"龙凤呈祥"等装饰内容，均属太极图式的范畴，其中包含"二"或"双"的数语言。

中国古代将数语言运用于图案，是随着朝代的更替和观念的更新而不断变化的：周代以前多重神格；汉代到唐代是人、神并重；从宋代到清代则多重人格。在少数民族家具中也大体如此。

6. 运用圆圈

在西藏、青海、四川、甘肃、云南、内蒙古和新疆的藏、蒙、纳西、裕固、土、普米、门巴等少数民族中，有着不计其数的圆圈现象。例如，藏传佛教寺院里的壁画圆圈（藏经称"涉巴可珞"，即轮回图，轮回之意），街道圆圈（拉萨市的八角街圆圈），建筑、碑、塔圆圈和法器圆圈（转经筒、念珠等），以及节日与歌舞圆圈、文字圆圈（如雍仲符号）等，总之，在一些佛教盛行地区，无论是城镇乡村、田野草原、山岭湖畔，还是寺院神殿、土屋帐篷，到处都可见到这种富有特色与发人深思的静态或动态圆圈现象。藏族人民对圆圈的运用最多、最广泛。圆圈在佛教徒中象征着因果轮回观念，被认为是"信徒们消除烦恼、逃避现实、修炼成佛"的捷径，并象征"法轮常转、佛法永存"。这些当然是宗教迷信之说，但圆圈也在一定程度上反映了这些少数民族人民的友爱、善良、吃苦耐劳和坚忍不拔的民族性格。尽管各少数民族的人情风俗与生活习惯不尽相同，但对圆的形象却有着相通的审美观念。回族的伊斯兰教堂圆形拱顶与尖弧形窗框等，也具有独特的民族风格。

圆，在中华民族的造型艺术中是出现最早的一种形象，甲骨文"⊙"，是我们祖先创造的最早的形象符号。将圆的形象运用于生活，起源也是很早的：远在旧石器时代，"山顶洞人"就将兽齿钻个小圆孔连串起来，或在磨光的砾石上钻个圆孔，作为装饰品（那时尚是无意识的）；到了仰韶文化时期，如江苏青莲岗出土的环状斧等，便开始出现了简陋、粗糙的圆形原始造型；到新石器时代末期，陶器的产生使圆同人类生存与发展的关系更为密切，圆的运用和欣赏相结合的造型艺术已进入到成熟时期。在封建社会中，帝王将相用的居室、服饰、器物等都运用盘龙绣凤来象征至高无上的地位，把圆的形象升华到至尊至贵的高度。在漫长的封建年代里，人们已视圆为高贵、吉祥、美满的形象，各种赋有吉祥含义的团花纹样和以圆为基本造型的装饰被广泛运用于生活用具的造型艺术之中。这一民俗民风，千百年来已成为根深蒂固的审美意识，注入人民的生活中。

在室内与家具造型方面，圆圈形态同样是很普遍的，比如：

（1）建筑圆圈。蒙古族的蒙古包和维吾尔族、哈萨克族的毡房，外形都是圆的，内部屋顶与壁架结构也是圆的，而且从顶部到壁面利用搭叠构造与色彩，形成一层层、一圈圈的圆圈（图1.2.16）。若扩大建筑概念，在藏族葬塔之上还立有圆圈装饰。这些都是静态的建筑圆圈。至于动态的圆圈，在藏传佛教建筑中的转经活动轨迹有其表现；在维吾尔族与哈萨克族人民的家庭聚宴时也有其表现。在西藏，寺院建筑共有3477座（据清乾隆二年理藩院造册统计，达赖喇嘛所辖寺院3150余座，班禅喇嘛所辖寺院327座），每天都有信徒去寺院和神殿转经，从而形成无数大小不同的圆圈运动轨迹；布达拉宫是信徒心中的最神圣场所，他们在宫内的转经轨迹也形成一个个的圆圈运动；绝大多数信徒在本地区、本县和本乡的寺院或殿堂朝佛传经时，同样进行着大大小小的圆圈运动。新疆维吾尔族和哈萨克族人民在喜庆家聚与客宴时，总是围坐地毯之上，形成或大或小的活动圆圈。如果人多，还会围成几个层次的大圆圈。

（2）陈设圆圈。在藏族的帐篷内、蒙古包内和维吾尔族与哈萨克族的毡房内，家具等物品都是按圆弧形陈设的；悬挂于圆弧壁上的壁挂和铺于地上的地毯上的图案，也多是各种不同的圆圈，如图1.2.17所示。

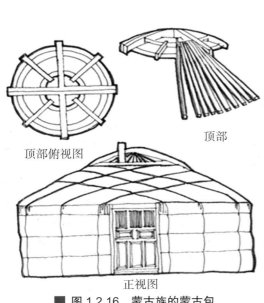

顶部俯视图 顶部

正视图

■ 图1.2.16 蒙古族的蒙古包

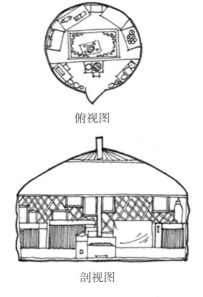

俯视图

剖视图

■ 图1.2.17 蒙古包内的家具陈设

（3）家具圆圈。蒸饭用圆桶，制酥油茶也用圆桶，饭桌是圆面，茶桌还是圆面，就连小孩用的童床，也运用了圆弧造型，如图1.2.18所示。

（4）文饰圆圈。"卍"是藏传佛经中的一个吉祥符号，称作"雍仲"，意为永恒不变，也具有崇高的象征意义，与"江山"、"社稷"的含义等同，只是多一层宗教色彩。它在西藏因佛教与本教之分而有所区别：佛教为"卍"形，呈顺时针方向旋转，与转经规则一致；而本教则为"卐"形，呈逆时针方向旋转。这一符号在世界范围的古代宗教中流传也很广，婆罗门教、那教和佛教都有使用。在藏族人民比较讲究的婚礼中，在新婚夫妇的卧具上，也常摆有用麦秸组成"雍仲"符号的似动非动的圆圈，以示喜庆吉祥。

圆，除了不同民族寄予不同的理想外，它之所以受人喜爱与运用，还由于它具备美的条件。一个圆，从中心向四周等距离伸展，可大可小、可虚可实，

可单独应用，也可与其他形象结合运用，并可以任何角度用于任何场合，而无偏轻偏重之感觉，却有单独、统一、均衡和对称的美观效果，给人视觉和心理上以团结、轻快、舒适和完美的感受。

7. 变化龙形

龙的图腾，历来是中华民族的象征。龙起源于原始氏族社会的自然与祖先崇拜，至今已有5000年的历史。1971年在内蒙古翁牛特旗三星他拉村发现的一件墨绿色玉龙（图1.2.19），身似蛇、体卷曲呈C形、头似猪首、口闭吻长、鼻端前突、上翘起棱、背长鬣（占龙体长1/3以上，很具当时猪体形象），无足无爪、无角无耳、有眼无睛，长50cm、高26cm。据考证为红山文化时代的产物，堪称"天下第一龙"。

龙的种类很多，全观龙的祖型，有大龙（苍龙）和小龙（螭龙）两类。前者的祖型为扬子鳄（鼍龙，俗称猪婆龙，即古书常说的蛟龙、夔（kuí）牛、

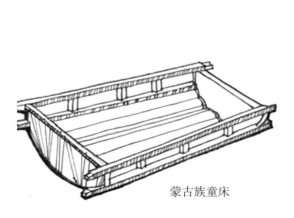

蒙古族童床

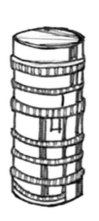

壮族酥油筒

■ 图1.2.18　蒙古包内家具的圆弧造型

■ 图1.2.19　玉龙

水虎、虎蛟和鳝（shàn）等），是龙的干系；后者的祖型为蛇，是龙的支系。但龙的"家属"很多，有所谓"龙生九子"之说（图1.2.20）。

龙的演变，大体可分为夔龙、应龙和黄龙3个时期。夔龙期的夔，是一种想象性的神圣怪物，大致形态为蛇状单足。夔龙期始于原始社会，经商、周延续到秦、汉，其原始龙多类"虫"形。商、周时因农、蓄业发达，而多转向蓄类动物形象，常以夔龙为代表，具体又因以鳄、蛇为原型，稍加变异，并与玄鸟复合而演化为夔龙与夔螭。商夔螭为桃形或三角形蛇状头、双耳人目、蛇躯鳞身、一鸷（zhì）族二或四爪。商、周时尚有巴蜀龙虎形；周时又产生了龙、螭与虞象综合的象鼻龙复合龙钟。商龙形态威严、庄重、华贵、方硬、粗犷，充满原始的力美；周龙秀逸、活泼、曲线流转，充满生机与跃动的节律美。

在商代铜制的饕餮蝉纹俎（切肉小几）的饕餮纹和夔蝉纹禁（盛酒器台桌）上的夔纹，是有密切关系的。饕餮的基本特征是人立式或伏卧式或爬行式相向并置的双牛首夔龙，两首合一，兼有龙、螭、鸷的特征，突出巨大头部，头上有突出双目，从整体看是一头双身龙，而分开看则是对称的两条侧视牛夔龙（图1.2.21）。最初的饕餮为人面纹、翼式羽状高冠牛角人面纹、人面兽角兽爪足复合纹、人身牛首纹、人目牛首牛角兽足纹，然后抽象为兽形的图案纹样，到商中、晚期才逐渐定型为侧视人立式牛首夔龙相向并置复合纹、侧视伏卧式夔龙相向并置复合纹和逐渐舍去龙身，只留其头，进而抽象，直到只留其目。总之，饕餮本质上是正面平视的龙头形象；坐龙头也是饕餮；椒图、狻猊和蚔蟖（jǐ xī），均是饕餮的变异形象。因此，饕餮龙不仅是商、周时期的主宰，而且也一直是龙之精魂，是龙之演变的主脉，它贯穿于龙艺术的始终。

应龙期的应龙，本是鹰龙，是一种鹰身龙首鸟，

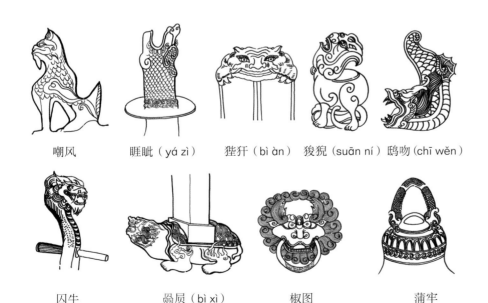

嘲风　　　睚眦（yá zì）　　狴犴（bì àn）　狻猊（suān ní）鸱吻（chī wěn）

囚牛　　　　赑屃（bì xì）　　　椒图　　　　　蒲牢

■ 图1.2.20　龙的"家属"　　　　　　　　　　　　　■ 图1.2.21　饕餮

最早见于商、周，但从文物考证看，可能始于秦，盛于汉，延续到隋、唐。汉、唐的龙实为商夔龙的写实化、绘画化。南北朝时期的龙，造型修长洒脱、疾速驰逐、腾跃扶摇、秀骨清相；唐龙雍容丰满、雄健威武。

黄龙期的黄龙，是夔龙与应龙的结合体。它萌于唐、宋，经辽、金、元而奠定了形象基础，盛于明、清。黄龙（图1.2.22）是将应龙身体拉长而成真正的蛇躯鳞身，又将翅异化为飞腾的火焰，从前足肩部向身后跃动，并开始有须、髯、鬣和肘毛。秦、汉、隋、唐、五代、宋、元的龙多为三趾；明、清时多为四或五趾；明龙为鳄、牛头，鬣毛侧竖和合口；清龙脸长、象鼻、毛发披散、鳞甲细密整齐和

口常开启。清后期的龙，失之繁缛，缺少初期龙的强大生命力和跃动气势。但明、清对龙善用曲线绘制，三波九折，颇具舞姿，相当姣美。按照黄龙的不同动态，有坐龙、团龙、盘龙、升龙、降龙、行龙、跑龙、腾龙、飞龙、云水龙和戏珠龙等，形成一个丰富多彩的龙之世界。

图1.2.23所示宝座及屏风上雕刻的龙，数量众多、形象各异。特别是在宝座靠背上的正面雕饰的9条龙形，既是玲珑灵空的木质透雕与浮雕的龙体，又是椅背与台前板的结构构件，融结构与雕饰于一体。虽然因尺度宽大，皇帝不可能对其作贴身的依扶而舒适其身，但却适应了整体环境的视觉与心理造型。

■ 图 1.2.22　明清时期龙的造型

■ 图 1.2.23　宝座及屏风上雕刻的龙

图 1.2.24 所示白族的类似拔步床的龙床上斗珠的双龙，因其雕饰于床的顶部，故有"龙为天子"之尊意；两龙的形态，一条得意仰首，一条丧气俯头，大有弃恶扬善、善胜于恶的寓意；两龙综合起来，又有祈求天下太平、国泰民安的意思。在造型手法上，还突破了完全对称的格局，充分表现了民间同宫廷的龙饰差异，显示了民间龙饰的自由与浪漫性。

土家族桌腿（图 1.2.25）与扶手椅上扶手及白族双套桌腿上的人、兽面形综合纹饰，实是饕餮龙纹的复形，是趋于写实的饕餮龙纹的图腾，反映了这两个民族的传统文化的古老程度。因其装饰部位均在扶手前沿与桌腿对角外向的迎面显眼之处，若是按一桌两椅的组合方式，将其陈设于堂屋正中条案或神龛之前，当土司坐于椅子上时，也会大增地方与民族统治者的威严，而助长其抑压族民或奴隶们的精神，以起使人望而生畏的心理效果。

其他如藏族的草龙等纹饰，同草原藏族族民的生活环境也是彼此和谐、呼应的。

8. 融合龙凤

凤同龙一样，也是中国氏族社会中氏族或部落的自然与祖先崇拜图腾，是综合与概括现实生活中多种禽类形象的抽象与虚构之物，是集各种飞禽美之大成，是一种艺术形象。但这种想象中的美丽与吉祥的瑞鸟，却成了鸟中之王。古代《大戴礼》中有"有羽之虫三百六十，而凤凰为长"的记载；近代民间也有"百鸟朝凤"的说法。凤凰可追溯到殷代，故有 3000 多年的历史。

凤凰的种类很多，有鸾凤、鸷凤、夔凤等。此外，从造型角度看，凤凰还有云凤、草凤和团凤等形式，如图 1.2.26 所示。

自古至今，凤图腾的演变可分为 3 期：玄鸟期、朱雀期和凤凰期，如图 1.2.27 所示。

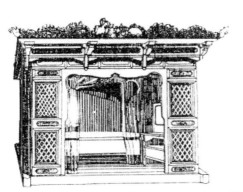
■ 图 1.2.24 白族龙床上斗珠的双龙

■ 图 1.2.25 土家族桌腿上的饕餮龙纹

■ 图 1.2.26 凤凰图饰

玄鸟　　　　　　朱雀　　　　　　　　　　凤凰

■ 图 1.2.27 凤凰的演变

图 1.2.28 所示为土家族椅的扶手上的凤饰，图 1.2.29 为藏族的花饰图案，两图虽同属草凤，但造型手法不同：一为抽象，一较具象；一以夔凤为模特，一以公鸡为原形；一是带有玄鸟期商、周时的粗犷壮实风格，一是表现凤凰期明、清时的清丽秀逸形象；一是双凤（一凤一凰）两头、对嘴、突眼、同身、同足、无翅，一是单凤一头、张嘴、聚眼、一身、一足、一翅。两者共同的特点：都是动态草凤，同是侧面造型，皆出于民间艺人之手，故很有生活气息。

图 1.2.30 所示为土家族脸盆架上的木雕装饰纹样，它似龙非龙、似凤非凤，实是龙凤合一的形象，表现为将凤翅移生于龙头的两侧。由于整个纹样是采取正面造型，故其牛蹄形腿脚只能认为是从头下与翅下长出的。龙凤合一后的总体形象是有相当气势的：龙头占据着中心主位，狮、虎形大鼻落于中心线之上，两只突眼与两块面额对称于鼻的两侧，两片叶形虎耳也在鼻的上部分展于左右两面。头额顶上由同一角根分别向相对方向延伸出两枝水平长角，其长度各超出脸形的 1 倍，加上鼻下粗壮的胡须，使整个头形呈倒梯形，并同整个倒梯形全形不仅成呼应的动态，而且同头、角的比例关系也非常恰当。头下一足和左右翅下各一足，虽不规整划一，但却成三足鼎立状态，加之牛、马形的粗壮大蹄，显得很有力感，足够平衡上部庞大的体形重量。角上部的鳞片状体态，使人产生明显的进深感，从而也令人难以捉摸其延伸程度。由于尾部未现，故龙体究竟有多长，不好肯定。是属饕餮龙形？还是翼龙形象？抑或是属于黄龙形态？从这正面构图的形象上是不得而知的。也许这就是创作者的高明所在——借以展示龙凤融合的玄妙形象和特殊风格。此外，这个龙凤合一的图腾是置于脸盆架顶上中部的，就更增加了龙凤融合后的新特征与飞腾气势以及龙嘴向脸盆喷水沐浴的联想倾向，从而表现了用龙水洗涤的吉祥与神圣象征以及中华民族子孙是龙凤传人的自豪感。

■ 图 1.2.28　土家族椅的扶手上的凤饰

■ 图 1.2.29　藏族的花饰图案

■ 图 1.2.30　土家族脸盆架上的木雕装饰纹样

1.3　中国少数民族的橱柜家具

中国各族人民对橱柜的叫法，向无严格区别。既不从有无放物与操作面来区分，也不以有无暗格与藏物来辨别。若是由体积大小来判定，则大者可认为是橱，但柜也有大的。当然，小者称橱的不多见。谈到橱、柜，侗族是比较典型的。侗族固定贮放物品用的橱、柜，品种多，形态与结构又因功能而异。

根据用途，侗族橱、柜大体可分4类：

（1）贮存衣物的高柜、站柜、连柜、箱柜和衣橱等。

（2）贮存书籍、茶具、食品、陈设品和针织品等零星杂物的亮柜、节柜等。

（3）贮存棉衣、棉絮和米、谷粮食的平柜（或称米柜、睡柜）等。

（4）贮存食具的碗橱等。

这些橱、柜有如下特点：

（1）一物多用，组合得宜。如亮柜（图1.3.1左图）常分4层：最上层为书柜；第二层摆设茶具、食品盒等实用陈设物；第三层的抽屉，常放针、线、纸张和日用票据等小物品；最下层存放酒坛、泡菜罐等较大、较重物品。这种不同物品按质分层置放的方法，无疑是符合人体工程学原理的：书籍和陈设物品置于人的最佳视线域内；针线等较小物品设在人手最方便操作的范围中；较笨重的物品则放在最下面，有利人手用力搬动。这种亮柜不仅将功能类同的物品柜合理地组合在一起，有一物多用的功效；而且将其设置在卧室窗前的长条桌端，对利用条桌进行学习、工作和做针线活等都有互配互助之宜和取存物品之便。

亮柜

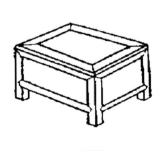

平柜

连柜

■ 图1.3.1　侗族橱、柜示例（1）

（2）两物配用，尺度协调。上例的柜与桌，虽也是两物配用，但在尺度协调上还不如平柜（图1.3.1中图）。一个平柜的长宽尺寸常近1m见方，高度与床高接近。这种尺度不仅适于贮放棉絮、棉衣和粮食等物品，而且两柜相拼，其长、宽尺寸同一张单人床的理想尺寸相仿，又可用做临时来客的睡铺。箱柜顶板的长、宽分别为1.0m和0.5m左右，刚好并列置放两个箱子，加上箱柜高度约为1.2m，故对搬用箱子也较方便，并可省去箱架和利用箱架所占空间。此外，连柜（图1.3.1右图）也能配合床的尺度而作为床头柜使用；碗橱还能配合建筑或嵌入墙中，从而少占或不占室内空间。

（3）大体化小，有利搬运。节柜（图1.3.2左图）、亮柜和碗橱（图1.3.2右图），虽分隔为3层或4层，但均为两节，每节柜体尺寸约为宽900mm、深500mm、高850~900mm，将大体积化成了小体积，从而便于搬动与迁运。

（4）群体造型，重点装饰。上述众多的橱、柜，除碗橱外，大都是置放于同一卧室之中。如何根据卧室功能，围绕架子床这个立体家具和协调长条桌等配用家具进行多柜群体造型，确是一个不易处理的问题，这里匠师们采取了既不喧宾夺主于床，又不以多压少于桌，更不一视同仁于柜，而取群众有首、对主顺从、对次相配等造型原则，使全套卧室家具重点突出，主次分明，彼此照顾，相互和谐。具体手法是形、色一致，重点装饰。由于架子床的迎面屏板有大面积雕饰，加上床体较大，就极自然地突出了床的主位；由于群柜与桌的形、色一致，又不使桌落于众而和谐群处；又由于对群柜不作普遍的雕饰，只对亮柜开敞部分——亮格的正面，配合实用陈设物品，作了卷口牙板雕饰，从而既使众柜有首，又使亮柜的陈设部分诱人，还由于亮柜装饰部分的柜体左右侧面仅以矮短栏杆作围而相对开敞，不仅使亮柜形成上虚下实、上轻下重的稳定体形，而使亮柜更加有别于它柜；同时，还使亮柜显得相当活泼灵巧，而跳出于他柜。由于这种雕饰手法运用得当，分量适中，做到了逊色于床、润色于柜、感色于桌，因而较成功地造就了亮柜成为一室群具之中品、众柜之上品、装饰之精品、统一和谐之调剂品的"红娘"角色。

节柜

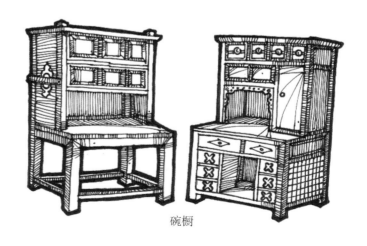

碗橱

■ 图1.3.2 侗族橱、柜示例（2）

1.4 中国少数民族传统家具中 "明式" 做法的特殊性

中国少数民族传统家具和明式家具一样，都是中华民族传统文化的组成部分，是中国传统家具的重要分支。但两者有同有异，有共性也有个性。中国传统文化包括物质与精神两个方面。本节以前者为基础，着重就少数民族传统家具表现的民族信仰、道德风情和艺术特征等精神方面的知识内容作些浅述。

1. 虚拟形象的物化性

中国少数民族先民们的思维性很强，对诸如宇宙是什么，人类如何产生、死后向何处去，万事万物的奇怪表现又是怎么回事等渊博的问题，进行了长期的探索，并将自己的主观认识多方面表现于物，乃至近代传统家具造型也深受影响。在雕饰中，这种思维表现尤甚。

1) 混沌思维的表现

中国少数民族传统家具的造型（含形、色、饰）受什么思想支配？总的来说，是受宏观的以天（大自然）和人的混沌、互渗而形成的天人同源、同构、同感的 "天人合一" 观念所左右。《艺文类聚》卷一引《三五历记》说："天地混沌如鸡子（蛋），盘古生其中，万八千岁，天地开辟，阳清为天，阴浊为地。" 这种天形如卵白、地形如卵黄和盘古开天辟地、创造成万物之对宇宙状态的描述，不仅十分形象和十分精彩，而且也较为适当和较易理解。由此，把人类 "原始思维" 中国化地称作 "混沌思维"，对其含义的表白似乎更为精确一些。因为它不仅能

体现 "万物有灵" 的独特内容及其集体表象与互相渗透两个特征，而且还能表明宏观整体、唯物辩证和动态把握三大优点。此种虚拟的混沌思维，竟在哈尼族类似明式架子床造型的鸳鸯床装饰与雕饰图案中得到具体表现。图 1.4.1 为哈尼族某土司用过的鸳鸯床，有两张，分置两室，其妻、妾各用一张。两张的形制、结构做法与明式架子床基本类似，不同的是除了脚形外，床的山形屏背中间，妻用的镶有一椭圆形镜子，妾用的嵌有一长方形镜子，合起来象征天圆地方；在屏柱头上又有示意祖源的葫芦形神话装饰；屏顶上还有表明祖神护佑的狗头鸟身立体透雕。所有这些都隐喻着土司同妻、妾们在床

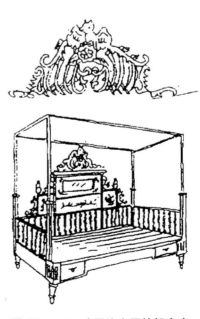

■ 图 1.4.1 哈尼族土司的鸳鸯床

上这个小天地里，繁衍子孙后代，开辟与发展家族。无疑，这全是"混沌思维"的残余表现。这在明式架子床中是较少见的。

2）饕餮纹样的变饰

哈尼族鸳鸯床屏上的葫芦形象，是表现人类或民族对祖源探求的混沌思维的具体图腾。

所谓"图腾"，按中国古字的本义，"图"是图像，"腾"意为合婚。因此图腾就是"婚姻繁殖的标志图像"，并有"祖先"和"许可与禁忌婚姻"的含义。图腾，既是氏族血缘的标志，也是氏族或部落的标记。在氏族观念中的图腾物，多是一种自然实有物，如虎、蛙、龟、羊、鳄、蛇、鹤、松、莲等，但当作图像绘出时，会作一些神秘或神圣化及审美的变化，不会是原始自然的写实再现，这种图像常称为原始图腾。当氏族之间，由于联姻、归并等原因使若干氏族结为部落时，会把各氏族的图腾综合成为一个新的图像，成为多种自然物的复合形态，如龙、凤、麒麟等，称为衍生图腾。图腾也是一种"族徽"，

同现代的国旗、国徽具有类似含义。考古学的研究证明，图腾源于中华民族。龙图腾（图 1.4.2）是中华民族的象征，世界公认中国各族人民是龙的传人。饕餮则贯穿龙图腾的主脉。饕餮是传说中一种凶恶贪食的野兽，古代常用它的头部形状作装饰纹样，在本质上是正面平视的龙头形象。

在以龙为图腾的苗、瑶、侗、壮、水、布依、黎、畲等族群中，至今在家具装饰中对饕餮龙图腾还有运用，而且变化自如。图 1.4.3 所示苗族太师椅扶手前部转弯处和烤火矮椅扶手根部的倒 T 形的雕饰图案，都是饕餮龙形。它的特点是由原始的平面转换为立体，由迎面正视图像演变成背向坐者（太师椅扶手图像）和仰视坐者（烤火矮椅扶手根部图像）。虽同是人面形，但前者头顶光滑，龙角向下内勾，呈善像；后者头顶长毛，龙角向上外勾，显凶像。显然，善像表尊荣之意；凶像逞镇（避）邪之功。两者都针对椅的不同部位，细致入微地考虑物质与精神功能。

■ 图 1.4.2　龙图腾

苗族太师椅扶手前部转弯处

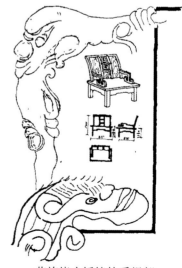

苗族烤火矮椅扶手根部

■ 图 1.4.3　饕餮纹样（1）

图 1.4.4 所示土家族圆桌腿上和白族双套方桌腿上端的饕餮纹样，其大口巨目和一角顶中竖立的造型，颇具守护神之灵的意味。若联系腿部看其整体，又具立式夔龙形象（龙形演变最早为夔龙，后为应龙，终为黄龙）；与前两龙相比，形态更为古朴，气息更加原始，技艺更显简练，灵性更易感人。上述 4 例，已足够说明饕餮纹样在少数民族家具中的丰富变化和寓意运用，这在明式的桌、椅雕饰中也是少见的。

3）葫芦神话的造型

在民族起源的问题上，古代汉族有槃瓠（hù）的传说，少数民族中如畲、苗、侗、白、壮等 20 多个民族流传有类似的"葫芦生人"的神话。它们对各族的传统家具造型、装饰和结构有着深刻的影响。图 1.4.5 为苗族的类似明式灯挂椅的靠背椅，其突出之点是座椅上下由牙板形成的两座大小山形之上，有一已经演化（如脚形）的犬形图腾浮雕装饰，非常明显地表现槃瓠图腾崇拜及其神话故事。

图 1.4.6 为哈尼族山形靠背椅，其靠背的山形在座板下卷状云纹的烘托下很有一股仙气，在靠背的山形中又浮雕了一座山洞，洞中藏有一犬，山洞之顶还有一排葫芦，葫芦之上是一条腾云之龙。整个椅的造型与装饰形成了一幅以槃瓠图腾崇拜为主的完美构图。

图 1.4.7 所示的山形靠背椅，靠背外廓为正山形与实山形，座板下为实倒山形与虚倒山形，在这群山怀抱之中，有一个盛着葫芦与瓜果的大圆盘，象征着居中葫芦的四面八方，瓜瓞绵绵，硕果累累，其寓意更是一目了然。此种山形中，山中有山，山里又有洞，洞内还有犬；盘形中，盘中有盘，盘里又有葫芦，葫芦四周还有瓜的造型与装饰，是一幅以葫芦祖先崇拜为主题的简朴画面。这给我们一个重要的启示：研究少数民族的传统家具，离开了宗教与神话这对双胞胎，许多问题就难以理解了。

土家族圆桌腿上　　　白族双套方桌腿上
■ 图 1.4.4　饕餮纹样（2）

■ 图 1.4.5　苗族靠背椅

■ 图 1.4.6　哈尼族的山形靠背椅（1）

■ 图 1.4.7　山形靠背椅

2. 客体尺寸的主体性

少数民族家具的明式做法中，非常强调功能的实用性和各自民族的特定要求。以图 1.4.8 所示的马扎（一种腿可交叉合拢、上面绷帆布或麻绳等的坐具）为例，明式马扎有直后背与圆后背之分，其各部尺寸均较云南白族马扎大，详见表 1.4.1。

表 1.4.1　明式马扎与白族马扎尺寸对比　　mm

名称	座面高	座面宽 × 深	全高
明式马扎	420～600	695 × 530～700 × 465	948～1120
白族马扎	380～400	412×338	800～900

就椅的座面来说，白族人的小腿长，女性为 380mm（身高为 1.53m），加鞋跟和衣裤的厚度约 30mm，再留 20mm 左右空隙，实需座面前沿高约 390mm，故白族马扎的高度为 400mm 左右是符合现代人体工效学要求的。白族马扎的这个客体尺度突出了白族的民族主体性。

3. 空间用途的时间性

一物多用，是中国少数民族传统家具一个较为显著的特征。图 1.4.9 是侗族与畲族的高脚凳，其座面高达 600mm，而侗族女人的平均身高为 1.45m，畲族女人的平均身高也大致如此，她们的下腿长度平均为 362mm，从人体工效学角度衡量，高凳在当地却较普遍，几乎家家都有，这是因为它是兼作坐息与纺线劳动的两用凳子。它既可用在室内配合脚踩纺车纺制棉纱，又可搬至室外门前石阶作休憩用。显然，这种高凳在不同时间内，合理利用不同空间环境，发挥了劳、逸功能。

图 1.4.10 所示的哈尼族山形靠背椅是可拆卸的，装上靠背可放在堂屋内八仙桌旁当太师椅用，卸下靠背又可将其搬至室外当纳凉用餐小桌使用。当然，这种多用性是与当时少数民族生产力低下、经济落后的状况相适应的。在经济发达时期盛行的明式家具，对这种多用性，不仅没有考虑的必要，而且也难以接受。

4. 固定程式的灵活性

福建福安畲族方桌（图 1.4.11）的做法同明式方桌基本相同，但畲族的内弯马蹄脚却内伸得较长，竟达 95mm 之多，几乎较一般明式方桌的内翻马蹄

■ 图 1.4.8　马扎

■ 图 1.4.9　侗族与畲族的高脚凳

■ 图 1.4.10　哈尼族的山形靠背椅（2）

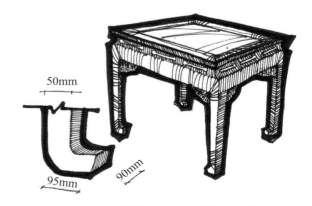

■ 图 1.4.11　畲族的方桌

长了一倍。个中缘由是为适合放置环境的需要。因当地居家的堂屋地坪大都用原土夯实而成，其地质松软，若桌腿采用较短内翻脚或尖脚，则易陷入土中，而使桌子失去平衡，难以维持水平。故对桌的腿脚在保持明式方桌腿脚做法程式的前提下，因地制宜地作了这样的灵活处理。此外，方桌也采用了霸王撑结构，又以透雕花饰角牙予以遮掩，这在明式方桌中似少见。配合方桌使用的畲族南官帽椅，同一般明式南官帽椅对比，在其座板下做了带有椭圆形透空装饰的束腰，且在直腿下还做了内翻马蹄，而椅的本体全用带圆楞的方料做成，特别是在扶手部分，用料断面增大到40~50mm。它虽在虚盈、轻巧与雅致方面不如明式南官帽椅，却显得壮实、圆浑与实用，尤其较宽的扶手对人体双臂承放的舒适感大大增强。诸如此类的灵活做法，突破了明式做法的固定程式，表现了少数民族的求实精神。

参考文献

[1] 张桥贵. 少数民族文化的特征与变迁 [J]. 云南民族大学学报（哲学社会科学版），2005（03）：79-83.

[2] 闵浩. 少数民族文化发展研究 [J]. 黑龙江民族丛刊，1988（02）.

[3] 李德炳. 中国少数民族家具（一）[J]. 家具，1989（1）：10-12.

[4] 李德炳. 中国少数民族家具（二）[J]. 家具，1989（2）：15,16.

[5] 李德炳. 中国少数民族家具（三）[J]. 家具，1989（3）：21.

[6] 李德炳. 中国少数民族家具（四）[J]. 家具，1989（4）：18,19.

[7] 李德炳. 中国少数民族家具（五）[J]. 家具，1989（5）：15,16.

[8] 李德炳. 中国少数民族家具（六）[J]. 家具，1989（6）：11,12.

[9] 李德炳. 中国少数民族家具（七）[J]. 家具，1990（1）：18-20.

[10] 李德炳. 中国少数民族家具（八）[J]. 家具，1990（2）：12,13.

[11] 李德炳. 中国少数民族家具（九）[J]. 家具，1990（3）：13,14.

[12] 李德炳. 中国少数民族家具（十）[J]. 家具，1990（4）：21,22.

[13] 李德炳. 中国少数民族家具（十一）[J]. 家具，1990（5）：15-17.

[14] 李德炳. 中国少数民族家具（十二）[J]. 家具，1990（6）：14,15.

[15] 李德炳. 中国少数民族橱柜家具 [J]. 家具，1992（6）：12,13.

[16] 李德炳. 中国少数民族传统家具中"明式"做法的特殊性（一）[J]. 家具，1993（2）：12.

[17] 李德炳. 中国少数民族传统家具中"明式"做法的特殊性（二）[J]. 家具，1993（3）：12,13.

[18] 李德炳. 中国少数民族传统家具中"明式"做法的特殊性（三）[J]. 家具，1993（4）：10.

[19] 李德炳. 中国少数民族传统家具中"明式"做法的特殊性（四）[J]. 家具，1993（5）：11.

[20] 张伟孝. 浅谈地域文化与传统家具设计的融合 [J]. 科技资讯，2008（20）.

[21] 陈丽娟，黄里宁，张满春. 开发生产地方民族特色品牌家具的可行性研究：以"八桂风情"系列中高档沙发椅为例 [J]. 企业科技与发展，2011（01）.

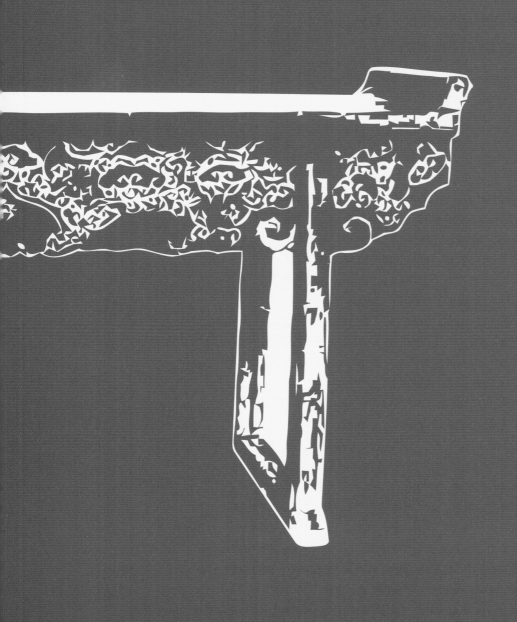

2

蒙古族传统家具

本章对蒙古族的民族特征进行了概述,并对蒙古族传统家具的基本概况进行了详细的阐释,对家具的起源、种类、用材、结构工艺、造型艺术进行了系统剖析,并罗列了大量具有代表性的蒙古族传统家具图片进行赏析介绍。

2.1 蒙古族概述

1. 蒙古族族源

自蒙古族建族以来已有 800 多年的历史，但是本民族的族源可以追溯到更早的时期。关于蒙古族的族源，多数学者倾向于蒙古源自东胡说。蒙古族属古代北方民族中的东胡系，活动于大漠南北地区，大漠即地理学中认定的蒙古高原。

"公元前 5—公元前 3 世纪，东胡各部还过着'俗随水草，居无常处'的生活。公元前 3 世纪末，形成东胡人的部落联盟，与匈奴为敌，不断向西侵袭。冒顿单于（公元前 209—前 174 年）时，匈奴破灭东胡各部……48 年，匈奴分裂势力衰落。"[1] 东胡人的后裔乌桓、鲜卑兴起。4 世纪中叶，鲜卑人的一支，自号"契丹"。其中居于兴安岭以西（今呼伦贝尔地区）的鲜卑人的一支称为"室韦"。成吉思汗时，蒙古成为室韦诸部的总称。"太祖法天启运圣武帝铁木真，蒙古人。其先世为酋长。以丙寅（1206 年）即位于斡难河，号成吉思汗。"（荣孟源，1957）

目前在世界上蒙古族人口有一半以上居住在中国，而中国境内则分布在内蒙古自治区、东北三省、新疆、甘肃、青海、宁夏、河北、河南、四川、云南、北京等省（区）市。第五次人口普查统计显示，内蒙古地区蒙古族人口占全国蒙古族总人口的 69.3%。

内蒙古自治区是中国经度跨度最大的省级行政区，东西直线距离 2400 多 km，南北跨度 1700 多 km。"内蒙古"在清代为政治区划概念，特指最先归附清朝的哲里木、卓索图、昭乌达、锡林郭勒、乌兰察布、伊克昭 6 盟 49 旗，即"内扎萨克蒙古"。由于盟旗制度的限定以及与相邻文化的长期交流，内蒙古境内东西部各盟市蒙古族文化各有特色。"内蒙古"通常也被人们理解为历史上蒙古人较为活跃的、笼统的地理概念，即瀚海以南、长城以北的蒙古高原南部地区，范围相当于今天的内蒙古自治区，同时还包括今黑龙江、吉林、辽宁、河北、山西、陕西、宁夏、甘肃等省区及蒙古国的一部分。

蒙古族与鄂温克族、达斡尔族、鄂伦春族等少数民族共同生活在内蒙古地区，称为内蒙古地区的主体民族。各少数民族与蒙古族的经济发展状况相似，形成了狩猎、游牧、农耕以及这 3 种形式以不同程度组合的经济形式，因此不同程度地存在游牧文化、渔猎文化、农耕文化等 3 种不同的文化形式。从事游牧经济的少数民族有蒙古族、鄂温克族、达斡尔族，仍从事狩猎经济的少数民族有鄂伦春族。内蒙古地区的主流文化为游牧文化，蒙古族是这一文化的主要代表。

在全自治区总面积中，草地占 59.86%，林地占 16.40%，耕地占 7.32%，水域及沼泽地占 1.43%。辽阔的草场成就了蒙古族传统的以逐水草放牧为重要特征的畜牧经济（图 2.1.1），因此同其他游牧民族一样，蒙古族经常迁移。蒙古族牧养马、牛、山羊、绵羊、骆驼等，这 5 种家畜也被称为"五蓄"，在蒙古族的日常生活中起到了重要的作用。

2. 蒙古族民俗与信仰概述

内蒙古地区是蒙古族民族风俗、礼仪、信仰等民族文化保留较为完整的地域。蒙古族居住在蒙古包中，穿蒙古袍，吃手把肉，喝牛奶、羊奶、奶茶，饮马奶酒，能歌善舞。在蒙古包的周围是一望无际碧绿的草原，清澈的河水静静流淌，蔚蓝的天空有朵朵白云飘过。

蒙古族人的性格豪爽、热情好客可体现于饮酒方面。草原上，每到夏、秋两季便是酿造奶酒的好时节，诱人的酒香总是朋友相聚畅饮的最好缘由，而敬酒礼仪至今被保留并不断演变。无论是亲朋聚会，还是远途的访客，在酒宴中开怀畅饮、载歌载舞、不醉不归会令主人非常高兴，同时敬酒的歌声也此起彼伏。

蒙古族的那达慕上，"男儿三艺"是竞赛的主要项目：骑马、射箭、摔跤。每当草原召开那达慕大会，方圆数十里甚至百里的牧民，会起早着盛装从四面八方赶来，除了传统竞技项目外，现代那达慕上还有精彩的文艺演出、商品交易等活动。

在游牧的生活状态下，蒙古族人崇拜天地与自然，也有自己的宗教信仰。萨满教是蒙古族的原始宗教。该教为多神崇拜，如对天、地、山川等多种神灵以及祖先的崇拜。史料中曾记载蒙古族有道教、基督教、伊斯兰教、喇嘛教等宗教信仰。其中喇嘛教在元代传入蒙古草原，经历明代的广泛传播，清代时草原上已经建立了无数的喇嘛教寺庙，并且最终取代萨满教的地位。至今为止，尽管大多数的年轻蒙古人不再笃信宗教，但是萨满教和喇嘛教的宗教思想已经牢牢渗透于蒙古文化之中。[3]

敖包祭祀（图2.1.2）起源于古老的萨满教信仰。[3]随着喇嘛教的传入，祭敖包的习俗逐渐染上了佛教色彩。

蒙古族祭祀成吉思汗，因不能够请出金身，于是建造陵寝，由达尔扈特人世代守护并专司祭祀。图2.1.3所示的成陵祭祀每年有数十次，每次祭祀都有固定的规模与仪轨。

■ 图 2.1.1　草原辽阔 [2]

■ 图 2.1.2　敖包祭祀 [5]

■ 图 2.1.3　成陵祭祀 [5]

3. 蒙古族的居住环境

史书中曾以"居无定所"描述游牧。实际上，游牧民族是居住在方便拆装、适合游牧的蒙古包之中的。蒙古包又称毡包、毡帐，是游牧与狩猎生活中逐渐形成与发展起来的一种居住形式。在蒙元时期，贵族所用的毡帐被称作"斡尔朵"，意为行宫。斡尔朵分为固定式和移动式，移动式可以架在轮子上，由牲畜拉动。斡尔朵通常要大些。据记载，窝阔台汗曾修建一座斡尔朵，能够容纳2000人。

现在内蒙古草原常见的蒙古包是适用于放牧的毡帐，通常直径在4m左右。蒙古包的大小一般由哈纳的数量决定。哈纳用来围合蒙古包，是蒙古包的墙壁，由交叉的木杆、柳条编成网状分成数块，可以伸缩，每块高130～160cm、长230cm左右。乌尼是蒙古包的房顶，形似雨伞的辐射状骨架，搭接并用绳系在哈纳的顶部。在乌尼中心安装陶脑。陶脑是蒙古包的天窗，可以通风透光，通常是圆形，像一个球冠架在乌尼杆上。哈纳西南方向留一木框，用以安装门板；帐顶及四壁覆盖或围以毛毡，用绳索固定。

小型蒙古包可以容纳20个人，大的可容纳数百人。较小的蒙古包需要4片哈纳围合，高度与室内面积可由哈纳的伸缩程度来控制。大型的蒙古包由8～10片哈纳围合，直径可达5～8m。10片哈纳围合的蒙古包室内面积可以达到100m² 以上。6片哈纳以上的大中型蒙古包，中间需要有2～4根立柱用来支撑陶脑。如果建造蒙古包的哈纳数量增多，相应地也要加大乌尼杆的长度和陶脑的直径。

哈纳的高度影响着蒙古包的高度，但是蒙古包的大小不会因哈纳的数量增加而有明显的高度变化。通常哈纳的高度在1.2～1.4m之间。蒙古包门的高度与哈纳相同，宽度为0.8～1m。

蒙古包的搭建非常方便。搭建时，先将哈纳按照蒙古包的大小围拢（图2.1.4左图），将门与哈纳连接；随后用乌尼杆将陶脑和哈纳固定（图2.1.4右图）。

围拢哈纳 [5]

固定陶脑与乌尼杆 [2]

图 2.1.4　蒙古包的搭建

蒙古包的拆卸同搭建一样简单，只是过程相反，即将陶脑、乌尼、门与哈纳分离，拆开哈纳片（图2.1.5左图），再将一根根乌尼杆从陶脑上拿开（图2.1.5右图）。

4. 草原运输工具——勒勒车

勒勒车是蒙古族牧民使用的传统交通工具，一般多以桦木或榆木加工制成。其特点是车轮大、车身小，载重可达数百斤乃至千斤，适于在草地、雪地、沼泽和沙漠地搬迁和拉东西。牛拉勒勒车排成长长的首尾相连的车队，用来拉米、牛奶，搬运蒙古包和柴草等货物。一个妇女或儿童即可驾驶七八辆至数十辆，承担全部家当的运输任务。图2.1.6所示为草原上转场的勒勒车队。

蒙古轿车是在勒勒车的基础上制作而成的，是专门供人员乘坐的车。其特点是在勒勒车体上用柳木条弯曲成半圆形的车棚，棚周围包以羊毛毡，形成篷帐，用以遮阳光、挡雨、防雪、御寒。这种轿车主要用于外出探亲访友、接送亲人以及婚姻嫁娶等。

将陶脑、乌尼、门与哈纳分离　　　　　　　　　将乌尼杆从陶脑上拿开

■ 图 2.1.5　蒙古包的拆卸[5]

■ 图 2.1.6　走敖特[5]

2.2　蒙古族传统家具概述

作为研究对象，蒙古族传统家具并未局限于蒙古族先民所用过的古老遗存，而是涵盖蒙古民族所认可或使用的具有民族特征的家具。在调研过程中发现，内蒙古自治区大部分牧区仍能找到加工制作传统蒙古族家具的匠人和作坊。本章中所述蒙古族传统家具不仅包含目前能够收集到的先民遗存家具实物或资料记载，也包括当代制作、具有传统家具特征、被蒙古族所认可和使用的家具。

古老的蒙古族家具与其居住环境相适应，能够满足蒙古族游牧的生产方式与生活方式需要。定点放牧与定居之后，蒙古族牧民的生活日益安定，随之而来的居住形式与审美取向渐渐地趋向现代，流落于民间的蒙古族家具以及牧民世代使用的家具逐渐淡出视线。定居后并融入城市生活的蒙古族人生活在工业化、信息化的时代，他们大多选择使用已被社会广泛接受的主流家具，并无太大的民族与地域差异。然而可喜的是，目前随着各级政府对民族文化保护项目的扶持，蒙古族文化的价值逐渐被大众认可，同时蒙古族自身民族意识也在增强，具有民族特征的习俗与生活方式使更多的人选择民族家具。于是古董市场中的蒙古族家具兴起，家具工厂及作坊中也开始仿照传统样式制作现代蒙古族家具，这类家具大多使用在蒙古族旅游景点、具有民族特色的酒店，也有部分蒙古族家庭开始关注这类家具。

在20世纪80年代，王卫国先生就曾经指出："蒙古族家具能够满足生产方式的需要，与居住条件相适应，表面装饰民族特色的图案。"[3]蒙古族的居住环境不仅指其具体的建筑形式与内部空间，也指其生存的地理环境、气候条件。这里所说的蒙古族的生产方式主要指游牧经济形式。

蒙古族传统家具有一些可以识别的特征。概言之，蒙古族传统家具在其传统结构、造型及制作工艺、装饰符号中具有游牧民族的文化特征，通常使用蒙古高原常见的材料制作，如以木材为主材，辅以树皮、金属、动物皮毛及筋等材料制作。李德炳先生认为，对少数民族家具的研究应从其形成原因、种类、总体特征与风格等几个方面入手。以下将从蒙古族传统家具的起源、种类等方面展开介绍。

2.2.1　蒙古族传统家具的起源

从所掌握的家具资料中可以看出，蒙古族传统家具主要以适应流动的游牧生活为主要特征，该特征正是在蒙古高原特定的自然、地理环境中形成的，并因蒙古族的习俗与审美而独具风格。

内蒙古属于典型的温带大陆性季风气候。内蒙古的冬季一般在6个月以上，漫长而严寒，在大兴安岭北段、呼伦贝尔高原北部、锡林郭勒盟南部及乌兰察布市灰腾梁等地区的冬季长达7个月；夏季短促，无霜期短。气温年较差和日较差大，日照充足，太阳能丰富，全区大部分地区降水稀少，水热同期，降水集中于夏季，降水变率大，保证率低，冬春季节多大风。[8] 恶劣的自然环境与漫长的冬季使人们更愿意坐在温暖的蒙古包里饮酒取暖。在炎热的夏季，牧民卷起围合在哈纳外侧的毡子，躲在蒙古包内乘凉。如前所述，蒙古包是游牧民族智慧的结晶，既有便于迁移的特征，又有冬暖夏凉的优势。摆放在蒙古包内的家具也具有了随时与蒙古包一起搬迁的特征。这些家具具有与蒙古包室内空间相吻合的尺度与形体，同时具有美化生活空间的艳丽色彩。

内蒙古自治区是国家重要的森林基地之一。在内蒙古境内自东向西，由北向南分布有 11 个集中成片、面积大小不一的林区。其中，分布在呼伦贝尔和兴安盟境内的大兴安岭林区是面积最大、蓄积量最多、森林覆盖率最高的一个林区，主要树种有兴安落叶松、樟子松和白桦；分布于锡林郭勒草原东乌珠穆沁旗的包格达山林区，主要树种有白桦和兴安落叶松；分布在锡林郭勒盟西乌珠穆沁旗的迪彦庙林区，主要树种为白桦和山杨；分布于赤峰市的克什克腾林区，主要树种是桦、柞和兴安落叶松；分布在赤峰市和通辽市的罕山林区，是第二大林区，主要树种有柞、桦和落叶松；分布在赤峰境内的茅荆坝林区，树种有油松和白桦；分布在呼和浩特市、包头市和乌兰察布市的大青山林区，有桦、榆、油松、落叶松；分布于乌兰察布市境内的蛮汉山林区，主要树种有桦、榆、杨、落叶松；分布在巴彦淖尔盟和包头市的乌拉山林区，有桦、杨、侧柏；分布于阿拉善盟阿左旗境内的贺兰山林区，有云杉、山杨、油松；分布在阿拉善的额济纳林区，有红柳、梭梭和胡杨。

内蒙古地域辽阔，除大面积的乔木为主体的森林外，灌木资源分布广泛，种类丰富。根据使用价值的不同，可以分为防护灌木、能源灌木、环境灌木、特用经济灌木等类型。大面积的乔木使蒙古族传统家具大多以木质家具为主，资源丰富的灌木也为蒙古族家具提供了充足的制作材料。内蒙古以畜牧业

经济为主，依照地区差异可以分为畜牧业区、半农半牧区、农区畜牧业区、林区畜牧业区。丰富的畜牧经济产品，如动物皮、毛、筋等也可以为家具提供辅助材料。

总体而言，蒙古族传统家具以北方游牧文化为背景而缘起，交织农耕文化及其他民族文化而发展。蒙古族传统家具在材料、工艺、形态等物质层面，由于地理、自然环境的限定表现出其游牧特征，同时也由于饮食、出行与居住风俗、信仰、审美意识等层面的影响，其种类、装饰等也被印上了浓浓的游牧民族特征。

1. 种类区分

由于蒙古族传统的居住环境、生活习惯与中原主体民族迥异，其家具的尺度和功能与我们概念中的家具有些差异。蒙古族传统家具从使用功能分，有橱柜、箱、桌、床、桶、盒、椅凳、隔断、架等；以使用者的社会地位分，有寺庙中的僧侣家具、王府中的贵族家具、毡包中的平民家具；若以用途分，有宗教家具、日常生活（及娱乐）家具、生产用家具等；以使用对象的年龄分，有成人家具与儿童家具；若以风格特征分，则有传统风格蒙古族家具与现代风格蒙古族家具。

传统家具的常用分类方法是功能法，如将明清家具分为床榻类、桌案类、椅凳类等。蒙古族传统家具中具有相同功能的家具，其形态与装饰区别很大。比如桌子，在王府中用料精、做工细、装饰复杂；在平民家中尺度小、装饰简单。在蒙古包里桌子的高度约为 10cm，只有我们概念中矮小的板凳大小。

2. 总体特征

1）形体小，易搬迁

蒙古包是蒙古族游牧时居住的房子，架设很简单，适合搬移迁徙，活动轻便。蒙古包的门框安装在哈纳上，所以门略低于哈纳的高度。通常一个成年人需低头弯腰才能进入蒙古包内。由于蒙古包的空间及入口的因素限制，许多包内家具的尺度会因

适应蒙古包内部空间而相应变小，家具并排沿哈纳摆放，同时也尽量充分利用高度空间，可以上下叠放的家具使空间布局有整体性，如图 2.2.1 所示。

由于经常性的搬迁，大部分家具都可拆装，如橱柜、架、床等，拆装后的家具可成捆打包，平放在勒勒车上。为方便游牧，所有家具尺度不大，外形多为规则的体块。勒勒车是草原上的主要运输工具，通常以牛为畜力，蒙古包、家具、生活用品及生产工具都会捆扎放在勒勒车上，也有专门用来运水的勒勒车、载人的勒勒车。

由于新中国成立后出现了定点放牧，有一部分牧民有了定居的砖房，也有一些地区居住在固定式的蒙古包中。定居点中的家具与汉族家具类似，同时也有一部分家具同蒙古包内的家具，如箱、橱，并且摆放的形式与蒙古包内的家具相同。

2）就地取材，化繁为简

世人熟知的明清家具，其零部件结构以复杂、精巧著称，这是木工匠师精湛娴熟的技艺与珍稀昂贵的硬木所成就的。蒙古族传统家具的结构是在牧民就地取材，充分考虑实用的前提下实现的。

传统蒙古族家具以当地常见的松木、榆木为基材，在牧区动物的皮毛及筋等材料也会作为辅助材料。游牧经济条件下的木作条件、工艺水平与中原传统工艺并没有太多可比性，但正是这种粗放的工艺、原始的连接形式体现了游牧地域蒙古族所特有的文化。

■ 图 2.2.1　蒙古包内家具的摆放 [5]

动物的皮毛经过熟制后，耐磨、有韧劲，牧民用熟制好的皮子制作马具、皮囊。木结构通常采用传统的榫卯连接，而在缺乏木工与金属件的情况下，皮与木材的组合就形成了一种结构的美。这是一种自然粗放的美，与技术之美和艺术之美不同。在图2.2.2中，皮条用作连接件，固定松动的板件。熟制的动物皮条常用于连接箱体板材，熟制的皮件也常用作橱柜门或者抽屉的拉手、椅凳的座面等。

3）功能实用，需求第一

按照当代经济适用房与小面积房的实践需求，蒙古包中的家具以质朴的实用功能为目的，在满足能用与好用的前提下，并不刻意雕饰，其部件的巧妙结合及结构处理方法在现代仍具有借鉴意义。

家具部件的可拆装与可折叠是蒙古族传统家具的主要特征。如图2.2.3所示的折叠锅架，其两侧的支撑腿可折回贴于前腿的内侧。

如图2.2.4左图所示，桌面可以掀起，放置在桌身的一侧，桌面底面的两根木条与桌身束腰处的两个槽相合，并使桌面与桌身相对固定，桌身内有一层隔板形成一小仓，可以收纳小件的杂物。桌面盖置桌身后，外观同普通的桌子一样（图2.2.4右图）。

■ 图2.2.2　皮条连接

■ 图2.2.3　折叠锅架（张欣宏摄于呼伦贝尔）

■ 图2.2.4　分体桌（张欣宏摄于呼和浩特）

4）装饰吉祥艳丽，体现多元文化

从装饰文化的角度，蒙古族传统家具的装饰主要有以下 3 类：

（1）宗教文化。大量的藏传佛教八瑞相、象征物、神话动物，道家的八仙图案等绘制在蒙古族传统家具表面。该类符号不仅出现在寺庙家具中，在王府家具、平民家具中也经常使用。此外，蒙古族传统家具中对蓝天、绿草、山川、河流、动物等形象的使用体现了对天、地、自然的崇拜，这类原始宗教信仰符号折射出本民族文化的历史痕迹。这些符号绘制在家具的表面与其说是笃信宗教，不如说是对现世生活幸福、美好的追求。图 2.2.5 左图所示为绘有藏传佛教图案的箱顶；右图所示为绘有狮子的箱，这类箱在寺庙中宗教仪式上使用。

（2）游牧文化。蒙古族家具的装饰题材有牧民喜爱的五蓄、草场等内容。这些内容是蒙古族游牧生活不可或缺的部分，也是习俗的一部分。例如，称为"五蓄"的马、牛、山羊、绵羊、骆驼，是蒙古族游牧生活的交通工具、生产工具和食物来源（主要是羊）。蒙古族将马视作本民族的朋友，白马又是吉祥的化身，故而马是五蓄之首，许多装饰以马为题材。

（3）多元汇流。蒙古族传统家具使用了中原常见的装饰图案，如五福捧寿、平安如意等；也有大量历代统治阶级所用的龙凤图案。图 2.2.6 所示为绘有龙纹的橱柜。

绘有藏传佛教图案的箱顶
（刘玉功收藏家具）

绘有狮子的箱

■ 图 2.2.5　宗教文化类装饰示例

■ 图 2.2.6　绘有龙纹的橱柜
（刘玉功收藏家具）

2.2.2 蒙古族传统家具的种类

1. 民间家具

在以游牧生产为用途的蒙古包内，平民家具的种类主要有床、桌、箱、橱、架。平民家具非常简洁、实用，也便于频繁的搬迁，虽家具种类不多，却包含了蒙古族传统家具的基本类型。以下所述蒙古包内家具并不包括日常工具及用具。

1）床

床是蒙古包内的大型家具。最初的游牧民族是席地而眠，地面会铺设毡子或皮毛。在蒙古包内日常起居使用地台，地台高于草地表面用木板搭起，或不搭地台而使用床的形式。床则与我们所熟悉的样式与结构略有不同。由于蒙古包内部空间较小，不适宜安置较大的卧具，因此双人床的宽度仅有800~850mm。为了能够更好地利用空间，双人床的外缘与蒙古包的弧形相吻合，同时也增大了双人床的实际使用面积。床铺的高度通常只有300~400mm，这样床既可以作为卧具，日常也可以当成坐具使用。

图2.2.7左图所示为蒙古包内有床头的双人床，床铺板外侧为弧形，与蒙古包的弧形相靠，床头与床尾大小相同，直接落地起到支撑作用。在床头的中段，有两根横枨，床尾在相应于床头的位置也有

两根横枨。床梃的两端分别与床头及床尾用合页连接。床梃通常安装在与蒙古包哈纳相对的一侧，并且还会有装饰图案。当床需要搬迁时，床头及床尾可向内折叠，贴于床梃的内侧。床板呈条状，插于床头与床尾中段的两根横枨之中。床板之下有两只窄小的条凳作为支撑。

这种床的特点是方便拆装与运输。拆卸时，先将铺板抽出，再将床头与床尾靠向床梃折叠，与铺板、支架一同捆绑放在勒勒车上就可运走。

无床头的双人床（图2.2.7右图）是牧民由卧地而眠发展到使用床的过渡阶段家具。它的结构类似于上述床，只是床头、床尾与铺板取平，只起到支撑作用。另外，无床头的床也由两只类似长条凳的支撑作为床架，上搭床板。这种床的支撑与床板完全独立，可随意搬迁而不会出现拆装问题。

幼童床有摇床与吊床之分。摇床的特点是床底侧面为半圆形，结构与其他儿童床无很大区别。吊床由两根圆棒状木棍作骨架，用较结实的帆布作床面，骨架两端系绳悬于蒙古包内。

童床均有护栏。不同之处是：一种童床的护栏由床梃上部加高而成，两脚落地，床头及护栏腿上端锯切成多面体，中部为束腰立柱；另一种童床的护栏腿较短，不落地，向下延伸部分加工成弧形作为一种装饰，护栏中部镶嵌图案，两侧为彩绘吉祥图案。

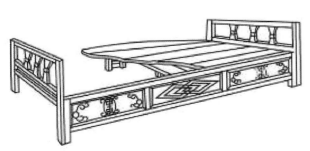

有床头的双人床

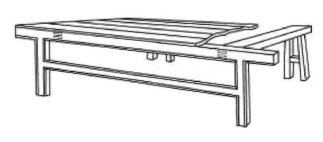

无床头的双人床

图2.2.7　床（王卫国提供）

2）桌

茶桌是牧民常用的家具之一，形体类似常规概念中的凳子。因席地而坐的缘故，蒙古包内茶桌的高度不高于300mm。根据茶桌的体量，可分为大茶桌和小茶桌。大茶桌以长方形居多，其次为方形，圆形较少。它的外观似炕桌，结构可分为固定与折叠两种。折叠结构茶桌的桌腿可对折贴于桌面底部。小茶桌的造型比较活泼，牧民使用较多的是弯腿形茶桌。笔者在新巴尔虎左旗甘珠儿苏木曾发现有一长条形矮凳状茶桌。该茶桌桌面为一长板，上绘两对方胜图案，面板下端固定两只宽为450mm、深为105mm的木块。方桌长895mm，高200mm，宽105mm。

图2.2.8上图所示小桌只有400mm长，通常桌面的立沿也绘制彩色图案，为典型的游牧家具。

图2.2.8下图所示小桌的桌面四沿铣出线脚，高束腰，四腿外翻，立柱与腿间的望板均有精致的雕刻，早期曾为蒙古族年轻人结婚时的嫁妆。

3）箱

游牧民族使用箱储放衣物，其特点是占地面积小，可存放的衣物多，易搬迁。牧民摆放在蒙古包外的储物箱形体较大，尺寸与勒勒车的车身相近，长1730mm、宽740mm、高640mm，底部有四足，外部包有一层薄铁，这种箱用于存放不经常使用的物品。蒙古包内使用的衣箱体量要小，它的长度为600mm、宽为360mm、高为450mm，通常成对使用，有时也能够见到正立面为正方形的箱子。衣箱开口部位设于箱顶面或衣箱的正面，但立面开口更多见，家具叠放时取物很方便。为防止潮气，每个落地的衣箱都配有箱架。

图2.2.9所示为箱与箱架。这种箱从侧面开口取物，功能上类似橱柜，但是结构上要简单，只是一个插板就可以实现橱柜门的作用。箱立面绘制海水江崖，可移开的插板绘制太阳、祥云。

■ 图2.2.8 小桌（张欣宏拍摄）

■ 图2.2.9 箱与箱架（张欣宏摄于呼伦贝尔）

图 2.2.10 所示为箱与橱。该套家具上下两件共有一对，箱放置在橱柜的上面，立面主图为凤凰，另外有一套，橱柜相同，箱体立面主图绘制龙的图案。在牧民家里，箱与橱柜除高度不同外，有相同的长与宽，可以将箱放置橱柜之上，既防潮又节省空间。

图 2.2.11 所示为对箱。箱体为红色，立面绘制图案，图案主题为放牧图。

4）橱柜

蒙古包内的柜长不超过 1000mm、高不超过 800mm、深不超过 450mm，功能为摆放餐具。柜的结构为拆装折叠式和传统框架式。折叠式橱柜有 6 个部件：1 块顶板，2 块侧板，1 个前柜体（多包含 2 个推拉门和 2 个对开门，也有三三布局的），2 块搁板，无背板。组合时两块侧板用合页与前柜体连接，再把两块搁板分别放在侧板的两个横枨上，盖上顶板，用挂钩固定。前柜推拉门及对开门均有装饰图案，也有些为镂空雕刻，装饰题材为五畜、花卉、风俗故事等。传统框架式橱柜通常为两屉两

开门，也有一屉两开门的类型，橱柜门与框架为木轴连接。

图 2.2.12 所示为木结构框架式橱，经典的两屉两门式，红底描金卷草纹图案。

5）架

架的主要功能是放置炊用铁锅。木质锅架有两种，一种与柜的主要区别在于它没有柜仓，只是一个架体。锅架长 1100～1200mm，宽 400mm，高 730mm。另一种很简便，只是 4 只等长的木块首尾用榫卯相连，边长为 200mm，高度为 50mm。铁质锅架又叫作锅撑子。

图 2.2.13 中的锅架可以折叠，是图 2.2.3 所示折叠锅架组合后的样子。这种折叠结构与前文中提到的床与橱柜的折叠结构相同。架锅有两个可分离的部件，即框架结构的顶盖和可以折叠的支架。顶盖两侧为无嵌板的方形孔，可以放置锅，该框架四端有榫孔与架腿的榫头相连，搬迁时可以从折叠结构的架身取下。

■ 图 2.2.10 箱与橱（刘玉功收藏家具）

■ 图 2.2.11 对箱（刘玉功提供）

■ 图 2.2.12 橱
（张欣宏摄于呼和浩特）

■ 图 2.2.13 锅架
（张欣宏摄于呼伦贝尔）

2. 寺庙家具

当代寺庙常见建筑形式为砖木结构，内部有较大的空间，家具的形体因实际需求而定。但是在游牧经济时期，草原上存在移动的"寺庙"，实际就是一种用于从事宗教活动的蒙古包。在寺庙中从事宗教信仰活动所使用的家具一般有以下几种：宝座、榻、台、橱、桌、藏经架等。僧侣日常生活中所用家具的种类基本与平民所用相同，但装饰风格偏重宗教特征。

1）讲经座

讲经座比常规椅尺度大，类似宝座。无腿，座面有软垫，座底为一须弥座，靠背垂直，背板有软织物包覆。在寺庙中，座的尺度分为几个级别：佛座、活佛座、大喇嘛座。佛座的等级最高，因上供佛像，在座类中尺寸最高，所以通常使用石材制成，与佛像形成一个整体。

一般情况下，讲经座的座宽 850mm、座高 490mm、座深 870mm、总高约 1450mm，摆放的位置靠近佛像，为活佛或高僧专用。在大型或级别较高的寺庙，这类家具通常在靠背及扶手出头部位装饰经雕刻的龙头，靠背绘制龙的图案。喇嘛等级越高，椅的龙形装饰数量越多，此数量以奇数递增，以 9 条龙为最高等级。

图 2.2.14 所示为讲经座背板。高大型的讲经座通常靠背处立有背板，背板可以与座椅分离，方便搬移，板面彩绘通常是云龙图案。

2）诵经榻

诵经榻为方形，多个榻并排使用。榻的高度依据寺庙建筑和佛像台座的高度而定，领经喇嘛的榻要高于普通喇嘛用榻。低矮一些的榻高 110mm，类似地台，而高一些的有 340mm。榻上铺坐毯，坐毯大多为定制。在固定寺庙建筑中，榻有两列，并排分列于佛像两侧，紧邻讲经座，或靠近两侧墙壁成排相连，诵经时盘腿坐于榻上。通常职位较低的僧人坐在靠进入口的一端。

图 2.2.15 所示为诵经场景（照片由门窗的方向拍摄）。该图中的榻较高，喇嘛盘腿坐在诵经台前，两列诵经台的尽头是面向观者的两件讲经座。

■ 图 2.2.14 讲经座背板（刘玉功收藏家具）

■ 图 2.2.15 诵经场景 [2]

3）诵经台

台为诵经用，置于榻前，类似低矮的小桌子。有些台有抽屉，单向或双向抽拉；有些台像学生用的课桌一样，将抽屉简化为搁置小件法器的桌仓。因配合诵经榻使用，台的高度不一，较高的台长720mm、高325mm、深230mm。由于在诵经时喇嘛所持法器不同，台与榻基本相平或高于榻。有些台的高度可达到560mm。

图2.2.16所示诵经台通体描金彩绘，图案工整，构图疏密处理得当，应为寺庙专用画僧所绘。抽屉面板尺寸为长145mm、高135mm，内部可容纳一部经书或收纳小件物品。

4）桌

桌有方形、长方形，通常并排置于佛像前。桌面放置供品、法器。桌一般会有1~2个抽屉。

图2.2.17所示为桌。桌面下的空腔用单侧开口，开口处用合页安装一立板，类似柜门作遮挡用。立面绘藏传佛教八宝纹样。

5）橱

与民间蒙古包中的橱不同，寺庙中的橱通常为传统框架式榫卯结构，并非简易的折叠式，结构复杂，有屉。有些橱柜的纵向空间通常有上下两部分，分为有挡板的半遮挡空间或抽屉，以及有橱门的遮挡式空间。正立面满绘图案，并有透雕装饰。

图2.2.18所示的橱，黑色底漆，四面有图案，正立面图案贴金箔。

■ 图2.2.16 诵经台（张欣宏摄于呼伦贝尔）

■ 图2.2.17 桌（刘乃熙提供）

■ 图2.2.18 寺庙中的橱（刘玉功收藏家具）

6）架

架有箱架、鼓架。箱架较简单，有 4 条腿和 4 根横枨，立面有挂牙及装饰。鼓架有 2 根横梁和 4 根立柱，立柱顶端雕有多面体。鼓面与横梁平行，鼓身由一根杆固定并纵向插于两根横梁的中段，立柱与足之间有立牙。通体彩绘，图案有草龙纹、回纹、方胜纹、卷草纹。

7）经卷架（柜）

经卷架的性质如同书架，腿部离地面较高。庙中经卷架常有两种：一种为通格；另一种为单格。通格架内部只有横隔板，经卷水平纵向并排摆放在隔板上。单格经卷架在长度方向由立木分隔成小格，每格只放一卷经，架格的尺寸由经卷而定。经卷架总高均在 2m 以上，取放经书时要借助梯子。经卷柜与橱柜结构相似，只是尺度更大，通常没有抽屉。

图 2.2.19 所示经卷柜的 3 个立面都有彩绘几何纹与草纹。

8）箱、盒

庙中的箱通常用于放置法器或用于宗教活动，因此形体也有较大差异。为便于搬动，稍大些的箱体两侧系有彩色的缎带，箱体五面都彩绘藏传佛教的吉祥图案。

图 2.2.20 所示的箱，四周绘制藏传佛教之八瑞相（俗称藏八宝）、刘海戏金蟾等，顶盖绘金色法轮，放在寺庙中供香客积功德用。

图 2.2.21 所示的面供箱在喇嘛教寺庙中常见，体积较小，放置在佛像前的桌上，供奉护法，主立面有彩绘及雕刻纹样。

■ 图 2.2.19　经卷柜（张欣宏摄于呼和浩特）

■ 图 2.2.20　寺庙中的箱（刘玉功收藏家具）

■ 图 2.2.21　面供箱（张欣宏摄于赤峰）

3. 王府家具

王府家具属于贵族使用的家具，总体上讲比蒙古包内的家具形体大，种类多，做工精细，装饰复杂。以下仅介绍王府家具中所特有的种类。

1）椅、座

王府中的椅有多种，有材质特殊的鹿角椅、造型简练的扶手椅等。

图 2.2.22 所示为扶手椅。椅的基材为松木，椅整体没有弧度变化，座面以上部件的截面为圆形，纯手工刨制，背板绘制首尾相顾的双鱼纹，中心透雕万字纹。

宝座比椅的尺度大，有座屏，有软质的坐垫与腰靠。图 2.2.23 所示为鹿角宝座，其高与宽均为 1140mm、座深 1000mm，是阿拉善盟和硕特部扎萨克亲王王府传世遗物。

2）条案

条案平时放置香烛、油灯、瓶花等，在举行仪式时摆放祭祀器具及祭品。案有平头与翘头之分。条案因使用场所不同其尺度与纹饰有所不同。较大的条案长约 4m，较小的条案仅 1.5m 左右，立面挡板表面装饰有描金的龙凤、福寿绵绵等图案。

图 2.2.24 所示条案的挡板绘有蝙蝠，两侧腿间有灵芝挡板（右侧的已缺失）。

■ 图 2.2.22　扶手椅（刘玉功收藏家具）　■ 图 2.2.23　鹿角宝座（内蒙古博物馆藏品）

■ 图 2.2.24　条案（刘玉功收藏家具）

2.3 蒙古族传统家具的用材

蒙古族传统家具通常以木材为主材，主要在中国北方大、小兴安岭或当地常见的树种中取材，如松木、桦木、榆木、椴木、柞木、柳木、杨木等。有的家具也会辅以树皮、金属、动物皮毛及筋等材料制作。

1. 家具用材——乔木材

1）落叶松

落叶松是内蒙古占地面积最大、蓄积量最多的树种，材色较深，呈黄褐色，木材纹理通直，干缩幅度大。不够干燥的落叶松非常容易变形与开裂。落叶松木材加工性能不好，但是由于硬度大，通常用于建筑，也适于制作家具的框架、腿、立柱等。

2）樟子松

樟子松是内蒙古优势树种之一，木材纹理通直，轻软，有松脂气味，横切面有光泽。樟子松木材缺陷较少，力学强度较大，干燥性能好，耐久性强，易加工，适于建筑结构用材，由于不易变形的特征常用来制作门窗、家具框架。目前樟子松在大兴安岭的蓄积量已不及 20 世纪四五十年代。

3）柞木

柞树在大、小兴安岭均有分布，但是小兴安岭长势较好。柞木纹理或直或斜，有光泽，干燥困难，易翘曲和开裂，耐水性能好但不耐腐蚀，不易锯解和切削。干材经车旋和刨削后切面光滑、耐磨。由于纹理漂亮，多见于家具面板、镶板等处。

4）白桦

白桦树是内蒙古地区常见树种之一，其力学强度大，有弹性，自然干燥速度慢，干燥时易开裂变形，吸湿性大，加工性能良好，易于旋切，刨面光滑，多用于家具的面或框架。

5）水曲柳

水曲柳分布于小兴安岭地区，其纹理直，花纹美观，有光泽，不易干燥，易于翘曲开裂，较耐腐、耐水，材坚韧，抗弯性能良好，机械加工性能好，耐磨损，切面光滑，油漆和胶接性能良好，适于家具、地板等。由于纹理美观，是非常受青睐的家具用材之一。

6）椴木

椴树分布于大、小兴安岭，但是小兴安岭成材率高。椴木木纹细，不易开裂，材质硬度适中，易加工，韧性强。由于硬度适中，它也常用于制作家具的雕刻件。

2. 家具辅助材料

畜牧业不仅为草原游牧民提供日常肉食与奶食，同时也在穿衣、居住、出行等生活中扮演重要的角色。动物的皮、毛可以制衣、制毡毯，筋可以用于缝制。牧民也总结出了丰富的熟皮、擀毡经验，因此蒙古族传统家具常用皮件完成把手、拼板等功能件。

内蒙古有丰富的桦树资源。在内蒙古有使用桦树皮的悠久历史，例如使用桦树皮制作桶、盒、匣等用具。生长旺盛的灌木、乔木的枝条也可以制作家具。例如，图2.3.1所示的柳编盒，是将柳条去皮分割成片，然后编制而成的。图2.3.2所示的柳条凳，无钉子及胶粘，由4根柳条相互围合，在顶面插一张板即成为座面。

■ 图2.3.1　柳编盒[5]

■ 图2.3.2　柳条凳（张欣宏摄于呼伦贝尔）

2.4 蒙古族传统家具的结构工艺

蒙古族传统家具多采用便于拆卸、组合的榫卯结构，这与蒙古族悠久的游牧生活相适应。然而频繁的组合、拆卸对家具造成的损耗，大大缩短了家具的使用寿命，因此较少见到年代久远的蒙古族游牧家具。本章所收集的蒙古族传统家具资料大多为20世纪80年代甚至更早至民国时期，然而目前仍有家具工厂以传统的结构方式加工制作蒙古族家具。

1. 蒙古族传统家具常见榫卯与组合形式

蒙古族家具的结构是指家具零、部件的接合方式及其装配关系。合理的家具结构不仅能充分发挥材料的特性、使家具具有强度，更重要的一个特性是与使用环境和使用方式的配合，即生活空间与使用方式在一定程度上决定了家具的结构。

1）家具强度的实现——榫卯

传统的蒙古族家具主要以木榫、木钉连接各个部件，同时也有使用皮筋、金属部件的现象。由于蒙古族家具以白松、樟子松、桦木、水曲柳等为基材，因此总体上讲，木结构部件的尺寸较为粗大，尤其是在橱柜、床、桌等大中型家具中，用于连接粗大部件的榫结构较为复杂，而像盒、匣等薄小家具，则榫结构简单。但是蒙古族传统家具榫卯的类型与结构基本以明清家具的榫卯为蓝本。以下为不同家具种类所采用的榫结合形式：

（1）轻巧、薄小的板件连接（如盒、匣、箱的面板与旁板连接）常用燕尾榫和多头榫，如图 2.4.1 所示。

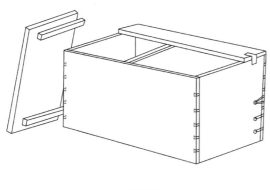

燕尾榫

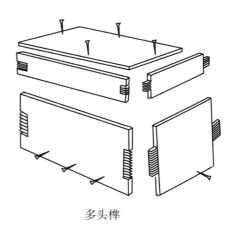

多头榫

■ 图 2.4.1 轻巧、薄小的板件连接

（2）橱柜抽屉部件的连接常用木棒榫、燕尾榫、双头榫等。如图 2.4.2 所示结构，抽屉底板由木棒榫与旁板固定，抽屉旁板使用燕尾榫与屉面板固定。

（3）橱柜的顶角三面通常有 45° 格角，如图 2.4.3 所示。

（4）橱立柱腿与横梁的连接，当腿中段相同位置相交的两个立面同时出现横枨或横梁时，为保证强度，榫孔的位置会上下相错，如图 2.4.4 所示。

（5）橱柜腿与牙板的连接较简单，一般在两腿间相对位置开榫孔。小型橱柜的牙板榫孔一般为封闭型，牙板直接插入榫孔（见图 2.4.5），大型橱柜的挡板在与腿连接时会采用贯通榫。

（6）柜顶角与桌角的结构有些相似，如图 2.4.6 所示。

（7）橱柜腿的榫头样式较多（图 2.4.7）。床腿、桌腿的榫头样式与橱柜腿榫头样式相类似。

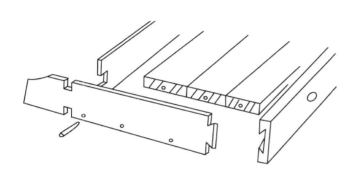

■ 图 2.4.2　橱柜抽屉部件的连接

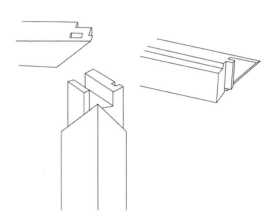

■ 图 2.4.3　橱柜顶角的连接

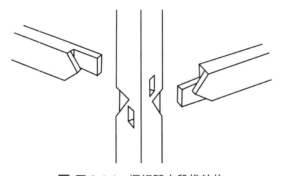

■ 图 2.4.4　橱柜腿中段榫结构

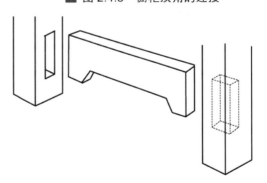

■ 图 2.4.5　橱柜腿与牙板的连接

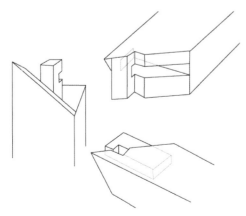

■ 图 2.4.6　橱柜顶角的结构

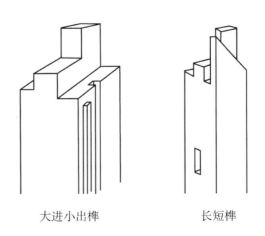

大进小出榫　　　　　长短榫

■ 图 2.4.7　橱柜腿的榫头样式

2）家具使用空间及生活方式的体现——叠合、穿插与折叠等组合形式

在传统的蒙古包内，人们通常是席地而坐，牧民及客人会盘腿坐在地毯或者毡垫上，而现代的蒙古包内也有坐在凳子上或者高起的台子上，但是受到蒙古包高度及其门的尺寸限定，蒙古包内较常见的是小型家具。为节约占地面积，面积相当的家具会在高度方向相互叠落。比如，在橱柜上面搁置箱的做法很常见。在打制家具时也会将橱柜和箱成套制作，在箱的底部有 4 个卯，与橱柜顶部预留的略高出橱面的小榫头配合，可以防止箱子在使用过程中滑落。

蒙古包内也有在箱顶放置另外一件箱子的做法。置顶的箱子可以与下面的箱子一样大，也可略小，这样可以层层放置，多则有 4 件大小不一的箱子，少则有 2 件。被压在下面的箱子在取放物品时，箱盖从主立面开启。这样的箱子宽度通常不会超过80cm，开启部分可以是主立面半开或者全开。

折叠在蒙古族家具的总体特征中有过介绍，这种结构方式类似橱柜门与橱柜框架的结合，普遍用于蒙古包内的橱柜、架、床等家具。这种折叠并不是为了方便使用，而是为在搬运过程中节省空间，同时因省去了背板，也很轻便。

2. 家具生产工艺和特色

蒙古族传统家具的生产流程与其他木质家具的制作并无二异，尤其是在当代制作的蒙古族传统家具，融合了现代生产工具与技术。整体上讲，当代制作的蒙古族传统家具，其制作经历制材与干燥、选料与配料，然后是毛料加工、胶合、净料加工、部件装配、部件加工、总装配、涂饰等加工工序，以及雕刻、镶嵌、彩绘等特殊工艺。其中，雕刻、镶嵌、彩绘是蒙古族传统家具生产中的特色。

1）制材与干燥、选料与配料

干燥是家具用材必须经过的步骤。将所需要的方材或者板材干燥，达到所在地区的当地含水率，

这样不仅可以防止零部件在加工过程中变形，可以保证制作过程中尺寸的稳定性，也能够提高家具表面涂饰与彩绘的质量。

配料是把干燥好的方材或板材锯成符合零件规格、形状的过程。有经验的木工在这个过程中会仔细观察和选择材料，比如木材的树种、纹理方向、干燥情况等，根据材料的具体情况开料、下锯。由于对毛料的加工需要采取多道锯切才能够得到要求的尺寸和形状，因此在配料中还须设定合理的加工余量。合理的加工余量既可以减少加工次数，也可以保证加工质量和精度。

2）加工工序

毛料加工的目的是使平面、侧面及端面平整、相互垂直，类似于确定坐标原点，以便设定相对位置。相对面加工以基准面为基准，将零件需要的断面加工完成。

实木材胶合主要指木家具制造过程中所涉及的榫接合、宽度上的胶拼、接长、胶厚等内容。当代制作的蒙古族家具有使用指接板的，即将短小的料头拼接或将瑕疵去掉后重新拼接。而传统手工家具加工则采用拼板工艺，即将两块以上的木板拼在一起形成较大尺寸的面板或者门心板。

方材的净料加工包括榫头加工、榫槽或榫眼加工、型面加工及表面修整 4 个方面的内容。现代工艺中榫头与榫槽利用电动机械加工，而传统工艺则使用手工锯、刨、凿等工具。

零件加工好后要组装成为部件（如橱柜的门板、面板），随后对部件进一步加工，即进行部件加工。零件经过部件装配过程后，如有误差就需要进一步加工与调整。无误差的情况下，将各零件与部件组装成完整的家具。成品一般须经涂饰工艺，以起到保护与装饰作用。

3）雕刻、镶嵌、彩绘

蒙古族传统家具的雕刻工艺多见于家具的立面部件，如腿、立柱、挂牙、立牙、挡板、抽屉面板、

靠背板等，而且以浅浮雕、线雕为特征，一般选取椴木、柞木、桦木、榆木等材料。由于家具体量小，因而雕刻部件面积通常也不大。

刀具是从事木雕的助手，主要有平刀、圆刀、斜刀、中钢刀等。木雕的辅助工具主要有锤、斧子、锯子、木锉。与高浮雕相比较，浅浮雕、线雕是单层次雕像，内容比较单一，不繁复。雕刻内容经常捕捉一些自然界的元素（如花、叶），也刻划人物故事中的场景以及藏传佛教中的代表性纹样等，如图 2.4.8 所示桌顶图案。

镶嵌主要有嵌螺钿、嵌石材、嵌木材 3 种，然而在当代制作的传统家具中，这种工艺使用较少。

彩绘是蒙古族传统家具中使用最多的一种装饰手法。蒙古族喜欢在家具表面绘制鲜艳的图案与花纹，或者有吉祥寓意的形象。在 20 世纪 80 年代，有嫁娶或搭建新包时，牧民都会添置新家具，家具表面绘制龙、凤、狮子等图案，辅助有花草纹样。如图 2.2.10 所示的箱子，成对制作，其立面分别绘有凤凰和云龙，如图 2.4.9 所示。

■ 图 2.4.8 桌顶 [8]

■ 图 2.4.9 箱子（刘玉功收藏家具）

2.5 蒙古族传统家具的造型艺术

蒙古族传统家具的形态、色彩及装饰等造型特征是在长期的历史发展中沉淀和积累下来的视觉艺术形态，能够真实地反映蒙古族独特的游牧生活方式，体现浓郁的草原文化氛围以及强烈的民族审美情趣。

1. 形态特征

蒙古包内的蒙古族传统家具形体小巧、低矮，占地面积不大，易于挪动搬运，满足了蒙古族游牧生活所需。这些家具外形方正简朴，轮廓简练，给人以端庄实用的心理感受，而在细部处理上，又能体现细腻的美感。如图 2.5.1 所示彩绘碗橱，4 个立面及顶面平整，可以与其他家具并置或上下摆放。另外，这类橱柜两侧的旁板及框架可以折叠，向主立面的内侧靠拢。

2. 色彩表现

蒙古族传统家具色彩艳丽。蒙古族在广阔的蒙古高原环境下生活，在游牧生活实践中形成了自己的色彩偏爱，如白色、青色、红色、金银色（如图 2.5.2 所示的橱，直接用金色绘制图案），形成了蒙古族传统装饰色彩。在此基础上，蒙古族传统家具装饰色彩还常见有绿色、橘黄色、蓝色等纯色，也有红白渐变色、蓝白渐变色（见图 2.5.1 的彩绘碗橱）、蓝绿渐变色等，而家具的主体底色大多为红色或者红色系的色彩。

3. 装饰手法与装饰题材

蒙古族传统家具的装饰具有普遍性，最为常见的装饰工艺有彩绘、雕刻两种，镶嵌工艺也有，但不常使用。在橱柜、箱子的表面装饰最频繁，并且装饰符号几乎囊括了所有类别，如常见有植物类、动物类、人物类、自然类、抽象几何类、祥瑞类等装饰符号，装饰的内容大多以彩色绘制在红色的底子上由手工完成。由于熟练程度不同，图案绘制的精致程度不一。

■ 图 2.5.1 彩绘碗橱（张欣宏摄于呼伦贝尔）

■ 图 2.5.2 橱（刘玉功提供）

2.6　蒙古族传统家具经典赏析

1. 诵经桌（图 2.6.1、图 2.6.2）

这类桌子主要见于喇嘛教寺院内，桌面用于放置经书、法器，抽屉内也可以储存法器等物件。诵经桌高度通常在 40cm 左右，长度在 60~80cm。喇嘛在诵经时盘腿坐于垫子或榻上，面对诵经桌。

正立面有沥粉贴金图案。此桌略高，置于榻前使用。由桌面与架组成，桌面起立沿，立沿下端有四面围板，有围板的桌面架在桌架上，并且可以与架分离，摆在箱或橱上作台面用

桌面有围板架在桌架上，桌面围板主立面雕刻主题为狮子，通体主色调为红色，仅主立面有彩绘，桌面立沿绘制仰莲图案

桌面下有围板，桌架两腿间有挡板，主立面有沥粉贴金图案，桌面立沿绘制仰莲图案，围板绘二龙戏珠图案，挡板绘制菱形连续纹样

■ **图 2.6.1　高型诵经桌**（乌海蒙古族家具博物馆藏品）

两个抽屉面分别绘制相对的狮子。此桌略低矮，置于垫子或者15~20cm的地台前使用

■ 图 2.6.2　两屉桌（乌海蒙古族家具博物馆藏品）

2. 矮桌（图 2.6.3）

矮桌的高度与定居点内炕桌的高度相同，通常有直腿、弯腿之分，其中，直腿桌的腿部有一腿三牙或望板等结构。大多数桌面有彩绘图案。

桌面彩绘，望板有花型边缘

直腿桌（乌海蒙古族家具博物馆藏品）

主立面与桌面有彩绘，牙子、桌腿及其望板有浅浮雕

弯腿抽屉桌（张欣宏摄于呼伦贝尔）

桌面有彩绘卷草，桌腿有挂牙、牙板，并有蓝色渐变图案

一腿三牙方桌（张欣宏摄于鄂尔多斯）

■ 图 2.6.3　矮桌

3. 橱（图 2.6.4）

这类橱高度在 80cm 左右，可落地放置，有些更低矮至 40cm 左右，可以摆放于大型的柜面、桌面或箱子上。通常有两屉两门式、两屉一门式、两门式、两推拉门两门式等类型。其中，两推拉门两门式是在两屉两门式橱上端抽屉的位置，改设置为与两扇抽屉相同大小的两扇推拉移动门。

蒙古包内使用频率较高的家具，用于存放厨具或杂物

挂牙两屉两门橱（刘玉功收藏家具）

蒙古包内使用频率较高的家具，用于存放厨具或杂物

两屉两门橱（刘玉功提供）

透雕双门橱（乌海蒙古族家具博物馆藏品）

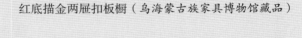

装有 2 只把手的扣板起到门板的作用，顶端有榫舌与边框插接固定

红底描金两屉扣板橱（乌海蒙古族家具博物馆藏品）

彩绘盘龙两门橱（乌海蒙古族家具博物馆藏品）

箱体与橱在高度方向比例相同，箱体上翻盖，两个小橱门

箱式连体橱（内蒙古博物馆藏品）

■ 图 2.6.4 橱

三屉两门亮格橱（刘玉功收藏家具）

■ 图 2.6.4（续）

4. 大柜（图 2.6.5）

大柜形体高大，通常在王府或定居的房子内使用，寺庙中也使用大柜。

柜体框架及门板均有彩绘，上门板主体纹样为凤，下门板主体纹样为龙，腿间挡板绘制草龙纹样

柜身高 1.8m，柜体内有暗格

描金云龙纹四门大柜（刘玉功收藏家具）　　　　四门大柜（刘玉功提供）

■ 图 2.6.5　大柜

5. 箱（图 2.6.6）

由于体积小，形状方正，箱与橱都是蒙古包内使用频率较高的家具。箱的长度在 60~100cm。另外有一些长箱，其长宽尺寸比较大，长度一般在 100cm 左右。

箱体两侧有皮条，方便搬运，由箱顶掀盖

彩绘狮子纹箱（乌海蒙古族家具博物馆藏品）

■ 图 2.6.6　箱

长箱（乌海蒙古族家具博物馆藏品）

立面彩绘草原生活场景，牧群围绕毡包四周，
牧民在毡包外劳作

彩绘箱（内蒙古博物馆藏品）

主立面绘制藏传佛教图案，有雕刻图形并呈壶门
形的装饰板涂饰蓝白渐变色彩。箱主立面上半段
是箱体可以开启的部件，在其背面伸出两根板条，
靠在立面下半段板子的内侧以闭合箱子

彩绘插板箱（刘玉功提供）

彩绘箱（乌海蒙古族家具博物馆藏品）

绘制清官员图

木箱（乌海蒙古族家具博物馆藏品）

包角皮面箱（乌海蒙古族家具博物馆藏品）

■ 图 2.6.6（续）

6. 椅凳（图 2.6.7）

椅凳属于高型坐具，多用于定居点或官府、王府的宅院中。在蒙古包内，牧民习惯于盘腿坐在毡垫上。现代旅游景点中的蒙古包也使用椅、凳、长凳等高型坐具。

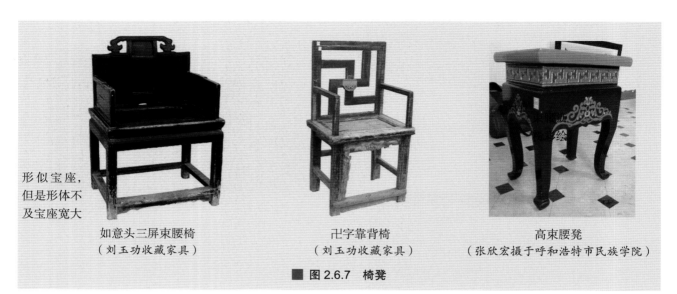

形似宝座，但是形体不及宝座宽大

如意头三屏束腰椅
（刘玉功收藏家具）

卍字靠背椅
（刘玉功收藏家具）

高束腰凳
（张欣宏摄于呼和浩特市民族学院）

■ 图 2.6.7　椅凳

7. 其他（图 2.6.8～图 2.6.24）

这里指盒、匣、碗架、儿童床、奶桶等日用小件家具。

经卷页尺寸不同，较大的经卷长 50cm 或更大，小些的长约 20cm。经书通常由木质经卷板夹紧，外裹黄缎，也会将经卷存放在经卷盒内。此盒应当有盖

■ 图 2.6.8　藏经盒（乌海蒙古族家具博物馆藏品）

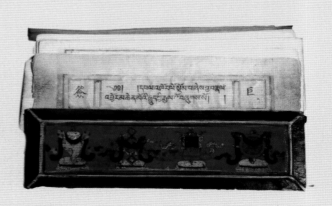

经叶及板收拢后通常由黄缎裹好存放在匣或经卷架上

■ 图 2.6.9　经卷板（刘玉功提供）

碗架深度较小，在架格里可以容纳茶碗、茶壶等餐饮器物。碗架形式较多，但通常离地面有较高的空间，较窄的架腿可以加托泥

■ 图 2.6.10　传统碗架（刘玉功收藏家具）

制作奶豆腐用

■ 图 2.6.11　奶缸[5]

四角锅撑子（张欣宏摄于呼伦贝尔）

当牧人家中羊到达 1 万只或牛到达 1000 只时，定制此锅撑子以作纪念

钢制锅撑子[5]

■ 图 2.6.12　锅撑子

盘四周有图案，盘下有四面支撑板，盘中盛放肉食、奶食、面点

（乌海蒙古族家具博物馆藏品）

■ 图 2.6.13　木盘

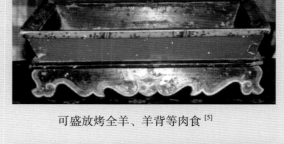

可盛放烤全羊、羊背等肉食[5]

盛放手把肉盘，两边较宽，可以当作砧板使用

（张欣宏摄于呼伦贝尔）

■ 图 2.6.14　提梁食盒（刘玉功收藏家具）

表面贴金箔小匣

■ 图 2.6.15　木匣（刘玉功收藏家具）

盒黑色底，顶面
及四周均有红色
晕染花卉图案

■ 图 2.6.16　团盒（乌海蒙古族家具博物馆藏品）

■ 图 2.6.17　毡质碗袋（刘乃熙提供）

木碗及柳编碗盒　　　　　　　有盖的碗

■ 图 2.6.18　碗 [5]

制作奶豆腐用的模具

■ 图 2.6.19　木质模具 [5]

■ 图 2.6.20　水壶架[5]

（张欣宏摄于呼伦贝尔）　　（来源：参考文献 [5]）

■ 图 2.6.21　茶臼

■ 图 2.6.22　木槽[5]

牧民用来拾捡及盛放牛粪　　用途与柳编阿茹格相同，此件用牛皮熟制

柳编阿茹格　　　　　　　皮制阿茹格

■ 图 2.3.23　阿茹格[5]

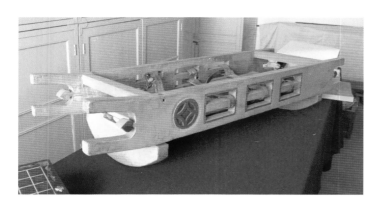

儿童摇床（张欣宏摄于内蒙古大学民族博物馆）

儿童吊床（张欣宏摄于呼伦贝尔）

■ 图 2.6.24　童床

2.7   结束语

蒙古族家具是中国传统家具的组成部分，更是草原文化的研究内容之一。蒙古族家具在游牧生活中是不可或缺的生活用具，其形体、结构、组合形式已成熟并且完全适应于频繁的迁徙；气候及地理因素、民风及民俗也给予家具艳丽的装饰和质朴的形式。然而经历了"文化大革命"之后，寺庙、王府等家具遗存较为集中的地点均遭受到无可逆转的毁灭，许多具有重要价值的家具荡然无存。

蒙古族传统家具在用材、形制、色彩、装饰纹样、陈设布局等方面都具有鲜明的少数民族特色。其造型、装饰、木质工艺等都是在长期的历史发展中沉淀和积累下来的视觉艺术形态，能够真实地反映蒙古族独特的游牧生活方式、浓郁的草原文化氛围以及强烈的民族审美情趣。

传世的蒙古族家具为数不多，并且日渐减少。但是仍然有一批人在从事蒙古族传统家具的设计与制作，只是还未形成规模。如内蒙古农业大学对蒙古族传统家具的研究与设计；内蒙古自治区各盟、旗蒙古包厂家对配套蒙古族家具的制作；一些手工小作坊为牧民及旅游景点打制家具。在当代，相信世人会逐渐认识到蒙古族家具的魅力，并继续将其传承下去。

图 2.7.1 左图为蒙古风情园中贵宾休息室内的沙发，其扶手为圆雕马头形象；右图为蒙古风情园会议室中的沙发，其皮面上压印着团形蒙古族图案。这些现代家具都蕴涵很多蒙古族传统家具元素。

■ 图 2.7.1　蒙古风情园中的沙发（庞大伟提供）

参考文献

[1] 蒙古族通史编写组 . 蒙古族通史 [M]. 北京：民族出版社，2001.

[2] 孟秀柱 . 神奇的新巴尔虎左旗 [M]. 呼伦贝尔：新巴尔虎左旗旗委宣传部，2005.

[3] 王大方 . 内蒙古马背上的民族 [M]. 北京：外文出版社，2006.

[4] 邢莉 . 蒙古族敖包祭祀文化的传承与变迁 [J]. 中央民族大学学报（哲学社会科学版），2009.

[5] 突克齐·孟和那顺 . 中国蒙古族游牧文化摄影大全 [M]. 呼和浩特：内蒙古人民出版社，2009.

[6] 张彤 . 蒙古包物质文化研究 [D]. 呼和浩特：内蒙古大学，2008,12.

[7] 马玉明 . 内蒙古资源大辞典 [M]. 呼和浩特：内蒙古人民出版社，1999.

[8] 乌日切夫，杨·巴雅尔 . 蒙古族家具 [M]. 北京：民族出版社，2009.

3

藏族传统家具

本章对藏族的民族特征进行了概述，对藏族传统家具的基本概况进行了详细的阐释，对家具的起源、种类、用材、结构工艺、造型艺术进行了系统剖析，并罗列了大量具有代表性的藏族传统家具图片进行赏析介绍。

3.1　藏族概述

藏民族属于蒙古人种，主要聚居地为西藏自治区及青海海北、海南、玉树等藏族自治州和海西蒙古族藏族自治州以及海东地区。中国境内有人口约640万余人（2013年），以从事畜牧业为主，兼营农业。另外，尼泊尔、巴基斯坦、印度、不丹等国境内也有藏族分布。藏族自称"蕃巴"（bod-pa），汉语的名称"藏"来自藏语 gtsang（后藏），其原义可能是"雅鲁藏布江（yar-klungs gtsang-po）流经之地"。藏族有自己的语言和文字。藏语属汉藏语系藏缅语族藏语支，分卫藏、康方、安多3种方言。现藏文是7世纪初根据古梵文和西域文字制定的拼音文字。信仰大乘佛教。大乘佛教吸收了藏族土著信仰本教的某些仪式和内容，形成了具有藏族色彩的藏传佛教。

藏族人民崇尚白色，这和他们的生活环境、风俗习惯密不可分。居住地四周环绕着的皑皑雪山，被藏民们视作珍贵家产的牛羊群等都是白色，所以藏区人民视白色为理想、吉祥、胜利、昌盛的象征。

藏族最具代表性的民居是碉房（图3.1.1）。碉房多为石木结构，外形端庄稳固，风格古朴粗犷；外墙向上收缩，依山而建者，内坡仍为垂直。碉房一般分两层，以柱计算房间数。底层为牧畜圈和贮藏室，层高较低；二层为居住层，大间作堂屋、卧室、厨房，小间为贮藏室或楼梯间；若有第三层，则多作经堂和晒台之用。因其外观很像碉堡，故称为碉房。民居室内外的陈设显示着神佛的崇高地位。不论是农牧民住宅，还是贵族上层府邸，都有供佛的设施。最简单的也设置供案，敬奉菩萨。

藏民族是一个十分注重礼仪的民族，繁复的礼仪贯穿在藏族人们的生活、劳动等一切社会活动中。同时，藏族也有着异常严密讲究的宗教礼仪，在礼佛、供养方面都有自己独特之处。

■ 图 3.1.1　藏族碉房（http://baike.baidu.com）

3.2 藏族传统家具概述

3.2.1 藏族传统家具的起源

西藏家具历史悠久。据《藏族简史》和《法王松赞干布遗训》记载，早在吐蕃王朝时期就已经有征调木匠兴建大、小昭寺的史实。几千年来，勤劳的藏族人民充分发挥本民族高超的艺术才华，创造了外观造型独特和美观、色彩斑斓的本民族家具。同时，随着民族大融合的步伐，以汉族为主的其他民族家具与藏式家具共同存在并发展，逐步形成今天的西藏家具。

严寒的高原气候、恶劣的生存环境造就了藏族人民勇敢刚毅的民族性格，同时也形成了藏族地区独特的雪域文化。藏式家具作为中国传统家具中的一朵奇葩更是引人注目。由于西藏特定的地域分布规律的限制，森林主要分布于西藏东南部以及喜马拉雅山南坡的湿润地区，高原内部缺少木材，交通运输困难，过去经济落后时，只有高层僧侣、贵族或上层人士才用得起精美的藏式家具。所以在藏族家庭中，如果有一套精美的藏桌、藏柜和酥油茶桶，主人则引以为荣。藏式家具成为财富的象征，家具数代相传。

3.2.2 藏族传统家具的特点

马丽华在她的《西行阿里》中写道："西藏本身并不具备很多，除了石头和雪，但通过对它的凝视，它给予的一瞥便可成为无限。"浓烈的色彩和金色雕刻装饰是区别于其他传统家具的最明显特征。如果家具没有装饰，藏族人则是难以接受的，就如同不能接受酥油茶里没有盐或糖，荣任时没有歌一样。

几乎所有的藏式家具都被绚丽的彩绘所覆盖，有的还有肌理变化。藏式家具装饰纹样博采众长，华丽美观，常见的有龙纹、动物纹、植物纹、雷云纹、几何纹等。纹样大都与财富和珠宝有关。在描绘技法上富有层次，色彩鲜艳，民间意趣浓厚。有些图案构思大胆，意象诡谲，极具现代感，而且其表面装饰多数采用金色彩绘图案和雕刻装饰图案。

西藏古典家具主要有藏桌、藏柜、箱子三大类，种类相对较少。现在购买藏式家具主要是起到家居的装饰作用。藏族家具具有以下特点。

1. 以低矮型的木制家具为主

受自然和历史条件的限制，藏式传统建筑民居体量矮小，一般都是一柱间，房间面积较小，一般为 1m×1m、2m×2m、2m×3m，层高 2m 左右，小型殿堂多为 4 柱以上，面积有 40m² 左右；大型殿堂平面有 100~200 柱，面积在 1000~2000m²，层高通常在 2.2~4m 之间。藏北牧区帐篷高度亦在 2m 左右。受空间限制，家具尺寸也较矮小，兼座椅功能的床的高度偏低。所以桌、柜等高度也相应降低。

藏式家具主要采用实木结构，造型以箱体类居多，雕刻堆积，装饰华丽，家具脚部常见有直脚和 S 形狮爪等形状。木材主要为松木、杨木、核桃木等。

2. 具有浓烈的色彩

藏式家具的颜色绚丽多彩,它的底色多选用红、黄、褐 3 种颜色,涂饰方式大致分 3 类:

(1)家具以底色为主色调,用金色勾勒边缘和轮廓线。

(2)以朱红色打底,木雕部分满涂金漆,或整个家具满涂金漆,或在金漆木雕花的部分用水粉晕染颜色,给人光华富丽、金碧辉煌的印象。

(3)在家具上绘制各种图案。以朱红色和金黄色涂漆木骨和方格,黑白两色勾边,金粉勾线。画屏以蓝色或绿色为背景主调,然后绘画纹样,色彩多用红、黄、青(蓝)三原色,调以绿、紫等间色。大多数是原色匀净地平涂,有时也采用少量的间色晕染,画面单纯明快。为增加色彩的表现力度,常使用强烈的对比色彩,如冷与暖、深与浅等,使得大红大绿自由配合,在不调和中求得和谐统一,画面热烈雄伟、明朗秀润,多单线平涂,对称布局,如图 3.2.1 所示。

绘画颜料分矿物质与植物质两种。矿物质原料采集后,需经过研磨或凿舂,又经过水内沉淀、过滤,晒干为各色粉末颜料,使用时调以胶、水;植物质颜料主要有靛蓝、连黄等,都是草本植物,在沸水中浸泡、搓揉、沉淀后制成。近年来,家具在制作时,较多地使用了内地的水粉颜料。金色颜料中藏民偏爱从印度进口的金粉,一种是颜色偏黄的白金粉,一种是颜色偏红的红金粉,同一块木雕两种颜色金粉交叉使用,呈现金碧辉煌的效果。寺庙和贵族家具中也有的直接使用真金粉和金箔装饰家具、镶嵌宝石,满室生辉、豪华至极。

3. 装饰色彩、图案具有宗教隐喻性

宗教在西藏有着悠久而深刻的影响,境内居民(除汉族外)大部分信仰宗教。其中,藏族、门巴族、珞巴族等信奉藏传佛教,回族信奉伊斯兰教,藏传佛教影响最大。从公元 16 世纪起,西藏实行政教合一的制度,因此,无论在人们的思想意识上,还是在生产和生活等习俗上,都带有浓厚的宗教(佛教)色彩,宗教活动成为大多数居民生活的一个组成部分。作为承载文化信息的载体,家具也不可避免地添加上了佛教的色彩。家具中的每一个图形、每一种色彩都各有来路和讲究,蕴涵着宗教意味。

■ 图 3.2.1 藏式家具的艳丽色彩搭配

传统藏式家具装饰图案种类，主要包括几何纹、动物题材、文字、人物、器物、曼陀罗（坛城）等。纹样组织结构常以直面、曲面、曲线、折线、错位、倾斜及旋转排列，但最为常见的是均齐对称和圆形发射结构。几何纹的排列方式除了一些方、圆、三角等基本形外，最为常见的是十字纹、万字纹、回纹、云锦纹、水波纹及长城纹等，它们或单独存在，或复合构成。植物纹中，莲花题材出现的频率相当高，它被精心而巧妙地以整体或单元（莲瓣）的形态表现于各类家具上，象征着最终的目标，即修得正果，获得正觉的佛教信仰。文字题材中，以缩写后的梵文字母，结合不同颜色以作区分和暗示，再与周边配饰以莲瓣等题材的纹样，组合成既有宗教含义，又有美丽的装饰效果的装饰带。动物题材中，狮子代表了佛的唯我独尊或被引申为人中狮子；大象代表着力量，这种力量被人们期望着能驱除自身的污垢；孔雀因被认为不能被毒死，象征着长寿。还有一些传统的吉祥图纹，虽不能与真正意义上的宗教艺术截然画等号，但它们赋予人们的是各种美好人世间的期望、祈愿、祝福、平安、快乐，充满了浓郁、温馨的人情味。

图 3.2.2 是某藏式家具上的彩绘图案。

■ 图 3.2.2　某家具上的彩绘图案

3.3　藏族传统家具的用材和结构工艺

藏式家具大部分来自寺院等宗教场所，少量来自民间。由于西藏丰富的宗教资源和悠久的历史，西藏同胞的生活都围绕着宗教展开，所有的藏式家具几乎都被绚丽的彩绘所覆盖，图案上忠实地记录着宗教故事和历史传说，使得这些家具在宁静的雪域中具有相当丰厚的故事性。

1. 藏族传统家具的用材

西藏家具的材质一般多用核桃木、松木（如雪松）、林芝云杉和喜马拉雅红杉（又名西藏落叶松）等软木制作，也有些藏柜有简单的雕刻，选用稀有的高原硬木，但比较少见。由于西藏的高原潮湿特性与虫害盛行，对木材的损害十分严重，使有些家具不能长久保留，但是酥油灯灰可形成一种有效的保护层。图 3.3.1 显示了藏式家具的加工场景。

2. 藏族传统家具的结构工艺

西藏古典家具数量甚少，式样单一，结构复杂，主要采用实木结构，以框式为主，结合处多采用榫卯结合。而西藏家具因为结构复杂、装饰精美，不能够实现批量化的自动生产，故而至今藏族家具的生产仍然以手工制作为主。手工制作的西藏家具在精度上是机器所不能达到的，这也是西藏家具宝贵的一点。

藏式家具装饰手法丰富多样。有些家具模仿建筑造型，藏柜底部有如同建筑的基围，上部立面和平面的衔接处有如同建筑的束顶线；有的在正面基围的上部加构廊围，在束顶线上部加廊檐，而且图案繁多，色彩鲜艳，将本来简单的生活人为地添加众多的内容，使生活艺术化。

■ 图 3.3.1　家具的加工场景

3.4 藏族传统家具的造型艺术

藏族传统家具形体小巧、低矮，占地面积不大，易于挪动搬运，满足藏族游牧生活所需。这些家具外形方正简朴，轮廓简练，给人以端庄实用的心理感受，而在细部处理上，又具有细腻的美感。

1. 装饰手法

雪域高原严酷的生存环境造就了藏族人们独特的品格特质。藏民族的审美也独具特色，他们喜欢高明度、高纯度、对比性强的鲜艳色彩，崇尚黑与白，喜爱明艳的金黄色、红色，在家具中多使用补色，并喜欢繁复华美的装饰。

藏式家具造型古朴华丽，装饰手法别具一格，丰富多彩，尤其是金属装饰品使其别具一番豪华气派，如图 3.4.1 所示。

藏式家具的装饰方法大体包括彩绘（图 3.4.2）、珠宝（松石、珊瑚石、猫眼石等）镶嵌（图 3.4.3）、铁尖钉封边、木群边及雕刻（图 3.4.4）、兽皮镶嵌等。

■ 图 3.4.1　家具上使用的金属材料

■ 图 3.4.2　彩绘装饰

■ 图 3.4.3　珠宝装饰

■ 图 3.4.4　雕刻装饰

　　藏式家具在描绘技法上富有层次，色彩鲜艳，民间意趣浓厚，有些图案构思大胆，意象诡谲，极具现代感，而且其表面装饰多数采用金色彩绘图案和雕刻装饰图案，如图3.4.5所示。

　　与汉式家具区别最大、最具民族特色的装饰手法，当数兽皮镶嵌，常用豹皮，制成大小占箱柜正面1/5～1/3的方形皮块，镶嵌在深色的箱柜表面，质朴大方，狂野奔放。现在能看到的痕迹是，在卯榫对接部位，用兽皮镶包或用动物的筋当做绳子穿插后绷紧，用于增加牢度。

■ 图 3.4.5　描绘技法

藏族传统家具在用材、形制、装饰纹样、陈设布局等方面都具有鲜明的少数民族特色。其造型、装饰、木质工艺等都是在长期的历史发展中沉淀和积累下来的视觉艺术形态，能够真实地反映藏族独特的游牧生活方式、浓郁的草原文化氛围以及强烈的民族审美情趣。

2. 家具摆设

藏民族一般不习惯使用床铺和椅凳。一般家庭都是靠窗沿墙摆着一圈卡垫（藏毯），形成马蹄形的环绕形式，或沿两面墙摆成直角形。在拐角处或马蹄形中间安放一张藏桌，供家人或客人围坐喝茶吃饭。卡垫上面铺上漂亮的彩色冲丝卡垫。全家睡卧起坐均用卡垫。卡垫一般高 30cm，宽约 1m，用细帆布做包套，内装獐子毛或干软草。卡垫质软结实，隔潮保暖。冲丝卡垫是用毛纱或棉纱做经纬制成的，具有编织精密、颜色鲜艳、花纹富有民族特色、经久耐用的特点。

藏民族室内家具主要有藏柜和藏桌。藏柜有放书的比岗，高约 1.1m，上方玻璃对开门，一般放置在坐垫的一角。洽岗（意为双柜）必须成对，略高于比岗，摆设在屋内，正面沿墙，上面摆放佛龛。

藏桌高 60cm 左右，为面宽 80cm 的正方形，三面镶板。一面有两扇门，桌腿形似狗腿。不论藏柜或是藏桌，表面都绘有各种花纹、禽兽、仙鹤、寿星、八祥图，四周有回纹、竹节等图案，色泽鲜艳动人，看上去十分富丽。

图 3.4.6 显示了典型的西藏家具的室内摆设特点。

（李伟摄于四川甘孜）

（引自：参考文献 [11] 第 33 页）

■ 图 3.4.6 西藏家具的室内摆设

3.5 藏族传统家具经典赏析

1. 藏床类（图 3.5.1）

藏床的材质一般为木材，上铺卡垫，白天可坐，晚上可睡觉。床的高度一般为 20~30cm，宽 80~90cm，长约 2m。其形制大约有 3 种：一种是箱形结构，由两个大小相同的木箱拼合而成，集坐、卧、贮藏多功能于一体，有的箱体有顶无底，十分易于搬动；一种为木制框架，上面使用木板实铺，再在木板上铺卡垫、氆氇（pǔ lu），床脚为直腿不外露，卡垫、氆氇直接铺到地上，在室内靠墙摆放；还有一种为豪华尊贵的床，床上三面设围屏，多雕刻装饰彩绘，极尽装饰之能事，靠墙安置，较少移动。

2. 椅凳类（图 3.5.2）

因环境气候和生活习惯的原因，椅凳在藏区较少，人们习惯坐在卡垫床上。较多见到的椅凳类为宝座。宝座是贵族或民居经堂、寺庙高僧的专用坐具。为了表现崇高威严的气氛，这种座椅较高。罗布林卡新宫中达赖的宝座高达 1.2m 左右，装饰极其富丽华贵。有的宝座与须弥座相结合，形成须弥座式高座。为保证安全，有的高座在四周添加围栏，以防不慎跌落，在一侧设有爬梯。

■ 图 3.5.1 布达拉宫内的寝宫

■ 图 3.5.2 罗布林卡新宫中的宝座

3. 藏桌类（图 3.5.3）

一类藏桌直接放置于床上，正方形，用于搁置物品、读书、写字、吃饭等，高度 25~35cm，案面平整，案足有曲脚和直脚两类；一类藏桌放在卡垫（座席）的前面，与床平行放置，高度 40~50cm，正方形或长方形，一般 3 个方桌形成一组，长度与一张床长度相当，其中一桌内放火盆，以便取暖和煨茶。家人用餐或来人较多时，一边依床而坐，另一侧配与藏桌长度相同的长条木凳。藏桌一般比较低矮，侧边三面或两面封严，一面或两面有活动门扇，内放杯盘碗盏、果品等，桌面无伸展的外檐，桌腿及侧板分隔龙骨突出，屏板内凹，内饰彩绘或金漆木雕。家居经堂或寺庙中还有一种贡桌，正方形或长方形，高度可达 80cm，上面放贡品或法器、经书等。

■ 图 3.5.3　各式藏桌

4. 藏柜类（图 3.5.4、图 3.5.5）

藏柜（箱）多为长方形，高度 1.0~1.8m。低矮的藏柜多为平头式；稍高的藏柜多做柜帽，一般有比岗和洽岗等类别。藏柜也是骨架外露、屏板内凹，多数在屏板上镶嵌正方形木格，内饰画或木雕，组成一幅幅棋格画屏。高贵的藏柜还雕刻屏板，施金银彩绘，镶嵌珊瑚珠宝。

■ 图 3.5.4 藏柜

■ 图 3.5.5 藏箱

5. 佛龛（图 3.5.6）

藏民通常在经堂的后墙制作木质佛龛，类似壁架，上做龛台，龛内供奉佛像，龛台下部为壁柜，有时两侧墙也做壁柜，壁柜内存贮香贡、法器、经卷等。佛龛制作数为奇数，多以中间高、两侧低的形式布局。经堂内常配有雕刻工艺精致的长明神灯。

■ 图 3.5.6　藏龛

6. 家用小物件

藏桌、藏柜、酥油茶桶是藏族家庭的标志。所以酥油桶在藏民家中和藏桌、藏柜一样，是生活中必不可少的家具。酥油桶藏语"董莫"，由筒桶和搅拌器组成（图3.5.7）。筒桶多用红桦木板围成，上下口径相同，外面箍以黄铜皮，上下端用铜做花边。搅拌器是在比筒口较小的圆木板上安一根比桶稍高的木柄，圆木板上有4个小孔，便于空气和液体酥油茶流动。

青稞磨成的糌粑（zān bā）是藏族人的主要食品。糌粑的制作方法十分简单，先将青稞晒干炒熟，然后用水磨或电磨磨成糌粑面，不除皮。藏民们习惯于把糌粑装在画有龙、凤、树叶等图案的木制糌粑盒里摆设或食用。有的糌粑盒用金、银、铜来包装，十分昂贵，过去，只有达官贵人才用得起，如今一般百姓家里也随处可见，如图3.5.8所示。

切玛盒又叫吉祥斗，是藏族人民举行重大的庆典仪式或者欢度藏历新年之时所必不可少的吉祥物，是藏历新年盛制供品的木质容器，内分隔成两部分，一边装满拌好的酥油糌粑，另一边装满小麦，都垒成金字塔形，顶上再插染色青稞粒和酥油花"孜珠"，如图3.5.9所示。

■ 图 3.5.7　酥油桶

■ 图 3.5.8　糌粑盒

■ 图 3.5.9　切玛盒

3.6　结束语

西藏古典家具反映了藏民族优秀的民族文化及其传统的英雄本色，是勤劳勇敢的藏族人民在艺术长廊中智慧的结晶，是中国家具史上极具特色、很典型的民族家具，值得现代家具和室内装饰业予以借鉴。

藏式家具仍以其独特的民族特色和多样新颖的结构占市场的主导地位，主要表现在：藏族家庭基本上完全藏式家具化，办公家具仍没有变革，沿用以前的藏式结构。但藏式家具结构相当复杂，色彩极多样，不宜实现自动化连续化大批量生产。目前它的生产主要以手工为主，机械生产为辅，而且使用的生产设备相对落后，加工精度极低。藏式家具的生产和使用主要集中在拉萨、昌都、山南、日喀则等地。

西藏现代家具是西藏家具的一个不可忽视的组成部分，与藏式家具在风格上截然不同。在造型设计、加工方式和表面处理等方面与内地家具没有本质上的区别。但由于民族文化的差异，当前仍不能大批量进入藏族家庭。西藏的现代家具生产目前以机械生产为主、手工生产为辅，但生产设备相对落后，家具专业的生产技术人才相当缺乏，加工质量仍然较差。在西藏，真正的现代家具为数不多，主要来源于兰州、成都和西宁等内地家具生产厂家。

参考文献

[1] 段海燕，乌力吉 . 藏族家具装饰纹样与风格探讨 [J]. 包装工程，2009（11）.

[2] 李欣华 . 藏民族装饰图案艺术 [J]. 西北民族大学学报（哲学社会科学版），2009（05）.

[3] 袁哲，强明礼，蒋良，等 . 云南藏族家具的装饰特色探析 [J]. 家具与室内装饰，2008（08）.

[4] 强明礼，袁哲，李欣泉，等 . 云南藏族家具的种类和造型特点调研 [J]. 家具，2008（02）.

[5] 尹廷乙 . 藏式家具在藏族居室中的应用与设计 [D]. 成都：西南交通大学，2010.

[6] 崔丹 . 嘉绒藏族史志 [M]. 北京：民族出版社，1995.

[7] 马倩 . 藏式家具的制作工艺与装饰研究 [D]. 北京：北京林业大学，2012.

[8] 高洁 . 藏族传统家具装饰艺术及风格研究 [D]. 昆明：昆明理工大学，2009.

[9] 王孝丽 . 藏式家具文化研究 [D]. 北京：北京林业大学，2012.

[10] 尹廷乙 . 藏式家具在藏族居室中的应用与设计 [D]. 成都：西南交通大学，2010.

[11] 崔召华 . 嘉绒藏族家具审美特征初探 [D]. 成都：西南民族大学，2011.

[12] 张鹰，李书敏 . 西藏民间艺术丛书——建筑装饰 [M]. 重庆：重庆出版社，2001.

[13] 张鹰，李书敏 . 西藏民间艺术丛书——器具编织 [M]. 重庆：重庆出版社，2001.

[14] 国务院新闻办公室 . 西藏民间艺术珍藏 [M]. 北京：五洲传媒出版社，2002.

[15] 张志奇 . 传统藏式家具初探 [J]. 家具与室内装饰，2007（10）：76-79.

[16] 西藏家具网 . http://www.tibetfurniture.com/index.php.

4

维吾尔族传统家具

本章对维吾尔族的民族特征进行了概述，对维吾尔族传统家具的基本概况进行了详细的阐释，对家具的起源、种类、特征、用材、结构工艺、造型要素、色彩风格和规律等进行了系统的剖析，对维吾尔族家具的传承和发展提出了有益的见解和观点，并罗列了大量具有代表性的维吾尔族传统家具图片进行赏析介绍。

4.1 维吾尔族概述

1. 新疆的自然环境、资源、历史、民俗文化概述

新疆维吾尔自治区位于亚欧大陆中部，地处中国西北边陲，总面积 166.49 万 km²，占中国陆地总面积的 1/6；8 个国家接壤，陆地边境线长达 5600 多 km，占中国陆地边境线的 1/4，是中国面积最大、陆地边境线最长、毗邻国家最多的省区。新疆具有"三山夹两盆"的地理特点：北部有阿尔泰山，南部为昆仑山系，天山横亘其中部，把新疆分为南北两半；南部是塔里木盆地，北部是准噶尔盆地。习惯上称天山以南为南疆，天山以北为北疆，哈密、吐鲁番盆地为东疆。新疆深居内陆，远离海洋，高山环列，这使得湿润的海洋季风气流难以进入，形成了极端干燥的大陆性气候，故而也就形成了四季分明、降水稀少、日照长、昼夜温差大、风沙较大、南北疆区别大的气候特点。新疆水土光热资源丰富，开发潜力巨大。全区农、林、牧可直接利用土地面积 10.28 亿亩①，占全国农林牧宜用土地面积的 1/10 以上。后备耕地 2.23 亿亩，居全国首位。新疆是全国五大牧区之一，牧草地总面积 7.7 亿亩，仅次于内蒙古、西藏，居全国第三。新疆水资源量约占全国的 3%，冰川面积 2.4 万 km²，占全国的 42%。新疆的太阳能理论蕴藏量为每年 1450~1720kW·h/m²，年日照总时数 2550~3500h，居全国第二位。此外，新疆的风能资源占全国陆上风能资源总量近四成，居全国第二，仅次于内蒙古地区。

新疆，古称"西域"，意思是中国西部的疆域，这一名称自汉代出现于中国史籍，直至 1757 年，清乾隆帝再次收复故土，把这片土地命名为新疆，取"故土新归"之意。新疆是丝绸之路的咽喉要地，也是世界上唯一四大文化的交汇地，即古印度文化、古希腊文化、波斯伊斯兰文化、古代中国文化。新疆各民族人民在数千年的历史发展中创造了独特丰富的民间传统文化，如多彩的民间文学，历史悠久的民间美术和手工艺，热情奔放的民间舞蹈，绚丽的服饰文化，丰富的饮食文化，风格各异的民居文化，特色鲜明的礼俗、体育竞技、民间医药等，都是新疆各族人民的情感体现和智慧结晶，并使新疆成为一个民间文化遗产大区。[1]

2. 新疆的民族与维吾尔族的生活文化

新疆自古以来就是多民族的聚居区，共有 47 个少数民族。除原有汉族、维吾尔族、哈萨克族、回族、柯尔克孜族、蒙古族、锡伯族、塔吉克族、乌孜别克族、满族、达斡尔族、俄罗斯族、塔塔尔族等 13 个历史悠久的民族外，还有东乡族、壮族、撒拉族、藏族、彝族、布依族、朝鲜族等 34 个民族。新疆作为古代东西方经济文化交流的主要通道和枢纽，自古以来就是一个多种宗教并存的地区。现在新疆主要有伊斯兰教、佛教（包括藏传佛教、汉传佛教）、道教、基督教、天主教、东正教等，萨满

---

① 1 亩 ≈ 666.67m²。

教在一些民族中仍然有一定的影响。其中，伊斯兰教是新疆信奉人数最多的宗教，涉及 10 个少数民族，即维吾尔族、哈萨克族、回族、柯尔克孜族、塔吉克族、塔塔尔族、乌孜别克族、东乡族、撒拉族和保安族，信教群众占新疆总人口的 58.3%。蒙古族、锡伯族、达斡尔族等民族信仰佛教。

"维吾尔"是维吾尔族的自称，意为"联合"，主要聚居在新疆维吾尔自治区天山以南的喀什、和田一带和阿克苏、库尔勒地区，其余散居在天山以北的乌鲁木齐、伊犁等地，少量居住在湖南桃源、常德以及河南开封、郑州等地。维吾尔族总人口达 987 万人（2009 年），其中新疆维吾尔自治区的维吾尔族共计 941.3796 万人（2006 年），约占新疆总人口的 46%，是新疆人口最多的少数民族。全民族使用维吾尔语，该语言属于阿尔泰语系、突厥语族。

维吾尔族古代信仰过萨满教、摩尼教、景教、祆教和佛教，直至公元 14 世纪的察合台汗国时期，伊斯兰教最终取代了其他所有的宗教，成为唯一统领维吾尔族人精神的宗教。维吾尔族十分重视肉孜节、古尔邦节、诺鲁孜节等传统节日，尤其以过古尔邦节最为隆重，届时家家户户都要宰羊、煮肉、赶制各种糕点等。过肉孜节时，成年的教徒要封斋 1 个月，封斋期间，只在日出前和日落后进餐，白天绝对禁止任何饮食。

维吾尔族的住房一般为土木结构的平房。经济条件好的家庭住房讲究，设有廊房，并雕花纹或绘制图案。维吾尔族待客和作客都有讲究，要请客人坐在上席，摆上馕、各种糕点、冰糖、瓜果等，先给客人倒茶水或奶茶，待饭做好后再端上来；饭后，待主人收拾完食具后，客人才能离席；吃饭时长者坐上席，全家共席而坐，饭前饭后必须洗手，洗后忌讳顺手甩水。男女青年要结婚时，由阿訇①或伊玛目②诵经，将两块干馕沾上盐水，让新郎、新娘当场吃下，表示从此就像馕和盐水一样，同甘共苦，白头到老。

维吾尔族音乐中的"木卡姆"是中亚、南亚、西亚、北非及整个伊斯兰文化圈内拥有的一种乐舞形式，是融合维吾尔民歌、器乐、说唱、歌舞于一体的大型歌舞套曲形式。维吾尔木卡姆与其他国家的木卡姆相比，数量最多，艺术形式完整，为世界所瞩目。维吾尔族的乐器，形式丰富多彩，有中国一带的古乐器埙，又有来自波斯、阿拉伯等地的萨它尔、弹布林等，其吹、拉、弹、打各种形式俱全。打击乐器在音乐和歌舞中占有重要的地位。

维吾尔族是中华民族大家庭中历史最悠久的民族之一。早在 2000 多年前，维吾尔族先民便出现在历史舞台上，先后臣属于匈奴、鲜卑、柔然等。维吾尔族的祖先可追溯到上古时期生活在亚洲大陆北部草原的狄人或狄历人。根据汉文中《史记》《汉书》《魏书》等《二十五史》典籍及其他一些典籍的记载可以断定，狄人或狄历人一直被称作"丁零"或"铁勒"或"高车"，而到了公元 5—6 世纪时被称作"袁纥（hé）"，6 世纪末、7 世纪初称作"韦纥"，7—8 世纪时称作"回纥"，及至 8 世纪末叶回纥人自己改称"回鹘（hú）"，13 世纪 70 年代至 17 世纪 40 年代被称作"畏兀儿"，17 世纪 40 年代至 20 世纪初叶又被称作回部及回民，而"维吾尔"这个名号则是 20 世纪 30 年代才开始使用的。其实，上述这些称呼都是根据不同历史时期维吾尔族人的"资呼"音译而来的，维吾尔这个族称的本义是"联合"或同盟。虽然狄人、丁零等是维吾尔族的远祖，但是随着维吾尔这个民族的共同体不断地发展、壮大，有更多的种族、氏族、部落融入这个大家庭中，他们之中有汉人、塞族人、匈奴人、月氏人、乌孙人、姑师人、羌人、柔然人及恹哒人（白匈奴人）等。从古代维吾尔族发展到现代维吾尔族，期间经历了列朝列代的时代变迁和历史演进，形成了如今维吾尔民族独特的民族文化。[1]

---

① 音 hōng，指伊斯兰教主持教仪、讲授经典的人。
② 意为领拜人，也可理解为伊斯兰法学权威。

4.2 维吾尔族的传统审美文化与艺术风格

中华民族传统家具大典·民族卷

090

1. 维吾尔族的传统审美文化

"随着社会文明程度的不断提高，民族文化中的审美性不断加强。民族传统的文化活动、风俗民情、文学艺术等都以艺术审美形式来托载丰富的文化内容，成为高度集中与凝练的审美文化。"[①]维吾尔族作为新疆的世居民族之一，她悠久的历史、多样的宗教信仰及其多元开放的思维方式和价值观念造就了维吾尔民族独特的审美文化，使得新疆的文化艺术呈现出多元化和开放性的特征。这种审美文化潜移默化地影响着建筑、室内装饰、家具、日用品及手工艺的风格特点及发展。维吾尔族的这种独特的审美文化主要表现在以下几个方面：

（1）自由的生命状态。维吾尔族人面对严酷的自然环境，没有妥协退让，而是以乐观自由的人生态度积极面对生活。公元 11 世纪麻赫穆德·喀什噶里所著的《突厥语大词典》收集了大量的民间文学，描绘了维吾尔族人民的生产生活方式，体现出维吾尔族人民乐观自由的生命状态和豪放勇敢的战斗精神。

（2）旺盛的创造精神。虽然地处丝绸之路的中心，受到周围不同文化的包围以及新疆本地区人文、生态环境的影响，但是维吾尔民族对于外来文化并没有停留在照搬、移植或简单的改头换面上，而是在自己传统的基础上将东西方文化艺术熔于一炉，进行独特的艺术创造。

（3）与自然生态共生的和谐之美。在中国传统文化中，一直注重人与自然的和谐关系。新疆维吾尔族在不断的演进和发展过程中，也表现出了一种与自然生态共生的和谐之美。由于伊斯兰教禁忌偶像崇拜，禁忌在服饰、饰物和建筑物上描绘人物、动物的造型，聪慧爱美的维吾尔人对美的追求转向对以自然物象为内容的图案进行艺术创作。他们以各种花卉纹样，以植物的枝、叶、蔓、果实图案纹样，装点着维吾尔族服饰。

2. 维吾尔族传统民居建筑分类与艺术风格

1）维吾尔族传统建筑分类

维吾尔族建筑分为民居建筑和官式建筑两大类。民居建筑依据历史发展及所处地理位置的不同，形式也有所区别，主要以南疆、北疆、东疆 3 个地区为划分；官式建筑则分为宫殿、陵墓、寺庙、宅第，其中属寺庙的种类最多，最主要的原因就是维

---

① 黄秉生，袁鼎生 . 民族生态审美学 [M]. 北京：民族出版社，2004：5.

吾尔族宗教信仰的多样性，如图 4.2.1 所示。由于维吾尔族皈依伊斯兰教后对其余宗教建筑都进行了破坏性的毁灭，所以现存其他宗教建筑数量很少。

需要重点说明的是维吾尔族清真寺。从 10 世纪伊斯兰教在新疆传播开始，就在旧有的新疆传统民居建筑基础上创立了与回族体系不同的一类伊斯兰教建筑体系——清真寺。新疆维吾尔族地区的清真寺一般可分为 5 种类型：艾提卡尔清真寺、加曼清真寺、小巷清真寺、麻扎清真寺、耶提木寺。

（1）艾提卡尔清真寺：主要建在穆斯林的文化中心城镇。艾提卡尔，又作艾提尕尔，主要供重大节日举行大规模集体会礼时用，故其建筑规模宏大，样式考究，殿堂宽敞，彩绘精细。

（2）加曼清真寺：又称主麻日清真寺，是每周星期五（主麻日）举行聚礼及其他重要宗教活动的寺院。

（3）小巷清真寺：一般称为麦斯吉德，遍及全疆，南疆尤多，城乡小巷随处可见，是穆斯林平日礼拜、祈祷之所。

（4）麻扎清真寺：多作为附属建筑设在麻扎（陵园）院内。多为伊斯兰教著名教长、领袖、学者的埋葬处。

（5）耶提木寺：意译为"孤寺"或"孤儿寺"。在一望无际的茫茫戈壁、漠漠黄沙之中，往往会有一座低矮建筑物孤零零地立在路边，这就是为了便于旅客礼五番拜而设的耶提木寺。这种寺建筑极其简陋，或为一土屋，或仅有土墙而无屋顶，既无一般寺中那些设施，也无任何教职人员。这种寺以"孤儿"名之，的确是名副其实的。

2）维吾尔族不同地区的传统民居的艺术风格

新疆地处亚洲大陆中心，远离海洋，是典型的大陆干旱和半干旱气候区。由于境内地域辽阔，东西经度 96°~74°，南北纬度 35°~49°，东西南北跨度大，地形复杂，气候变化很大。一般以天山划分，北部为温带型，南部为暖温带型。由于新疆南部、北部、东部的气候差异，其民居建筑也略有不同。在风格上主要以南疆、北疆、东疆 3 个地区的风格差异较为明显，这 3 个地区的建筑从布局、造型、装饰、纹样、色彩上都形成了各自的特点。以下选取了南疆、北疆、东疆这 3 个地区最为典型的城市

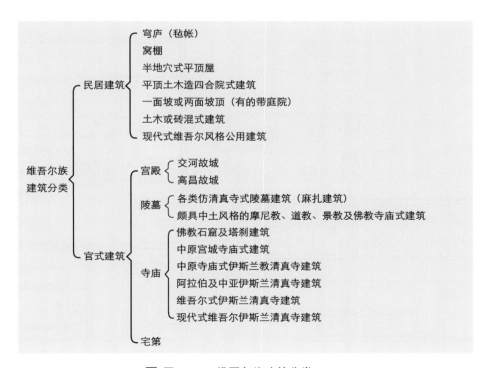

■ 图 4.2.1 维吾尔族建筑分类

为代表，对维吾尔族民居进行介绍，见图4.2.2。

（1）南部居民（以喀什为例）。由于气候干燥且昼夜温差大，为适应气候特点，其民居以厚实的外墙和相对封闭的院落空间围成了一个舒适的小气候环境，以抵御风沙。院落中以居住建筑为主，表现为"辟希阿以旺"式住宅。民居主要由外廊式的组合单元构成，各个单元相互交错，形成了含而不露、内向、私密和安全的特点。

（2）北部居民（以伊犁为例）。属温带大陆性气候，地处河谷，雨量充沛，因而在民居建筑布局上摆脱了封闭或半封闭状态。院落中以花园或果园为中心，居住建筑坐北朝南，院子在南面，院子另一侧为凉亭或厨房，三者形成拐角围合。

（3）东部居民（以吐鲁番为例）。天气炎热，全年气温在30℃以上达146天，气温高，降雨少。为避高温，当地维吾尔民居的庭院布局通常均呈现内向封闭或半封闭形式，庭院上方搭建一透空（柱间透空或以漏窗围合）的高棚，以利于空气流通。由于气温高热，吐鲁番地区的民居一般都有地下室和地上的晾房（用于晾晒葡萄干），从而形成了当

地传统民居的一大特色。[2]

虽然各地的维吾尔族民居受气候条件、民风民俗、经济、文化等多因素的影响而各具特色，但是更多的是民族本身信仰、风俗作用下的共性。例如，维吾尔族是一个热爱艺术、喜爱装饰的民族，这一点可以显而易见地从维吾尔族人的服饰、日用品、家居装饰等多方面看出，尤其是维吾尔族民居中的墙面装饰。

3. 维吾尔族的民居建筑室内装饰特点

维吾尔族民居外部虽然多用土坯砌成，造型简朴，少有粉饰，但内部却常常装饰得多姿多彩，别具匠心，与外部的淳朴、厚实形成鲜明的对比。室内既有活泼、精美的石雕花，又有大小不一、装饰华丽的壁龛，还有独具特色的拱形门饰和轻柔通透的轻纱，再加以色彩绚丽、对比强烈的彩绘，充分体现了维吾尔族热情好客的性格特点和对艺术的追求。

1）门廊

维吾尔族民居中的门廊多为拱形，很少出现矩形的边框，这不仅增加了室内的采光，更可使室内

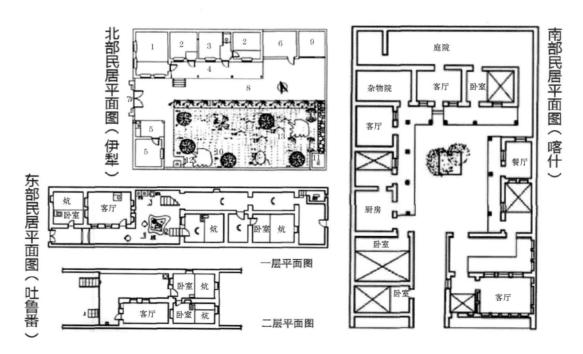

图 4.2.2　喀什、伊犁、吐鲁番民居平面图 [2]

装饰很好地与建筑风格相呼应。拱形的两侧多以石雕和木雕进行装饰，并添加各色的彩绘，门框顶部多用"加万"（维吾尔族民居中壁龛的一种）装饰，如图 4.2.3 左图所示。

2）墙面

维吾尔族民居墙面最大的特点就是用各种形式的壁龛进行装饰（见图 4.2.3 中图）。这些壁龛大小不一、形状各异，其中大壁龛可存放被褥，小壁龛可陈列日用品、工艺品、各种器皿等，整体简洁干净、色彩明亮，是室内墙面装饰最重要的部分。此外，壁龛、窗间墙和天花板边缘多用石雕花进行装饰，装饰纹样多以二方连续的几何图案和植物图案组成，变化中又不乏秩序感。

3）窗间墙

窗间墙的重点修饰位置是边缘，即与窗户左右边框相连的位置（见图 4.2.3 右图）。这部分的修饰也多为石雕，上部呈拱形，形态上来说可以看做门框和壁龛的结合体，只不过壁龛内放置的是窗户。装饰纹样充分利用拱形与直角之间的空间，将富含动感的花卉纹样填充进去，加以窗框内部色彩艳丽的窗帘，更为室内墙面的装饰增光添彩。

4. 维吾尔族的传统建筑、民居建筑、室内装饰及家具

受宗教信仰的影响，维吾尔族传统建筑、民居建筑、室内及家具风格相互影响、相互呼应，形成了独特的中国伊斯兰建筑及家具风格体系，其造型艺术、装饰手法、色彩运用呈现出一脉相承的特点。

1）维吾尔族传统建筑

维吾尔族的住房一般为土木结构的平房。经济条件好的人家住房讲究，设有廊房，并雕花纹或绘制图案。普通民居、墓陵、清真寺、高台民居等建筑构造、装饰等都具有独特、浓郁的民族特色，许多建筑物上覆穹隆顶，正中有个小塔楼，宏伟古朴、华丽肃穆，极具地域特色，给人耳目一新的感觉。维吾尔族通常用石膏浮雕、彩漆绘制、木刻图案、木雕组合、砖雕组合与金属花窗等来装饰建筑物，图案有几何图形组合、风景画等多种形式，所选用的题材、构图方法、纹样组合、调配色彩皆独具匠心、丰富多彩、个性鲜明。民居建筑墙壁较厚，拱形门窗，窗口少而且小，天窗较大，用来采光。屋内砌土坑，供起居坐卧，又有火墙、炉灶，以取暖、做饭。住房多成方形院落。大门忌向西开，房前屋

圆拱形门

墙面上的壁龛

拱形窗户

■ 图 4.2.3　民居的装饰特点（刘倩茹拍摄）

后种植果树、花木。屋前搭葡萄架，成一凉棚。有些住房还有较宽的前廊。[3]

2）维吾尔族民居建筑

维吾尔民居有着浓厚的维吾尔族建筑风格，其特色是在喀什的特殊环境和自然条件下，受到伊斯兰文化的影响，并经过数百年历史的演变而逐渐形成的。一般具有以下几个特点：

（1）民居院落平面布局，自由灵活。居民建筑的室内外空间布置都是根据具体条件的实际需要而定的，不受对称等概念的束缚，充分利用地形和空间修建。

（2）庭院有强烈的封闭性。这种特征既能满足维吾尔族人民家庭生活的要求，又能适应当地自然环境，起到防风防雨的遮蔽作用。

（3）外形简朴，变化多端。维吾尔族建筑组成建筑外墙的凹凸线脚不多，墙面大方流畅，户外大门多为两扇，庄重厚实，门上镶刻有图案花纹的铜、铁质护板压条，吊装两个碗大的门环供上锁用。沿街外墙用土坯砌成，抹上麦草泥，数十年甚至百年依旧如故。也有用白石灰涂刷的。

（4）室内建筑分为主人居住室、客厅，两侧多为子女和同代家族的住房。住室内不设木床，大家几乎都睡在填实的平整土炕上（不同于中国北方农村的火坑）。墙壁上则建有多层敞开式的墙壁柜，放置生活用品。客厅墙壁上的壁柜更有伊斯兰建筑装饰风格，多为拱形。大小不同的壁龛，数层不等，四周有维吾尔传统的石膏花边图案。有的壁龛则是石膏镂空花纹图案镶嵌在整个壁龛上。石膏雕花为蓝底白色花纹，一眼望去就是一幅民族特色鲜明的雕刻艺术品。住宅和客厅墙壁上还挂有和田地毯。大一点的庭院屋前一般有回廊，回廊立柱上雕刻有各种花卉图案，回廊下有木匠旋制出来的圆形、粗细、间隔、长短不一的木质护栏。回廊里有凉炕，铺花毡地毯。

3）维吾尔族室内装饰及家具

维吾尔族室内装饰及家具与建筑一脉相承，带有浓厚的伊斯兰风格。维吾尔族室内装饰的常见手法有彩绘、木雕花、石膏雕花等。

彩绘多见于顶棚、梁柱、廊枋等部位，绿色为底，间以黄、红，用黄、白线条绘制繁复密致的植物图案，富有流动感，象征着富贵永恒（图4.2.4）。

木雕花多用于房屋的门窗、横梁、圈梁、屋檐、

房顶彩绘

立柱彩绘

■ 图4.2.4　彩绘装饰（刘倩茹拍摄）

柱头等细部精工装饰。维吾尔人喜用S形旋木造型装点居室的楼梯、阳台围栏、灯架、柱饰等部位，木雕中疏密有致的纹样及S形线条的巧妙运用，表现出维吾尔族真挚朴素的生态情趣与内在生命世界的情感涌动（图4.2.5）。

石膏雕花是室内装饰的重要手法之一。石膏洁白、质软，易于加工，被广泛用于壁龛和壁炉装饰，使居室洋溢着生命节奏的律动之美（图4.2.6）。民居墙面用石膏镂出大小不等的壁龛，每个单元由弧线或曲线花边围雕成尖拱形，象征着感悟的获得与神圣精神的提升的宗教意义。壁龛充分利用厚墙的特点，可以为居室腾出更多空间。

此外，维吾尔人还喜欢用地毯装饰室内。维吾尔族的地毯工艺具有悠久的历史，它集绘画、雕刻、编织、刺绣、印染等手工艺于一体，或悬于厅堂之壁（称为挂毯），或铺于室内走廊，图案清晰明快、色泽绚丽，毯面光泽平滑，毯板挺实柔和、美观大方、经久耐用，是维吾尔人智慧的结晶。挂毯不仅具有保温的功能，更能美化居室。毛织挂毯用羊毛编织而成，其结法、用料、图案、样式与地毯相同，制作中十分注意将同类或对比色并置排列，充分显示色彩个性（图4.2.7）。

维吾尔族家具种类较少，家具集功能美与艺术美为一体，其装饰工艺都是维吾尔手工艺人祖祖辈辈传下来的，从不讲究装饰原则，而是即兴地创造优美的图案。维吾尔族家具装饰纹样富于变化，表现出维吾尔人对旺盛的生命力的追求。纹样种类繁多，多以维吾尔人生活中常见的花卉、水果以及植物的枝、蔓、叶、茎、花、蕾为主。箱柜类家具和桌案类家具多在表面铺一层白色镂空纱巾作为装饰。

木雕花　　　　　　　　木雕房顶

■ 图4.2.5　木雕花装饰（刘倩茹拍摄）

墙面上的石雕花　　　　　石膏雕花壁炉

■ 图4.2.6　石膏雕花装饰（刘倩茹拍摄）

■ 图4.2.7　民居中的挂毯（刘倩茹拍摄）

4.3　维吾尔族传统家具概述

4.3.1　维吾尔族传统家具的起源

1. 新疆维吾尔族家具发展中的影响因素

新疆维吾尔族家具的发展受到多种因素的影响，有的起到制约作用，有的则促进了家具独特风格的形成，还有的对家具的种类及样式起到了决定性的作用。总的来说这些影响因素可以概括为以下几点。

1）建筑风格

家具成为构成室内空间使用功能和视觉美感的第一至关重要的因素，而建筑风格又决定了家具风格的选择。家具设计要与建筑室内设计相统一，家具的造型、尺度、色彩、材料、肌理要与建筑室内相适应。反之，建筑室内所传达的设计风格，主要取决于家具的风格。维吾尔族建筑风格对家具的影响主要表现在造型元素及装饰手法上。维吾尔族家具的许多造型都是从建筑造型中借鉴来的，尤其是宗教建筑。最明显的就是壁龛。壁龛最早出现在宗教建筑上，基本都是在建筑物上凿出一个空间。在伊斯兰教建筑中，壁龛是清真寺礼拜殿的设施之一，设于礼拜殿后墙正中间的小拱门中，朝西表示穆斯林礼拜的正向。维吾尔族人将其改良和发展，成为民居中最具亮点的家具。维吾尔族民居中的壁龛大小不一、种类多样，壁龛中放置被褥、装饰品、日用品等各种生活用品。在满足功能性的同时，更具备极强的装饰性。

2）室内空间

家具设计和室内设计的基本点都是建立在"以人为本"的实用理念上，根本目的都是满足人和人际交往的需要。室内空间对家具的影响因素表现在空间对家具的制约上。空间大小不可随意更改，在家具的选择上应充分考虑空间大小。维吾尔族人喜欢群居生活，所以一家中常常是祖孙三代一起居住，每个家庭中都有不少于两个孩子，这时的房间就显得比较狭小。因此，维吾尔族人在不使用家具时多会将家具收起，故维吾尔族家具总是立方体的形状，很少出现复杂的曲线造型。此外，维吾尔族民居中的壁龛在制作时充分考虑了居室空间的特点，将家具融入了建筑墙体中，为居室节省了不少空间。

3）生活方式及习惯

家具是人类维持正常生活、从事生产实践和开展社会活动必不可少的一类器具，其基本特性就是满足人们日常生活的需求，所以人们的生活方式对家具种类及结构的形成起到了决定性的作用。维吾尔族的祖先最早过着逐水而居的生活，这就要求他们的家具一定要便于拆卸、运输，而且家具的重心偏低以保证运输中的稳定性。随着社会的发展和进步，越来越多的维吾尔族人选择了定居生活，使他们无须再考虑家具的随时移动。而如今，越来越多的维吾尔族人为了得到更好的发展，纷纷进入城市生活，这就要求家具更注重舒适性和便捷性。随着人们生活的日益丰富，家具的种类逐渐增多，而且越来越完善。

4）宗教文化

宗教是人类社会发展进程中的特殊文化现象，是人类传统文化的重要组成部分，它影响到人们的思想意识、生活习俗等方面。宗教在漫长的发展历程中形成了浩繁的书籍、绘画、建筑等宝贵财产，它影响着人们的思维方式、价值观、审美观等。宗教越发达的地方，艺术发展越盛，许多国家和民族的艺术充分地显示了这一点。在中国少数民族美术中都不同程度地显示出了宗教性，维吾尔族艺术更是如此。

从维吾尔族家具中仍能看见很多宗教的痕迹。例如前文所述的壁龛。再如，维吾尔族家具的装饰纹样中不会出现人和动物，这是因为伊斯兰教禁止偶像崇拜。伊斯兰教倡导和平的宗教，崇尚绿色，这在很多彩绘家具中都有所体现。

5）民俗文化

伊斯兰教希望团结，要求"穆斯林四海皆兄弟"。无论种族、语言、肤色存在多大的差异，只要皈依伊斯兰，相互之间都以兄弟相称。由于宗教的影响，维吾尔族人热情好客，每到逢年过节，众多的维吾尔人走亲访友、相互拜访，有时候来拜访的朋友能装满整个屋子。所以传统的维吾尔族人家都设有炕，炕上放矮桌，桌上放各种水果和自制的小点心。维吾尔族人欢聚一堂，坐在炕上，吃着新鲜的瓜果，聊着家长里短，是件再惬意不过的事了。所以维吾尔族人的家具一般比较矮小，以方便人们盘坐时使用。

此外，维吾尔族民居中很多家具并不仅仅用来满足人们的生活需求，更是人们精神文化的载体。例如，每一个维吾尔族孩子在躺在摇床前都要举行很重要的摇床礼。摇床礼是婴儿入摇篮的仪式，是维吾尔族人生礼仪中的一种重要形式，是一种意为"摇床上喜事"的家庭礼仪，在维语中称为"毕须克手托依"，相当于汉族人为孩子过满月的意思。

但在维吾尔族的习俗中，婴儿满 40 天才能给孩子举行摇床礼。而这个对维吾尔族人很重要的满月礼，不仅表示婴儿在人生道路上第二步的开始，也表示对产妇的美好祝福。行礼当天，按照习俗，首先准备一盆温水（这盆水称"满月洗礼水"）、40 个小木勺、40 个托喀其（小油馕）和一些阿勒瓦（一种用糖、羊油面做的甜面浆）等物品。随后将参加仪式的小孩排成一行，每人发一个木勺，让小孩依次从盆里舀一勺水浇到婴儿的身上，并叫着婴儿的名字说一句祝福的话，然后请一位剃头匠给婴儿剃去胎毛，最后给婴儿穿上漂亮的衣服放在摇床中。从此，婴儿就在摇床上休息睡眠，直到 3 岁左右。

2. 维吾尔族的多元文化特色

中国历史上的每一个民族都不是孤立发展的，尤其在文化艺术方面，每一个民族都要向其他民族吸收各种营养以丰富自己。每一个民族的形成发展过程，也是一个不断组合、分化、融合的过程。在维吾尔族家具中我们不难发现各种文化的痕迹。

自从西汉张骞出使西域开辟了这条始于长安（今西安），途经甘肃、新疆，联结了中亚、西亚的横贯欧亚大陆的"丝绸之路"后，这条传递东西方文化的长河在促进欧、亚、非各国和中国的友好往来的历史进程中扮演了重要角色。而新疆位于古丝绸之路的要冲，成为一个连接各种文化的重要枢纽，东西方诸多文化类型流经这里，得到了充分的汇集与融合。从出土文物中可以清楚地看出，这里在土著文化的基础上，曾汇入过西方的欧罗巴文化，东方的中原汉族文化，北方以匈奴为主的草原文化，漠北迁来的回鹘文化，中亚传来的阿拉伯文化、波斯文化和粟特文化，以及由印度传来的文化等。在宗教方面，这里的民族曾经信仰过萨满教、祆教、摩尼教、佛教、道教、景教和后来的伊斯兰教。[1]这些文化的汇入不断发展和丰富了维吾尔族本身的民族文化，形成了今日独具特色的维吾尔族文化。

1）草原文化

草原文化是除伊斯兰文化以外对维吾尔族民居及家具影响最深的文化。早期的维吾尔族祖先都是逐水而居，以畜牧业为主，水和草原是延续维吾尔族人生命的基本要素。这种游牧生活持续了很长一段时间之后才有部分维吾尔族人选择定居生活。所以维吾尔族传统家具中不可避免地具有草原文化的特征，传统家具的种类、样式等与藏族、蒙古族的传统家具较为相似，见表4.3.1。这些家具的特点主要表现在以下几个方面：

（1）轻便。这是由游牧民族的生活方式所决定的。由于在草原上生活的人常常因为部落争斗、牧场、气候等多种因素而迁移，这就要求家具必须轻便，以方便搬运、安装和摆放。

（2）矮小、稳当。这也是为了满足搬运的需求。矮小的家具，重心较低，在颠簸的搬运过程中能很好地保持平衡，也便于叠落，减小行李所占的空间。

（3）必备储物箱。游牧民族在迁移时需要将被褥、生活用品、杂物等收纳整理，储物箱是再好不过的收纳工具，而且在搬运中可以避免浪费空间。

（4）厚漆重彩。这取决于草原民族家具的材质，同时也和游牧民族黄沙戈壁的生活环境密切相关。生活环境的辽阔与苍凉，形成了他们喜欢鲜艳颜色的传统。红色是其家具的主色调。

表 4.3.1　藏族、蒙古族、维吾尔族家具种类比较

家具种类	藏族	蒙古族	维吾尔族
椅凳		 	
桌案	 		

家具种类	藏族	蒙古族	维吾尔族
床榻			
柜架			
龛			

2）中原汉族文化

自张骞出使西域，随着汉代对西域的统治，中原文化进入西域，对西域文化产生了深远影响。至今仍能找到中原文化对维吾尔族文化的影响痕迹。皮山县有个吐尔地·阿吉庄园，建于清朝末年，其建筑形式属本地传统建筑，但内部装饰多为汉风：梁檩彩绘；天顶藻井装饰以云头如意图案、回文图案、字不到头图案、寿图案；开窗中有花卉纹样；墙上所绘壁画，有花瓶、花瓶架、花卉与花果，其中有梅、兰、菊、竹、荷花、佛手、仙桃、石榴、寿字等，还将清朝官服下摆上绣的彩云升腾纹，以叠晕的方法画在墙壁上作装饰。另有西洋式挂钟、宫灯、画框，画框内画山水、建筑，画框下画有玉石挂坠及穗子，画框上画有钉子，犹如挂在米哈拉甫内墙上。另外，还用阿拉伯书法写有大量的古兰经文，有的饰以花果形，有的饰以多层深进的米哈拉甫之内。可见该主人吐尔地·阿吉非常喜爱汉文化。

3）中亚、西亚伊斯兰文化

从 10 世纪开始，影响新疆公众视觉审美的主要因素首先是宗教观念。在伊斯兰视觉审美创造与接受中，放弃了"长有眼睛的人物和动物"形象，转化为装饰图案和阿拉伯书法。伊斯兰教成为穆斯林为背景的少数民族审美观的基础，其中蕴涵着宗教、哲学和审美价值判断。这也就形成了单一伊斯兰体系的视觉审美创造与认知模式。这种模式以其巨大的影响力，渗透到穆斯林群众从视觉角度营造家庭空间与社会公共空间氛围的方方面面。例如，维吾尔人在家居装饰与服饰中比较偏好象征着伊斯兰教义所训导的干净、纯洁的白色、淡蓝色、草绿色；在室内大面积应用具有强烈对比效果的装饰图案；生活中处处可见手工艺装饰和甚至有些繁琐的几何、植物、阿拉伯文字纹样等，从而构成一种较为统一和相对稳定的公众视觉审美倾向。

此外，在内地，窗子的功能是透光，故将窗格做成各种几何形结构和极少数的物体形结构，再在上面糊上窗纱或窗纸。而新疆的窗子不仅为了透光，还为了透气，所以不需糊窗纱或窗纸。这样，窗格就必须密，让外面只能看到里面的影子而看不到真实形象。这里的窗格，有些与内地相同，而有些属于几何形组合，结构十分巧妙、精彩，在内地实属难见，这也是阿拉伯风格的影响结果。

4）印度文化

印度文化对新疆的影响主要表现在印度佛教文明的传入，以及在宗教上对维吾尔族人的精神的影响，这些影响最多地反映在与艺术形式相关的建筑、壁画以及其他艺术等方面。公元 1 世纪左右，佛教经克什米尔首先进到于阗，不久又经中亚传入新疆疏勒（今新疆喀什），此后沿着丝绸之路南北两道传播到且末、若羌、莎车、库车等塔里木盆地周缘的各个绿洲。"公元 4—5 世纪，佛教已成为新疆的主要宗教，进入其发展的鼎盛阶段。从这一时期形成了以大乘佛教为代表的丝绸之路南道的于阗佛教文化，以小乘佛教为代表的北道龟兹佛教文化，以及后来吸收中原佛教文化回传影响的吐鲁番盆地的高昌佛教文化，它们呈现出多种风格而大放异彩。"①这些文化特色不仅反映在佛教经典的翻译和佛教礼仪的改进上，更突出地反映在佛教美术文化上——大型佛教建筑雕塑、壁画及其他艺术造型。

5）少数民族文化

和其他少数民族家具一样，维吾尔族家具也具有中国少数民族家具的共性，主要表现在以下几点：

（1）反映社会历史面貌。如维吾尔族人家的花木箱，因材而用，结构简单，工艺原始，造型粗犷，反映了原始草原生活的历史面貌。

（2）表现宗教信仰色彩。如维吾尔族的矮桌反映了宗教礼仪；居室中西墙上的"买热普"朝向西边，也就是伊斯兰教徒朝拜的方向。

（3）反映民俗风情。如维吾尔族在将婴儿放进摇床前要先行"摇床礼"。

（4）寓意思想，寄托幻境。如维吾尔族家具装饰的各种植物纹，表达了对生命的热爱和追求。

（5）适应当地气候条件。如维吾尔族每家都有炕铺。

（6）密切联系生产、生活方式。如维吾尔族的花木箱，用材厚实，装饰精美，利于搬运，适应早期不定居的生活需要。现在的花木箱，造型、结构简单，便于批量生产。

（7）融合建筑内外结构。如维吾尔族的各式组合壁龛，与建筑融为一体，节省了居室空间，还具有功能性与艺术性相统一的特点。

（8）以素为主，重点雕饰。各族民间使用的家具大多不作涂饰而显露材质纹理，但比较讲究雕饰。如维吾尔族的摇床，材质普通，但彩绘有各种色彩

---

① 吴焯.佛教东传与中国佛教艺术 [M]. 杭州：浙江人民出版社，1996：288.

艳丽的装饰图案。

（9）就地取材。如维吾尔族的各种生活用具，大多就地取材制作，不拘一格。材料多为当地植物的木料，如白杨、柳树、枣树、杏树、桑树等。[1]

4.3.2 维吾尔族传统家具的种类与特征

1. 维吾尔族家具的种类与摆设位置

由于经济和文化的发展，维吾尔族居室中的家具发生了很大的变化，无论是从种类还是样式风格和用材上，都更符合现代化的生活特点。现在的维吾尔族家具处于传统与现代并行的时代。在民风淳朴的山区和村镇，维吾尔族家庭还保留着传统生活习俗，与其对应的住房结构和家具样式也较为传统；在小城市，经济发展的区域化使得一部分维吾尔人依然保有原先的生活方式，而另一部分则逐渐步入现代化；而在大、中型城市，由于经济发展较快以及大多数维吾尔人在日常生活中与汉族接触密切，已经很难看见传统的维吾尔族民居及家具，只有部分秉承传统习俗的维吾尔族人将自己的居室布置得既具民族风格又不乏维吾尔族的独特艺术魅力。

1）传统民居及家具

传统的维吾尔族家具的种类很少，只要满足基本的生活需求即可。家具的造型及装饰风格与建筑很相似，吸收了许多建筑文化的精髓。维吾尔族人的家庭条件不同，家里的家具种类和精美程度也不同。越是富裕的家庭，越追求华丽的民居及家具装饰。

表4.3.2按维吾尔族家庭状况分析了不同家庭的家具种类及样式特点。可以明显看出，在收入不是很高的家庭中，所有家当只有几个花木箱和一个火炉，偶尔有一些小型的家具。这些以农耕为主的居民，大多数时间是在屋外度过的，所以对家具的要求并不是很高，屋子只是用来睡觉和取暖用的。而在中等收入的家庭中，人们有固定的工作，生活内容较为丰富，家具的种类也有所增加。人们在较大的居室中放置炕桌，并在墙面上设置壁龛用来陈放更多的生活用具。这类家庭中的家具注重实用性，因此，在家具的造型和装饰上注重简洁、朴实的风格特点，适当地加一些装饰，但却不繁复。对于一些收入较高的家庭，与其说是家居用品，倒不如说是功能与美相结合的艺术品。因为在这些家庭中，人们对家具的要求已经不仅仅是满足生活的基本需求，更多的是对家具艺术性的追求以及通过华美的家具彰显出的财富、身份和地位。这类家庭中的家具种类丰富且装饰精美，充分地将维吾尔族的艺术和智慧发挥到了极致。

表 4.3.2　维吾尔族传统民居中的家具种类及样式

家庭收入	家具种类及样式		
低	 花木箱	 火炉	 简易支架

家庭收入	家具种类及样式
中	
高	

来源：刘倩茹拍摄。

2）现代民居及家具

随着人民生活水平的提高，越来越多的维吾尔族人在城市中拥有了自己的一个"小窝"。需要说明的是，这里所说的现代民居是相对于之前的传统民居而言的，之前所提到的传统民居指老式以土坯为主的维吾尔住房，而现代民居则特指城市的楼房住宅。

表4.3.3分析了在维吾尔族现代居室内的家具种类及样式。可以明显看出，维吾尔族现代民居中的家具种类更加完善，样式也更加丰富。总的来说，由于近代中国与俄罗斯密切的文化交流，使维吾尔族的现代家具带有浓厚的欧式风格。维吾尔族现代家具，脱开了传统的席地而坐的生活习俗，所以家具的高度不再表现出为满足盘坐动作而进行的设计。现代的维吾尔族家具的种类与汉族家具基本相同，只是在造型和装饰风格上保留了维吾尔族传统的艺术特点和浓厚的欧式风格。

值得一提的是，虽然经济、社会的进步使维吾尔族家具得到了跨越式的发展，但是维吾尔族人在吸收新文化的同时仍然能够保有自己的传统民族文化。例如，花木箱的传统被毫无更改地保留了下来；炕台、婴儿床则是在原有的结构基础上做了一些小的变化，使其更加符合现代审美及现代居室的使用需求。

表 4.3.3　维吾尔族现代民居中的家具种类及样式

摆放位置	家具种类及样式
客厅	 茶几 　　　　　陈列柜 　　　　　沙发  电视柜
卧室	 床头柜 　　　　　衣柜  床 　　　　　梳妆台
书房	 书架，书桌

摆放位置	家具种类及样式
餐厅	 壁龛　　 冰箱　　 角柜　　 餐桌，餐凳
厨房	 壁橱　　 炉灶
现代居室中的传统家具改良	 炕台　　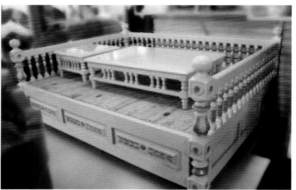 窗边炕台  花木箱　　 婴儿床

来源：刘倩茹拍摄。

2. 维吾尔族家具的总体风格特征

传统的维吾尔族居室中大多砌一尺左右高的土炕，土炕上铺有地毯或毛毡，人们平常的坐、卧都在土炕上，因此维吾尔族居室中除了婴儿摇床外没有其他椅、凳、床等家具。正是由于这种居住生活习惯，维吾尔族传统家具的种类很少，有的家庭甚至连摆放食物的炕桌都省了，仅由一张餐布取代，铺于居室中间。维吾尔族家庭大多是以夫妻关系为基础的小家庭制，一般家庭都是直系三代亲属同居，但大多数家庭除了老人外都有 1~3 个孩子，所以这种家具较少的居室特点为维吾尔族家庭节省了很大空间。与此相比，维吾尔族居室中的贮藏类家具种类就相对较多了，例如，陈列各种日用器具和存放被褥的壁龛、装饰精美的花木箱等。这些家具的特点是尽可能地与建筑墙体相结合（如壁龛），或者便于堆叠且充分利用墙角空间（如大小不一的花木箱）。除此之外，维吾尔族传统家具整体风格热情奔放，且与建筑及室内装饰风格统一；外部精美华丽，内部构造简洁；注重原始材料（如木材、石膏等）的运用；依据原始材料的特点进行雕刻、彩绘等装饰；体现出浓厚的伊斯兰装饰艺术风格。

但是，随着经济的发展和维吾尔人生活水平的提高，在不少现代化城市中的民居已失去了传统民居及家具的特点，维吾尔族现代家具无论在样式上还是在装饰上都偏于欧式风格，只是装饰纹样更好地结合了本民族的传统纹样。且除家具本身外，维吾尔人还增添了许多民族化的装饰物件，如挂毯、纱巾、手工艺日用品等，如图 4.3.1 所示。

方形小纱巾

圆形装饰盘

■ **图 4.3.1　现代民居中的装饰物件**（刘倩茹拍摄）

4.4 维吾尔族传统家具的造型艺术

4.4.1 维吾尔族传统家具形态的造型要素

1. 壁龛（表 4.4.1）

维吾尔族传统民居中的壁龛造型多样，高矮、胖瘦、边缘曲线各不相同。大多数壁龛都利用建筑结构特点，充分将形式美与结构美相结合，形成了维吾尔族独特的壁龛艺术文化。

表 4.4.1　壁龛造型要素

壁龛种类	造型要素
买热普	  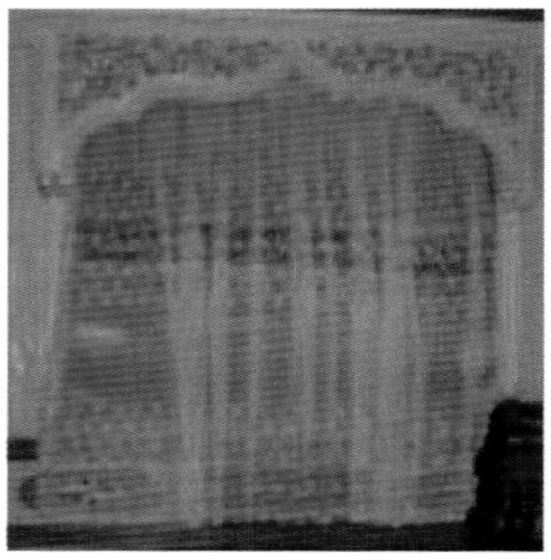 
加万	

壁龛种类	造型要素
塔克卡	
斯奎谢	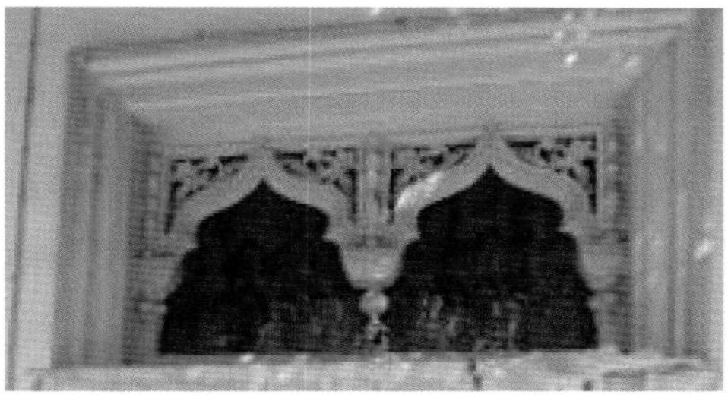
其他	

2. 花木箱（表 4.4.2）

维吾尔族花木箱的造型以方形为主，在底部、侧面、正面等多个位置加入了功能性的造型元素。如底部的短足使箱底免受摩擦；正面中间的竖条或圆形铁片是木箱上锁的位置；侧面有专门供人抬举的环形把手等。这些要素在具有功能性的同时也装点着木箱，并传播着维吾尔族的传统民俗文化。

表 4.4.2　花木箱造型要素

花木箱部位	造型要素
顶部	
正面	  
侧面	   
足部	  
锁	   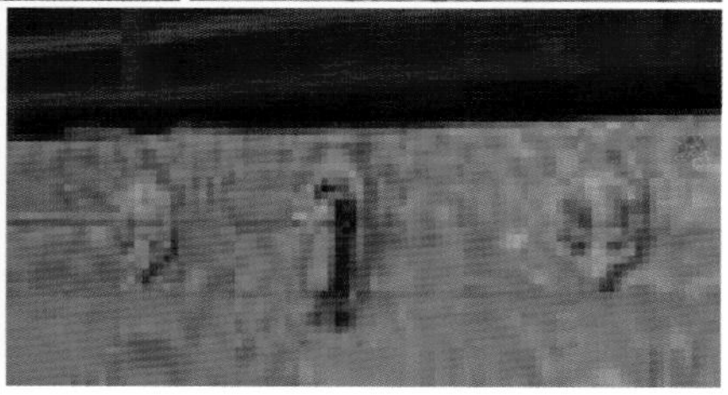

3. 摇床（表 4.4.3）

摇床各部分的造型是在满足功能性的基础上再进行设计的。所以除了小部分的变化之外，大体的造型不会相差太多。例如，每个摇床的顶部都有一根长杆作为手把摇动小床，手把上有很多突起的小柱体或者凹槽，这也是方便母亲们在手把上悬挂孩子喜欢的玩具，并防止滑动。至于手把的造型则在细小处有所差别。此外，摇床侧面的功能性就相对较弱，所以在制作时加入了大量的装饰，有的用大小长短不等的小柱体分多层构成一个平面，有的则在整个板面上雕刻了精美的图案。

表 4.4.3　摇床造型要素

摇床部位	造型要素
手把	
柱体	
侧面	
足部	

4.4.2 维吾尔族传统家具的色彩风格与规律

1. 维吾尔族传统家具色彩风格特征

维吾尔族在装饰色彩上的一个突出特点是喜欢用夸张、华丽、热烈、繁缛的色彩进行大面积的装饰,这种用色风格体现出强烈的"视觉炫耀"审美特征。从人类学意义上来说,大部分少数民族的服饰、建筑、器物的装饰风格都具有明显的视觉炫耀特征,维吾尔族也不例外。他们喜于利用视觉元素突显自我个性和身份,这是由人类普遍的炫耀心理决定的。正是在这种炫耀心理的作用下形成了维吾尔族建筑和家具如今的色彩装饰风格。此外,与其他民族一样,这些绚丽的色彩象征着美、善、生命力等正面价值观,是人们追求的目标,也是民族的审美理想和艺术理念的结合,决定了本民族艺术制作及艺术欣赏的基本倾向。

2. 色彩来源及其语义

1)绿色

在伊斯兰清真寺、拱北、麻扎等宗教建筑上,绿色被大量醒目地使用。绿色是中国穆斯林民居建筑的主要标志之一,是中国伊斯兰教建筑与其他宗教建筑上最明显的色彩区别。公元7世纪,伊斯兰教首先在阿拉伯游牧部落中产生和传播,对以沙漠为主的阿拉伯地区而言,绿洲是生命所在,象征着生命和希望,被伊斯兰教视为神圣之色。这是维吾尔族民居室内装饰必不可少的色彩之一。此外,古代维吾尔族逐水而居,植物是其衣食之源,所以维吾尔族至今还保留着对树木和其他植物的崇拜文化。

2)红色

在新疆,红色被大量使用在维吾尔族民居建筑室内外装饰上。维吾尔族丝绸及毛织物,如维吾尔式的挂毯、地毯、丝绸,也多以红色为主色调,这与维吾尔族早期的宗教信仰有关。在维吾尔族皈依伊斯兰教前,曾信仰过萨满教、祆教、佛教等多种宗教。萨满教崇拜大自然,太阳和月亮成为很多民族的自然崇拜物;而祆教又被称作拜火教,火的红色成为一种神秘之色,广为流传。此外,维吾尔族受汉文化影响,将红色视为庄重、喜庆、气派的象征。

3)蓝色

传统维吾尔族民居大多喜欢将居室墙面粉刷成天蓝色,也有的家庭将房门、窗、前廊立柱漆成蓝色。在民居建筑和饰物中的雕花、图案、条幅中,多将蓝色同其他色彩交织组合使用。这也与维吾尔族早期的宗教信仰和对自然的崇拜有关。

4)白色

白色被普遍用于维吾尔族民居内外墙壁、梁、柱和室内窗帘的装饰上。白色,醒目、洁净,不仅给人一种赏心悦目之感,也有利于增强民居的照明效果。新疆维吾尔族崇尚白色,主要是来源于中世纪伊斯兰教的发源地阿拉伯人在炎热的夏天喜用白色头巾遮阳的习俗。

5)黄色

对新疆维吾尔族人而言,黄色象征着黄土、大漠,代表着质朴、敦厚。此外,对黄色的喜好同样不可避免地受到中原汉文化的影响。[4,5]

3. 色彩运用规律

1)色彩三要素

维吾尔族传统家具的色彩除了材质本身的色彩外,主要表现在家具彩绘上,色调(色相)主要有红、绿、蓝、白、黄等颜色。在饱和度(纯度)上,维吾尔族人喜用高纯度的色彩,以带来强烈的视觉前进感,同时也展现出热情、奔放的民族性格,这与其他少数民族的色彩运用特点是相似的。而在明度上,他们喜欢用高明度的色彩增加室内亮度,吸引人们的注意力。

2)色彩组合

在一般的设计里面通常用到4种搭配类型,分别为单色搭配、相邻色搭配、互补色搭配和双互补色搭配,如图4.4.1所示。维吾尔族人最喜用互补色与双互补色这两种色彩组合类型，这种色彩运用的方法在建筑彩绘中体现得尤为突出。表4.4.4是维吾尔族传统纹样中色彩组合运用的一些案例。可以清楚地看出，维吾尔族人在色彩组合方式选择上

除常用的4种组合方式外，还经常将各种组合方式混合在一起使用。例如，相邻色与互补色的结合，这种色彩组合方式可以使图案本身既有强烈的视觉冲击效果，又不会显得杂乱无章。

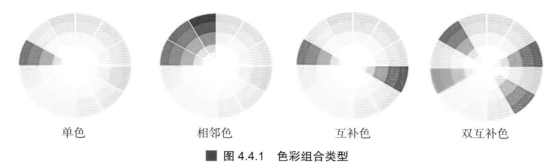

| 单色 | 相邻色 | 互补色 | 双互补色 |

■ 图 4.4.1 色彩组合类型

表 4.4.4 维吾尔族传统图案色彩组合

色彩组合类型	维吾尔族传统图案	色相环参考
单色		
相邻色		
互补色		
双互补色		

3）色彩运用规律

维吾尔族在装饰中的色彩运用手法丰富多彩、变化无穷。工匠们从不会刻意地遵循特定的美学规律，只是最真诚地表达对美的追求，所以维吾尔族工匠们在制作家具时也只是按自己的喜好为家具填充上最美丽的色彩。这种色彩运用的习惯不仅仅存在于家具中，在建筑、服饰、手工艺品、农民画等多种艺术形式上都是相似的。维吾尔族色彩运用的规律可以大体总结为以下几点：

（1）高纯度色彩的强烈对比。维吾尔族人喜用视觉冲击极强的对比色进行装饰，这些色彩都是高纯度、高明度的色彩。但为了避免杂乱无章的色彩堆积，维吾尔族人在对比色的使用中总是集中地选择1~2种主色调进行大面积的对比，而其余的色彩更多的是对主色调的丰富。这些辅助色彩有的是与主色调相邻的单色，有时也会选择与主对比色相邻的互补色进行修饰。以维吾尔族花帽（图4.4.2）为例，每个花帽都有自己的主色调，一种、两种色彩不定，在这一对主色调的对比上再加上精美的细部装饰。

■ 图 4.4.2　花帽色彩（刘迪拍摄）

（2）依造型特点用色。维吾尔族人总是喜欢在制作好的家具及工艺品上再进行涂色装饰，尤其是木材制作的物品，因此在上色中为了使色彩与物品本身的结构特点和谐统一，维吾尔族人总是充分利用木质物品的造型特点进行色彩喷绘。以维吾尔族的摇床（图4.4.3）为例，摇床上方的长杆及4个角垂直的栏杆多被雕成一节一节的鼓形柱体，上色时，维吾尔族手工艺人会协调柱体造型本身的秩序感，尽量做到一节鼓形一种色彩，如此完成一节一节的色彩喷涂。个别摇床为体现木材本身的色彩，会尽量减少喷涂，所以在绘制图案时，更加注重图案和色彩的整洁，在为对称的造型进行装饰时注重色彩和图案的一致性。此外，在摇床长边的两个侧面经常会有精美的木雕，这些部位在上色时更多的是依据雕刻纹样填色或进行不同色彩的平面纹样补充。

（3）精细装饰处弱化色彩装饰。木雕、石膏花雕是维吾尔族家具中使用最多的装饰手法。在这些精美雕刻的基础上，维吾尔族常常还喜欢用彩绘进行修饰，但这种彩绘只是起辅助作用，所以并不像建筑彩绘和部分家具彩绘那样选用极其艳丽的对比色，在这些精细装饰的部位往往会弱化色彩的装饰。以壁龛为例，维吾尔族人家的壁龛多为精美的石膏雕花，由于石膏以白色为本色，较为单调，所以聪明的维吾尔人常用各种颜料为整片的石膏雕花填上色彩（图4.4.4左图）。这里的色彩装饰不像花木箱的色彩种类那么多，也不会选用高纯度、高明度的色彩，而是用素色平涂，重点突出石膏雕花的华丽。

■ 图4.4.3 摇床（来源：搜狐社区）

此外，维吾尔人喜用木材，所以木雕是最常见的装饰手法之一。在很多维吾尔民居、家具及手工艺品的装饰中都能够看见精美的木雕工艺，这些木雕中雕刻精细的作品大多以木材本色呈现，表层加涂漆处理。而有些雕刻纹样简洁的木雕作品则会在表层用各色的彩绘进行装饰（图4.4.4右图），这种装饰效果将平面与立体很好地融合在一起，同时又融入了丰富的色彩，受到广大维吾尔人的喜爱。这些彩绘多与木雕的纹样进行结合，如在叶子的形态处用绿色彩绘，在花卉图案处用红色装饰等。这种用色的目的是使纹样本身更具真实性，更醒目。

（4）注重色彩单元的秩序性。维吾尔族室内及家具装饰使用了多种装饰手法和各种艳丽的色彩，但仍然不会带来视觉上的眼花缭乱，最主要的原因是他们很讲究装饰的秩序感。在纹样上体现在对称的效果上，如二方连续、四方连续等，而在色彩的应用上则特别注重色彩单元的统一性，这样带来的规律性体现出整齐的秩序感。例如摇床四角的立柱色彩分布统一（图4.4.5左图），花木箱色彩的布局和分布上下、左右对称（图4.4.5中图）等。此外，在壁龛上一个个独立的小龛内常用同样的色彩进行背景装饰（图4.4.5右图）。

壁龛装饰色彩（刘倩茹拍摄） 　　　　摇床木雕色彩[7]

■ 图4.4.4　精细装饰处弱化色彩装饰示例

色彩一致的摇床立柱 　　　花木箱图案 　　　小壁龛

■ 图4.4.5　注重色彩单元的秩序性示例

（http://www.photo100.com）

4.4.3 维吾尔族传统家具的艺术风格特征

1. 装饰手法

维吾尔族传统家具的装饰有很大一部分来源于建筑，在很多传统家具上都可以看见建筑的影子，尤其是宗教建筑。表 4.4.5 是维吾尔族传统建筑和家具装饰手法的对比。显而易见，除去材质的限制，维吾尔族家具的装饰手法很好地继承了建筑装饰中的精华。诸如刻花砖、琉璃砖、木拼花、拼砖花等装饰手法只能用于建筑装饰中，这是砖材本身的质地所决定的，所以在家具中不会出现。

表 4.4.5　维吾尔族传统建筑及传统家具装饰手法对比

装饰手法	木雕	石膏雕花	镶嵌花	彩绘	刻花砖	琉璃砖	木拼花	拼砖花	镂空花	木雕花
建筑	√	√		√	√	√	√	√	√	√
家具	√	√	√	√					√	√

1）木雕

维吾尔族认为木材是最朴实的材料，但在新疆这个本来就干旱少雨的地区，木材较为珍贵，所以只有在清真寺、麻扎（陵墓）等宗教建筑和巴依（财主）的住宅中才能见到大量使用的木材。在建筑装饰中木雕经常被用在柱形上，尤其在头部；而在家具装饰设计上，维吾尔族人仍然延续了这一惯用装饰手法。

以最著名的喀什的摇床为例（图 4.4.6）。摇床全部由木材制作，高约 70cm，长约 100cm，宽只有 50cm，整个摇床的制造不用一颗钉子，全部为榫卯结构，不仅精致美观，而且结实耐用。摇床大量地采用了木雕的装饰手法，有的摇床在长边的两端装饰有 S 形的平面，上面雕刻精美的植物花纹。两侧面之间连接一根雕有花纹的木杆，这样妈妈们就可以通过中间的木杆摇动摇床。如果要在屋外做活，只需在横杆上拴一根长线就能边干活边摇动摇床。在夏天，这根木杆（手把）又可以用来支承蚊帐，保护孩子免受蚊子的侵扰。

2）木雕花

木雕花的装饰手法与木雕很相似，只不过多雕刻一些细致、精美的植物、花卉图案。从楼兰出土的文物来看，这种传统工艺至少沿袭了 2000 多年的历史。在维吾尔族住宅中，多用在门楣、房檐板

木雕摇床（刘倩茹拍摄）　　　　　　手工雕刻摇床[8]

■ 图 4.4.6　木雕装饰

以及柱子的头、身、裙、底座等处；而在维吾尔族传统家具中，除了用在摇床的侧面，还经常用来装饰花木箱，还有少数用来装饰壁龛。维吾尔族人家的花木箱基本都是木制的，常用木雕、镶嵌、彩绘的手法进行装饰。木雕的花木箱（图4.4.7）多以花卉图案的装饰为主，少有菱形，通常在外面涂上一层保护漆，这样不仅使花木箱在视觉上更加通透、明亮，也能够更好地保护木头本身，增加使用寿命。

3）镶嵌花

镶嵌花是维吾尔族人在制作花木箱时最具特色的装饰手法，而这种装饰手法并不在建筑装饰中出现。在维吾尔族朋友家走动，我们总会在卧室或者客厅里发现一两个非常考究的木箱，箱子做得富丽堂皇、精美非凡。

关于花木箱的来历有一个美丽的传说。据说箱子是在俄罗斯开始流行的，出嫁的姑娘为了不失身份，都有箱子作陪嫁。不知过了多少年，有一个美丽的姑娘要出嫁了，在结婚当晚新娘忽然梦见箱子冒出金光，醒来后她急忙打开木箱，看见了自己镶着金边的嫁衣，她顿时想到了什么。第二天她请来工匠，按着梦中的情景和嫁衣的样式，给木箱画上了花纹，镶上了铜皮，那木箱立刻华丽起来，姑娘也从此更加美满幸福。而俄罗斯箱子从此变成了花

木箱，成了维吾尔族婚俗文化中不可缺少的一道风景线。

镶嵌花木箱是用小铁钉将金或银色马口铁皮细条钉在花木箱的正面，两侧和顶上采用网格、方形或菱方套纹，按菱、方、半圆、云、八角、正及三角编镶成各种对称图案的箱子，这种箱子多以黑、棕、绿等颜色为底，花纹细密紧凑、熠熠闪光，给人以富丽堂皇之感，如图4.4.8所示。

4）彩绘

彩绘在建筑装饰中非常常见，多用于宽大的顶棚、梁柱、廊枋等部件。一般以蓝色、绿色为底，用黄、白线条绘制繁复致密的图案，华丽繁缛的纹样枝长叶卷、缠绕不绝，富有流动感与连续感，象

镶嵌花木箱

花木箱

■ 图4.4.8　镶嵌花装饰 [7]

■ 图4.4.7　木雕花装饰 [7]

征着富贵永恒。在维吾尔族传统家具中这也是一种极其常见的装饰手法，最有特色的就是婴儿摇床和花木箱，有时也用来作为壁龛的辅助装饰手法。

前面介绍了维吾尔族摇床。在摇床的床帮和床脚多刻有大小不等、图案各异的花纹，在这些花纹上面常用红、黄、绿、金、蓝等颜色的漆进行彩绘（图4.4.9左图），色彩艳丽、对比鲜明，不仅得到孩子的喜爱，也使摇床放在屋内更加显眼。摇床的木雕多为一段一段的鼓形圆柱，在彩绘时常常以这些鼓形圆柱为单位，用不同的颜色隔开。个别面积较大的鼓形圆柱上有时还装饰有双色的几个条纹，简洁、明快。摇床4个角上的柱子在彩绘时很注重色彩和样式的对称，表现出强烈的秩序感。

此外，彩绘也是花木箱制作中的重要装饰手法之一。彩绘的花木箱多在箱面中心绘制一组花篮式

的纹样（图4.4.9右图），其他区域则多用牡丹、芍药、玫瑰、芙蓉、百合花、石榴花等花朵及花蕾、果实、枝叶自由组合而成，装饰华丽、色彩喜庆、纹样丰富，恰似百花盛开，争相斗艳。

5）石膏雕花

石膏花被广泛用于维吾尔族居室内的壁龛、壁炉上（图4.4.10）。石膏质软、洁白、细腻、易于加工，在维吾尔族民居建筑中用石膏做出的壁龛群最具特色。在墙面用石膏镂出大小不等的壁龛，小壁龛可以放置日用品、工艺品、装饰品等，大壁龛可放置衣服被褥，弧线形或曲线形花边将壁龛围雕成活泼的尖拱形。作为宗教建筑符号，尖拱象征着抽象感悟的获得与神圣精神的提升。大小不一、造型各异的壁龛使笨拙的墙面显得生动，使居室到处洋溢着生命节奏的律动之美。

彩绘摇床[8]

彩绘纹样[7]

■ 图4.4.9 彩绘装饰

壁龛

壁炉

■ 图4.4.10 石膏雕花装饰（刘倩茹拍摄）

2. 装饰题材及纹样

维吾尔族家具的装饰题材与建筑类似，多来源于宗教、自然、基本形以及人民自身的生活。维吾尔族历史上曾信仰过多种宗教，所以不可避免地将各种宗教装饰纹样纳入自己的装饰文化。维吾尔族家具的各种装饰花纹大体可以分为以下几类：

（1）植物花纹，主要有巴旦木、石榴花、石榴、桃花、无花果、葡萄、波斯菊、忍冬、玫瑰、月季、西番莲、杏花、牡丹、梅花、芙蓉、佛手、棉花、芍药、葵花、水仙、百合、麦穗、菊花、蔷薇花、马莲、柳条等。此外，还有新疆常见的瓜果类（比如西瓜、哈密瓜）等各种植物的枝、叶、蕾、藤、蔓、芽、种子等。

（2）几何形花纹，主要有直线、曲线、圆形、方形、三角形、六角形、多角形、菱形、鱼鳞形、蜂房形、回纹、十字纹等。

（3）乐器花纹，主要有热瓦普、弹拨尔、都塔尔、萨塔尔、艾介克等。

（4）书法纹样，主要为古兰经经文、诗歌和圣贤的至理名言等文字的优美书法变形。

（5）其他纹样，比如以星、月、水、火、云等为主的自然景观和各种兵器纹样。[6]

概括起来，新疆维吾尔族传统家具的装饰具有以下特点：

（1）装饰手法很大程度上借鉴了建筑装饰的精髓，以木雕、石膏雕、镶花、彩绘等手法将精美的纹样立体化，并且更加精美、华丽。

（2）由于伊斯兰教严禁描绘人物和动物，所以家具的装饰题材多来源于日常生活，以几何形态和植物纹样为主，较多地表现植物的茎、叶、花、蕾、果以及藤蔓等程式化的植物花纹，并与经文、诗歌及名言用维吾尔族文字的书法形式相结合。

（3）构思巧妙、结构精巧、变化无穷。以植物、花卉、几何图案为主，根据空间位置采用二方连续、四方连续的形式，并用对称、并列、交错、连续、循环等手法进行构图。

（4）不仅具有东方文化韵味，还吸收了以阿拉伯、伊朗等中亚、西亚地区为主的西方艺术的风味；既继承了佛教、道教、萨满教、基督教、祆教、摩尼教和其他拜物教的装饰文化，又融合了汉、回、哈萨克、蒙古等多民族的文化特点。

4.5 维吾尔族传统家具的用材与结构

4.5.1 维吾尔族传统家具的用材

维吾尔族家具多因地制宜地取材用料。由于受新疆地理位置、海拔、气候等影响，传统家具的用材也有限。在南疆、东疆地区，因干旱缺水，树木种类很贫乏，主要以灌木为主。但在塔里木有大面积胡杨分布，栽培树木有杨树、榆树等。而北疆地区较为湿润，树木种类比较丰富，天山北坡分布有大面积的雪岭云杉，还有方枝柏、疣枝桦、欧洲山杨等；在伊宁地区果子沟有大面积野生苹果、樱桃李、野胡桃、天山酸樱桃等。图4.5.1所示为新疆植被分布图。

■ 图 4.5.1　新疆植被分布

（来源：新疆维吾尔自治区测绘局）

1. 石膏

石膏质软、洁白、细腻、易于加工，但耐水性差，不宜用于潮湿环境中，在新疆的干旱环境中是低成本、易加工、最适合作为装饰的材料之一，广泛用于维吾尔族传统民居室内天花板、墙面的装饰，尤其是室内壁龛的装饰。石膏是维吾尔族家具中使用最多的雕刻材料之一。

2. 松木

松木是北方最常见的树种。新疆分布的松木以西伯利亚落叶松最为常见，主要分布在新疆北部的阿尔泰山脉附近。松木的生长周期长、年轮细密，木材的质地柔韧，树木的含油量低。松木的特点是色泽天然，纹理清楚美观，经久耐用，弹性和透气性强，多用来制作镶嵌花木箱的白坯（铁皮条就镶嵌在白坯上）。

3. 杉木

杉木是中国分布较广的用材树种，东部和中部是杉木的中心产区。新疆的杉木多以雪岭云杉和西伯利亚云杉为主，主要分布在伊犁河谷和天山以北地区。杉木的纹理通直，结构均匀，不翘不裂，材质轻韧，强度适中，质量系数高，具香味，材中含有"杉脑"，能抗虫耐腐，是维吾尔族传统家具中常见的用材，多用来制作镶嵌花木箱的白坯。

4. 核桃木

核桃木在中国北方、南方均有生长。核桃木为硬木，硬度中等至略硬重，纤维结构细而均匀，有较强韧性，特别是在抗振动、抗磨损方面性能优良，具有一定的耐弯曲、耐腐蚀性。质地坚硬的核桃木很适合作为雕刻的原料。维吾尔族传统家具和建筑中木雕部分很多，常选用核桃木进行雕刻，如雕花木箱等。

5. 榆木

榆木主产于温带，遍及北方各地，是新疆分布最广的树种之一，多以白榆为主。榆木的木性坚韧，纹理通达清晰，硬度与强度适中，一般透雕、浮雕均能适应，刨面光滑，弦面花纹美丽，有鸡翅木的花纹，是维吾尔族主要家具与室内装饰用材之一。榆木经烘干、整形、雕磨、髹漆后可制作精美的雕漆工艺品，在北方的家具市场随处可见。榆木质地较硬，多用来制作雕花木箱、摇床等需要雕刻的家具，也在室内木雕装饰中应用广泛。

6. 杨木

杨木是中国北方常用的木材，其质细软，性稳，价廉易得。新疆的杨木以胡杨为主，分布较广，南疆以塔河流域为主，北疆则在木垒和乌苏等地有分布，但90%以上都集中在塔里木盆地。维吾尔人常用杨木做花木箱的原材料。杨木去皮之后里面的木头光滑、裂纹少，并且很耐用。

7. 其他

除了以上几种材料外，维吾尔人还常用红柳、沙枣树、柳树、杏树、枣树、桑树等木料制作家具和生活用具。很多生活器皿都是用各种植物的枝条截成小段后用手工编织而成的。

4.5.2 维吾尔族传统家具的生产工艺特点及结构

维吾尔族传统家具的种类较少，每种家具依据功能、用途、摆放位置等的差异，其生产工艺和结构特点也不同。其中最具代表性的就是壁龛、花木箱和摇床，下面主要介绍这3种传统家具的生产工艺特点及架构。

1. 壁龛

壁龛制作工艺中最重要的是石膏雕花的部分。石膏雕花的制作方法有两种形式：一种是传统的桑皮纸拓绘式，即在雕花之前用桑皮纸做粉本反复拓绘出底花，再用针或铁锥按花形纹样扎或烫成小孔，一次可做数十张。如果需要，可用其做底稿再复扎或烫，工匠世家就是用这种方法保留花样的。为了防止粉本丢失，凡是传统纹样，所有艺人都是口传心授，把程式化的画稿记在心中，不留粉本。另一种是模翻式，由于这种方式简便、成本低、效率高，是目前使用最多的雕制方法。特别是大型石膏花装饰，多先制木模，再翻成毛坯，然后精心雕刻拼接镶嵌在墙壁上。除此之外，还有直接雕、模戳等形式，但都不常用。

石膏雕花造型在新疆伊斯兰建筑中变化多样，并十分讲究，不同的墙体造型体现出不同的纹饰造型。墙体造型主要分为赛热甫、米合拉甫、娜姆尼亚以及门楣、廊柱等部位；纹饰造型主要有花瓶形、拱券形、圆形、方形等。米合拉甫是伊斯兰建筑中凹形的龛形，整个墙体是立体造型，是清真寺所共有的建筑形制，也是清真寺内最圣洁的地方，是用来讲经的重要地位，朝向麦加，主要有拱券形造型。赛热甫是圈梁以下的墙顶边缘窖龛周边的带状部分。娜姆尼亚是平面的龛形，是普通百姓为了祈祷心中的安拉，把立体的米合拉甫做成平面的娜姆尼亚，并在其中绘满图案，装饰壁饰。此外还有立体壁龛式，主要是将大面积的墙体做成多个贮藏物品和摆放工艺品的壁式，在民居中大量运用娜姆尼亚龛形和立体壁龛形。娜姆尼亚龛型运用多个拱券形并置形式，周边用大面积花形图案和几何图案组成。在吊灯顶盘处多以圆形和多角形形成高低起伏、形式多样的造型形式。

伊斯兰建筑装饰艺术讲究变化与统一、对称与均衡、条理与反复、动感与静感、节奏与韵律，构成形式纷繁复杂，令人眼花缭乱。整个构图饱满，每幅画面中没有空白，这一构图形式遵循了伊斯兰艺术不喜空白的审美追求和艺术形式。另一方面，伊斯兰教认为："空间是魔鬼出没的地方，故应以稠密的纹饰填满空间，阻止魔鬼活动。"

在透视中，西方美术通常运用直线透视法构成画面的空间和立体感，关注物体的体积。而在伊斯兰建筑中，美术则不讲究线性透视，没有平行线和消灭点的概念。不管是哪种图案，都没有固定的视点，在移动中从不同的角度来观看都可以取得不同的效果，常常是多个角度来反映一个事物。同时还可以随心所欲地左右延伸，表现了一定的灵活性，这与中国画中的散点透视有共同之处。

2. 花木箱

维吾尔人家的木箱主要有镶嵌花木箱、彩绘花木箱、雕花木箱3种。

镶嵌花木箱通常用松、杉木制作，两侧与盖面均用金、银、红、绿等色马口铁皮裁细条，在箱面上镶嵌成各种图案，其图案有彩色菱格式、花卉图案式、彩漆印花式、几何形套纹式、镂花纹式等。图案结构严谨，花纹细密多变，色泽绚丽夺目。彩绘花木箱的箱面中心用彩色油漆绘花篮式图案，并于各角处加角隅纹。花卉多采用牡丹、玫瑰、芙蓉、芍药、百合、石榴等，并将各种花、叶、蕾、实自由结合，呈百花争艳、繁茂多彩之势。雕花木箱一般用核桃木、榆木等优质硬杂木料制成，其正、上和两侧均雕花纹，图案大多用3组不同的方、圆形做主体花，外饰数层二方连续纹样。这种箱一般不着色，朴实无华，富有特色。

花木箱做工比较讲究，图案构思奇特，富有浓郁的民族特色。有的高档花木箱还设计有音乐，打开箱盖时会发出美妙的乐曲，给人以奇妙之感。过去，基本上每个维吾尔人家，进门首先看见的是炕上放置的一个桑杜克大木箱，这个箱子是专门用来存放贵重物品的。维吾尔家庭的居室内都有各式各样、大小不同的木箱，除有实用价值外，还有一定的装饰作用。花木箱除用来盛衣物等东西之外，许多少数民族还用其来做点缀家庭的装饰品，摆在醒目的地方，具有实用和陈设的双重作用。

维吾尔人制作这种箱子的原料多数采用的是杨木。杨木去皮之后，里面的木头光滑、裂纹少，并且很耐用，在伊犁这边也很好找。木箱子的半成品是从木匠手里买来的，自己不做。首先，买好箱子，然后专人给上一层铁皮，铁皮厚度只有0.25cm，这一步要注意铁皮和铁皮的结合处必须缝合得很精密。然后就是用铁皮丝在上好铁皮的箱子上勾勒出花纹，要求手艺必须熟练、有经验。还有一种先是在箱子的图片上留好需要钉贴片的地方，然后再拿模子直接在上面敲出图案来。两者都差不多，都要求做出的花纹不但可以增加箱子的立体效果，而且不能影响箱子的光滑。最后一道程序就是用钉子钉好，要求平整，摸上去没有钉子的任何感觉。很多维吾尔族手工艺人的手艺都是世代祖传的，他们不用图纸，在制作过程中即兴地设计一些好看的花纹。[7]

3. 摇床

维吾尔族摇床一般高 60cm、长 100cm、宽 40～50cm。这种摇床全用卯眼和榫头嵌镶而成，不用一枚铁钉，和汉族的摇篮有异曲同工之妙。木制制作相当讲究，极富装饰性，床帮和床腿都雕有精致的花纹，漆成红、绿、黄、白、蓝等各种颜色（图 4.5.2）。横向两端的床腿用一弧形木条连接，可以左右摇晃。其他大部分是用选好的各种花木棍铆成。

随着工业的发展，现在摇床的部件多用电机加工，可以说是半自动化了。摇床外观色彩艳丽、美观大方、经济实用。由于造型别致、色彩艳丽，维吾尔人开始加工只供玩赏的小摇床供游人选购，颇受欢迎。

除了摇床本身外，一般还要配备一些其他物件。首先把贾克（用来接婴儿大小便的容器）放置在位于摇床圆洞（男女使用的不同）的下方，使排泄物通过木制的尿管流入贾克。在贾克和圆洞的接触面上放贾克罩，还要在它周围放 4 个大小约 15cm 的膝盖枕，膝盖枕上铺上与摇床大小一致的褥子，称作奥达，一般有两张。奥达中下方也有与摇床洞对应的圆洞。奥达上方又是一个软绵绵的棉褥子，再铺上床单，头部放置一个适合婴儿的小枕头。完成以上步骤后，就可以把婴儿放在摇床里了。摇床一边有两个宽约 15cm，做得非常精致的带有里子的长布（包扎带，帮带），用于固定婴儿的脚。如果是男孩，就在小枕头下面放一把小刀；若是女婴，则放一块镜子，以免孩子在晚上做噩梦。摇床头一般还挂有狼壁石或土壤，也是为了陪伴婴儿。孩子躺下后，要盖上色彩艳丽、精致的布料，称为摇床盖。摇床的上方有一摇床把（图 4.5.3），不仅有摇动床体的功能，而且可用来手提或肩扛摇床，非常方便。[7]

■ 图 4.5.2 摇床彩绘 [7]

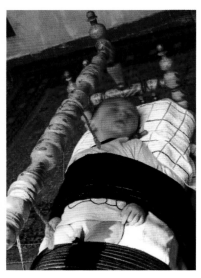

■ 图 4.5.3 摇床上的孩子 [7]

4.6　维吾尔族传统家具经典赏析

维吾尔族住宅的院内外非常洁净，一般民间室内家具比汉族少，常用的有炕桌、食物柜、贮藏柜、壁龛、花木箱、花架、婴儿摇床等。生活用具放贮藏柜或壁龛中，衣服放木箱或皮箱内，或挂在衣架上，外盖绣花布幔纱巾。城市居民中有不少受汉族和外来人的影响，现也多用桌、椅、大衣柜、五斗柜、床等家具，造型上根据民族习惯、信仰和爱好加以画案变化，装饰性较强。

1. 坐卧类家具

由于维吾尔族传统民居中多砌土炕，坐卧都在土炕上，因此室内没有床、椅、凳等坐卧类家具。婴儿摇床是家庭中唯一的床具，这与维吾尔族的摇床礼密切相关。

1）土炕（图 4.6.1）

土炕是维吾尔族传统民居中必不可少的一部分，是维吾尔人日常生活中的主要坐卧用具。这种

室内土炕（刘倩茹拍摄）

院落中的凉炕（http://xj.ts.cn）

乌鲁木齐吐玛丽萨宾馆室内炕台（刘倩茹拍摄）

居室中的炕台改良（刘倩茹拍摄）

■ 图 4.6.1　土炕

炕台全部用土夯成，用横木和刨线的木板做炕沿，近几年也有用水泥和砖做炕沿的。室内土炕占据了房屋内的大部分空间，只在进门的位置留出一条走道。土炕一般与炉灶相连接，冬天既可以做饭又可以取暖。维吾尔族传统民居室外也常设凉炕，供夏季乘凉使用。凉炕比室内土炕高，为50~60cm，与我们平日的椅凳高度相差无几。

2）婴儿摇床（图4.6.2）

婴儿摇床结构独特，是功能及艺术的结合体。

就像每个庭院有座镶炕一样，摇床也是维吾尔族人家不可或缺的生活用品。

2. 桌台类家具

维吾尔族民居中的炕桌（图4.6.3）与蒙古、东北等地区的炕桌类似，样式和普通桌子的形状相同，4条腿，高20~40cm。与其他地方不同的是，维吾尔人喜欢在炕桌上铺一层桌布或装饰精美的白纱。为了保持桌布的洁净，有的家庭还会在桌布上再铺一层塑料软垫。

（来源：北京服装学院特色资源库）

（刘倩茹拍摄）

■ 图 4.6.2　婴儿摇床

长炕桌（刘倩茹拍摄）

方形炕桌（http://www.lvse.com）

■ 图 4.6.3　炕桌

3. 橱柜类家具

1）花木箱（图 4.6.4）

花木箱是维吾尔族人居室内重要的摆设，给人以富丽堂皇之感。

2）壁龛（图 4.6.5）

维吾尔族传统的居民住房一般没有柜子等家具，房内墙面多开壁龛，大小不等，构成各种图案，与整个墙壁浑然一体，用于放置被褥、器皿、食品等家庭日用品。有的壁龛还精心构成各种几何图案，既是放置日用品的地方，也是装饰家庭的艺术品，并喜欢在墙上挂壁毯和用石膏作装饰。

大小叠落的木箱

喀什街头的花木箱商铺

■ 图 4.6.4　花木箱

喀什高台民居壁龛（来源：数码摄影论坛）

喀什骑仕大观园壁龛（刘倩茹拍摄）

喀什高台民居壁龛内的陈设（来源：数码摄影论坛）

壁龛中陈列的生活器具（刘倩茹拍摄）

■ 图 4.6.5　壁龛

4. 其他生活器具

1）木质器皿（图 4.6.6）

新疆和田县的木质器皿制作历史最为悠久，制作材料多为白杨、柳树、杏树、枣树、桑树等木料。常见的木器主要有木盆、盘式菜墩、木碗、木盘、木勺等。

维吾尔族与哈萨克族、蒙古族等少数民族一样，喜欢使用木雕生活器具。维吾尔族人民用木头制作木碗、木盘、木勺等木器的历史悠久，在距今2000年左右的古墓中，曾挖掘出一些木盆、木盘、木碗等珍贵的木制器皿。在尼雅古遗址等地也发现了有抓手的茶杯和其他木制品。这些木制品是用银白杨、泡桐、柳树、杏树、枣树、桑树等木料制成的，用专门的金属刮器刮成，再刻上花。

长期以来，和田的木器制作艺术代代相传并不断发展，越来越精致。制作生活用品时，人们都选择有韧性、无毒、无异味、不易变形的木头做原料。常用的木器有以下几种。

（1）木碗：用直径10～40cm、厚度5～12cm的木头旋制而成，并在周围刻上花。根据需要，大小、深浅不一。它可以盛各种饭菜，也可以用来制作酸奶，不烫手、降温快，也不易打碎。

（2）小木碗：用直径10～15cm的木料旋制而成，并在周围刻上花。

（3）带盖的各种木盒：用直径8～20cm的木料刻制而成。其内部是车出来的，有专门的木盖，盖上有抓手，外部刻上花。这种木盒适用于保存发面、玫瑰酱、无花果酱、酥油、羊油等。维吾尔族医师还将各种药盛在木盒内，据说不易变质。

（4）木盆：用来和面、洗菜、泡盐水等。木盆

各种木制器具[8]

盖碗[8]

木面盆[8]

木果盘[8]

木勺[8]

木茶具

木雕碗

■ **图 4.6.6 木质器皿**（http://xinjiang.gov.cn）

为圆形，都是旋车出来的，大小根据需要而定，最大的直径为50~90cm、深40~55cm，结实耐用，又不会碰碎。

（5）木盘：一般用银白杨和柳树的主干制作，直径20~50cm、深2~4cm，边沿有刻纹，很漂亮，还在外部刻上花。底部是平的，有的还有底座，用来盛肉食和水果。

（6）大木勺：用银白杨和柳木制做，柄长40~60cm，用于舀饭、舀水。

（7）小木勺：有馄饨勺、扁圆勺、圆留勺3种，勺柄长14~20cm，用红枣木、桑木、杏木制成，用来吃汤饭，不烫嘴，又方便。

虽然现在搪瓷、陶瓷、铝制品大量上市，但和田有不少人喜欢使用传统的木制品，因此这一手工艺术仍有较大市场，集市上出售和购买木器的人很多。传统的木制器皿除深受和田群众欢迎外，也受到各国旅游者的青睐。[8]

2）土陶器具（图4.6.7）

新疆土陶的制作历史非常悠久，远在新石器时代就有生产，汉晋时发展到生产彩陶，具有古老而独特的民族风格。新疆土陶分釉陶和未上釉的白陶两种。大型奎甫（瓮）多为白陶，底尖，置木架上或半截埋在地下，保持所盛之水清澈凉爽。釉陶种类繁多，碗、盘、瓶、壶等均有，尤以英吉沙的陶壶为一绝，其壶身镂空而不漏水，叹为稀罕。

喀什土陶制品（http://www.people.com.cn）

土陶油灯（http://www.people.com.cn）

莎车出售的土陶日用品（http://www.people.com.cn）

土陶日用器具（来源：数码摄影论坛）

■ 图4.6.7　土陶器具

3）金属器具

（1）铜器（图 4.6.8）

新疆维吾尔族历来有使用和制作铜制工艺品的传统。铜质的阿布都和其拉布奇（洗手壶和接水盆）、潘德努斯（端盘）、皮亚勒（碗）、恰依旦（茶壶）等器皿，做工精细，俨然艺术品。同时，维吾尔族还将做工精巧、造型独特、富有民族特色的铜器作为工艺品摆设在家里，作为装饰。有的维吾尔族民间铜器制作传承人还将铜器做成 2m 左右高，摆设在庭院里、门面前，以展示维吾尔族传统的手工技艺，令人赞叹不已。

维吾尔族喜欢使用铜器，不仅是把铜器作为艺术化的生活点缀，而且，据说使用铜制餐具能增加人体的矿物质，具有防病治病的功能；此外，高品质的铜器和铜制工艺品也是显示主人地位和身份的一种象征，在研究维吾尔族的工艺美术历史和工艺品造型及民俗活动中有着重要的价值。

装饰铜盘（刘倩茹拍摄）

铜茶壶（刘倩茹拍摄）

铜捣臼（刘倩茹拍摄）

铜花瓶（刘倩茹拍摄）

制作和使用煮茶用的马萨尔（茶炉）[7]

■ 图 4.6.8　铜器

（2）手工小刀

新疆手工小刀（图 4.6.9）一般长 10~20cm，最大的达 50cm，最小的仅 6cm 左右。它们造型各异，如月牙、如鱼腹、如凤尾、如雄鹰、如红嘴山鸦、如百灵鸟头，无论何种式样，做工都非常精细，外观赏心悦目。少数民族男子都有佩戴小刀的习惯，日常剖瓜割肉都离不开小刀，因此，小刀的制作工艺日益精良。新疆出小刀的地方很多，有四大名刀，即英吉沙工艺小刀、伊犁沙木萨克折刀、焉耆陈正套刀和莎车买买提折刀。

英吉沙小刀（图 4.6.10）以原产地英吉沙县而命名。这种工艺佩刀的生产历史约有 400 年。它既实用又美观，是很受欢迎的民族特需工艺品。英吉沙小刀多数为弯刀，刀把有木质的、角质的、铜质的、银质的，上面镶嵌有色彩鲜明的具有民族风格的图案花纹，并点缀着银、铜、玉、骨、宝石等，玲珑华贵，令人爱不释手。这种刀常常配有精致的皮鞘，便于携带。

伊犁沙木萨克小刀（图 4.6.11）是依制作人沙木萨克·阿西木而命名的。这是一种折叠式单面刀，选用好钢锻打成形，制成粗坯后，用各种粗、细、扁、圆锉刀，锉平磨光，然后再进行淬火。传统的刀柄用牛角、铜皮制作，现在也用玻璃和塑料制作，柄部还采用各种钢、银、玉、骨等材料嵌成各种晶莹俏丽对称的图案，十分精巧美观，加之刀刃利，经久耐用，使用方便、安全，价格合适，因此一直是大家喜欢的生活用品。

■ 图 4.6.9　新疆手工小刀（刘倩茹拍摄）

■ 图 4.6.10　英吉沙小刀（http://www.xj169.com）

■ 图 4.6.11　伊犁沙木萨克小刀
（http://www.xinjiangnet.com.cn）

焉耆陈正套刀（图 4.6.12）也称新疆陈正小刀，已有 450 年的生产历史。目前市场上所见陈正小刀，是陈正后代继承祖传技艺锻造的，其最大特点是刀柄采用不同颜色的金属片和兽角骨镶嵌而成。陈正小刀除刀刃锋利之外，刀与鞘带弹簧闭锁，乘马奔驰时不易丢失，刀鞘外壳装配有扎马针，用途较广，深得远近牧民喜爱。

莎车买买提折刀（图 4.6.13）是依制作人买买提而命名的。这位慈善的老人集众家之所长，经过不断探索、改进，终于推出了一种从工艺到款式都别具一格的新颖的折叠式单面刀，具有经济、美观、实用、方便、精巧、便于携带等特点，受到了众人的称赞。[1]

另外，新疆的沙雅小刀、塔石罕小刀、库车小刀、姑墨小靴刀、和田墨玉奎雅折刀同样历史悠久，久负盛名，见图 4.6.14。

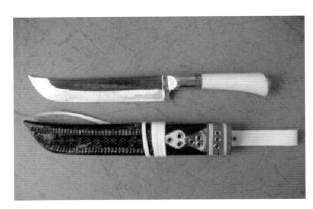

■ 图 4.6.12 焉耆陈正套刀（http://baike.baidu.com）

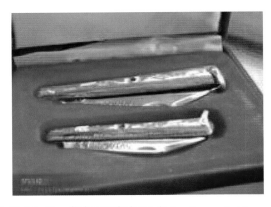

■ 图 4.6.13 莎车买买提折刀（http://image.baidu.com）

沙雅小刀（http://www.tahe.gov.cn）

塔石罕小刀（红月亮）（http://baike.baidu.com）

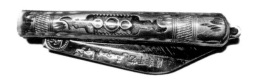

库车手工小刀（http://www.xj169.com）

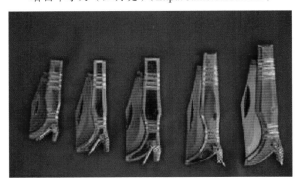

姑墨小靴刀（http://baike.baidu.com）

■ 图 4.6.14 知名小刀示例

4）枝条编织器具（图4.6.15）

手工枝条编织是维吾尔族优秀的民间传统技艺，既历史悠久，又具有浓厚的地域特色。枝条编织品广泛应用于维吾尔族人民生产、生活的许多方面，已经成为不可或缺的物品。

吐鲁番枝条编织技艺已经有3000多年的历史，在许多出土古墓葬中都发现了枝条编制的物品。吐鲁番枝条编织产品大都是平常最实用的物件，在民间传承的手工枝条编织产品大约有154种，可分为以下4种类型：

（1）农业生产工具，如耙子、抬把子、筐子等；

（2）畜牧业生产工具，如食槽、鸡笼、筛子等；

（3）日常生活用品，如筐子、驴驮子、笊篱、篮子等；

（4）工艺美术品、旅游纪念品，如花瓶、葫芦、酒杯、苏公塔等。

维吾尔族民间枝条编织所使用的材料主要有榆树枝、红柳枝、杨树枝、桑树枝、柳树枝等。枝条编织品取材于自然生长的树木枝条，稍事加工便可编制而成，较多地保留了自然本色。此外，手工枝条编织把实用价值和审美价值合为一体，仍然保留了不同枝条的质地和本色。2010年，吐鲁番枝条编制技艺已被收录在第二批国家级非物质文化遗产名录中。

吐鲁番枝条编织技艺（http://www.wlmqwb.com）

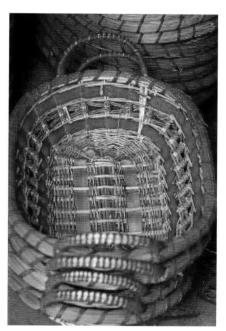

枝条编织的篮子（http://www.wlmqwb.com）

各式枝条编织容器（来源：喀什人论坛）

■ 图4.6.15　枝条编织器具

5. 家具装饰

1）地毯、挂毯（图 4.6.16）

新疆地毯品种繁多，花色斑驳烂漫，主要有艾的亚鲁式、伊朗式、恰奇玛式、阿拉尔式等，大都花纹对称、整齐，线条粗犷，对比色彩强烈。就用途而分，有铺毯、挂毯、坐垫毯、拜垫毯、褥毯等。新疆地毯还是精美的艺术品，为不少艺术收藏家们所收藏。

新疆挂毯是新疆少数民族的传统纯手工技艺产品，主产于和田、喀什、阿克苏、乌鲁木齐等地。挂毯是维吾尔族用于装饰墙壁的居家物品，不仅具有保温的功能，更能美化居室。毛织挂毯用羊毛编织而成，其结法、用料、图案、样式与地毯相同。制作中十分注意将同类或对比色并置排列，充分显示色彩个性。多以描写人物、花草、草原牛羊等为生活素材，并将大自然的美景融入其中，以此来表达对美好生活的热爱和向往。因其图案丰富、色彩明快、生动活泼的艺术表现手法而深受人们喜爱。

和田地毯（http://xj.ts.cn）

阿凡提艺术挂毯（http://www.le111.com）

维吾尔民居中的挂毯与地毯（刘倩茹拍摄）

维吾尔人家墙上的装饰挂毯（http://www.china.com.cn）

■ 图 4.6.16　地毯、挂毯

2）花毡（图4.6.17）

新疆是个干旱少雨的地方，就地取材、用夯土打土块盖起的房屋冬暖夏凉，实心大土炕在冬天烧热以后，铺上羊毛毡，柔软、隔潮、保暖，非常舒适，而且价格低廉得连最穷的人都买得起。在过去，维吾尔族炕上不铺床单，人们起床以后叠起被褥，炕毡便直露在炕上。维吾尔族是个十分爱美的民族，按他们的风俗，凡是眼睛所能看到的地方和物品，都要精心地装饰。使用最多的羊毛毡当然在装饰之列，这就产生了花毡技艺。

花毡品种有绣花毡、补花毡、擀花毡、印花毡4类。绣花毡是用彩丝线锁盘针法在色毡上绣出纹样；补花毡是用彩色布套剪成羊角、鹿角、骨、树枝、云等纹样缝绣在毡上，正反对补；擀花毡是用原色羊毛和染色棉毛，在黑色羊毛或白色羊毛为底的毡基上摆成各种图案擀制而成的；印花毡是用固定木印模印制的。

花毡制作过程

花毡成品

■ 图4.6.17 花毡

3）木戳印花布（图 4.6.18）

新疆的喀什主产印花布，这种民族工艺品，因历史悠久、品种繁多，具有独特的民族风格，而被中外学者盛赞为"小民间艺术中心"。喀什的工艺品不仅受到当地群众的喜爱，而且经由"丝绸之路"销往西亚、欧洲等地，在国际市场上享有较高的声誉。在新疆的喀什农村，维吾尔族农民喜欢用黑、红两色和多色的印花布做墙帷、壁挂、床单、腰巾、礼单、褥垫、餐巾、桌单、窗帘、门帘等。这种朴素、雅致、大方的印花布是民间的手工业者用土法生产的，图案富有民族特色，色彩丰富多变，多少年来一直受到群众的喜爱。内地也有印花布，但新疆的印花布从制作到纹样、造型、布局、构图，都和内地的印花布有明显的不同。新疆印花布具有强烈的装饰趣味和浓重的乡土气息。一般均有宗教色彩的多组龛形纹样连续排列，并用各种花卉、长寿树、壶、盆、罐等组成主体图案，另外在上方左右还印有新月、五星等图案，色彩对比强烈、绚丽夺目。

木戳印花布成品

工作人员给木戳印花布上色

■ 图 4.6.18　木戳印花布

4）装饰铺巾（图 4.6.19）

除了以上几种软装饰以外，维吾尔人还极其喜欢在家具面上铺上装饰性极强的铺巾，这种铺巾在传统居室内比较少见，而在现代家居中较多。铺巾的色彩以白色居多，加上黑色、红色、深黄色等，为本来质朴的家具增光添彩，成为维吾尔族民居尤其是现代家居中一道亮丽的风景。正方形的铺巾常常将一个角垂下，铺于陈列柜每层的面板边缘，物品则压在铺巾上，而炕桌、茶几、餐桌、床等家具上则铺尺寸较大的纱巾。

陈列柜中的方形铺巾

陈列架上的装饰铺巾

整套柜架装饰铺巾

床、沙发、座椅上的靠垫及装饰铺巾

各式方形装饰铺巾

■ 图 4.6.19　装饰铺巾（刘倩茹拍摄）

4.7 维吾尔族传统家具的传承与发展

1. 传统与现代维吾尔族家具的优缺点

随着经济的发展，人民生活水平越来越高，维吾尔人的家具种类、样式和风格发生了很大变化。在一些偏远的地区，维吾尔族民居中完整地保留了传统的家具形制与样式；而在较为发达的城市，则很难再看见传统的维吾尔族家具。可以说，不论是传统家具还是现代家具，都有各自的优缺点，见表4.7.1。

2. 维吾尔族家具在未来的发展趋势

虽然维吾尔族现代家具越来越偏向于汉族家具，但维吾尔族人对于装饰艺术和民族传统文化的追求却丝毫不减。虽然人们在家具的选择上受到了现代文化的影响，但传统的生活方式和思想却没有改变多少。所以，人们对传承传统民族文化的现代家具的需求仍然是迫切的，这种需求在现代维吾尔族人所使用的家具及生活用品上得以充分体现。例

表 4.7.1　维吾尔族传统家具与现代家具优缺点对比

项目	传统家具	现代家具
种类	少	多
尺寸	长、宽与汉族家具相似，高度较矮，满足跪坐姿势时的使用高度	长、宽、高都与汉族家具相似
造型	较多地保留了传统文化和宗教的元素	缺少传统文化元素的体现
色彩	高纯度、高明度的色彩搭配，多用对比强烈的色彩装饰	低纯度、低明度的色彩搭配，色彩组合柔和、典雅
装饰	采用砖雕、石膏雕花、木雕、彩绘等，装饰手法多样，纹样丰富、精美	采用装饰手法较少，纹样简洁
整体艺术风格	带有浓厚的阿拉伯、波斯风格，又充分融合了自己民族本身的艺术特点	带有浓厚的欧式、俄罗斯风格特点，缺少自己民族艺术风格的体现
形式	多与建筑相结合，节省室内空间	与汉族家具形似，占室内空间较大
方便性	较不便	很方便
舒适性	较差	良好
文化价值	充分体现了维吾尔族本民族的文化特点	受到较多文化的影响，民族文化体现较少

如，很多维吾尔人依然会在家中铺地毯、毛毡，并在墙上悬挂装饰性极强的挂毯；有的家庭在室内装修时专门在靠窗的位置搭出炕台，或者购买双人床大小的炕床置于室内；还有的家庭在电视柜两侧摆放陈列柜以代替壁龛，摆设各种生活器具及艺术品；也有不少家庭仍然使用花木箱贮藏物品。诸如此类的装饰行为还有很多，这些都明显地体现出现代维吾尔人对于传统生活习俗与传统家具的需求。

可见，维吾尔族家具回归传统是今后家具发展的必然趋势。但由于维吾尔人已经适应了现代生活方式，所以无法完全回归到传统生活方式中，这就要求今后维吾尔族家具的发展不仅要吸取传统家具的形制与传统民族文化的精髓，更要与时俱进地满足现代生活方式；在秉承传统家具风格特点的同时，最大限度地满足人们在现代城市生活中的舒适性、便捷性、审美观以及人们对于精深文化的追求。

参考文献

[1] 百度百科 . http://baike.baidu.com/.

[2] 茹克娅·吐尔地，潘永刚 . 特定地域文化及气候区的民居形态探索 [J]. 华中建筑，2008（4）.

[3] 徐清泉 . 维吾尔族建筑文化研究 [M]. 乌鲁木齐：新疆大学出版社，1999.

[4] 张泓，张涵 . 新疆喀什维吾尔族传统建筑的装饰风格及色彩研究 [J]. 室内设计，2006（1）.

[5] 刘云，王茜 . 新疆维吾尔族民居的装饰色彩 [J]. 中央民族大学学报，2004（02）.

[6] 何孝清，李安宁，吐尔逊·哈孜 . 维吾尔族建筑装饰纹样 [M]. 北京：人民美术出版社，2004.

[7] 韩连赟 . 图说新疆民间工艺 [M]. 乌鲁木齐：新疆人民出版社，2006.

[8] 郭晓冬，黄山 . 中国新疆民间文化遗产大观 [M]. 乌鲁木齐：新疆青少年出版社，2009.

[9] 阿不都克里木·热合满，马德元 . 维吾尔族文化简史 [M]. 乌鲁木齐：新疆人民出版社，2011.

[10] 宋才发 . 中国民族经济村庄调查丛书：达西村调查（维吾尔族）[M]. 北京：中国经济出版社，2010.

[11] 罗世平，齐东方 . 波斯和伊斯兰美术 [M]. 北京：中国人民大学出版社，2004.

[12] 奚静之 . 俄罗斯和东欧美术 [M]. 北京：中国人民大学出版社，2004.

[13] 艾斯卡尔·图尔迪 . 新疆维吾尔族建筑和家具图案汇编 [M]. 喀什：喀什维吾尔文出版社，1983.

[14] 阿不都克里木，等 . 维吾尔族文化简史 [M]. 乌鲁木齐：新疆人民出版社，2011.

[15] 孟慧英 . 宗教信仰与民族文化：第二辑 [M]. 北京：社会科学文献出版社，2009.

[16] 刘倩茹，李林芳，张福昌 . 新疆维吾尔族传统民居墙面装饰艺术特征研究 [J]. 家具与室内装饰，2012（8）.

[17] 孙岿 . 中国突厥语族诸民族文化发展研究 [D]. 北京：民族学与社会学研究院，2003：7-8.

[18] 赵永刚 . 中国古代家具风格发展的影响因素探研 [D]. 保定：河北大学，2009.

[19] 刘琳琳 . 论新疆维吾尔族清真寺建筑浮雕装饰艺术 [D]. 乌鲁木齐：新疆师范大学，2008.

[20] 母俊景 . 新疆维吾尔族传统民居建筑技术与艺术特征研究 [D]. 乌鲁木齐：新疆农业大学，2009.

[21] 李琰 . 中国伊斯兰建筑艺术 [D]. 兰州：西北民族大学，2005.

[22] 阿孜古丽·艾山 . 喀什维吾尔民居建构文化与特色研究 [D]. 乌鲁木齐：新疆大学，2010.

[23] 田欢 . 视觉炫耀与美感的炫耀 [J]. 新疆大学学报，2010，38（1）：103-107.

[24] 李云 . 维吾尔族民居及伊斯兰教建筑中多元文化的交融荟萃 [J]. 新疆艺术学院学报，2007（2）.

[25] 李丛芹 . 伊斯兰装饰艺术的审美特征 [J]. 装饰，2005（02）.

[26] 王小东 . 新疆地域建筑的过去与现在 [J]. 城市建筑，2006（08）.

[27] 王学斌 . 新疆喀什维吾尔族民居初探 [J]. 天津建设科技，2002（01）.

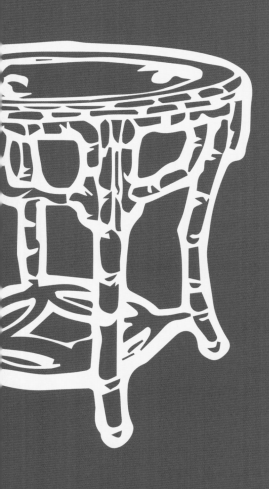

5

苗族传统家具

本章对苗族的民族特征进行了概述，对苗族传统家具的基本概况进行了详细的阐释，对苗族传统支承类家具、凭依类家具、贮藏类家具、装饰类家具和习俗礼仪类家具等都进行了系统的图文剖析，并罗列了大量具有代表性的苗族传统家具图片进行赏析介绍。

5.1 苗族概述

　　苗族，又称"牡"、"蒙"、"摸"、"卯"，有的地区自称"嘎脑"、"呆雄"、"带史"、"答几"等，是中国人口最多的少数民族之一，仅次于壮族、满族、回族，居第四位。根据2000年全国第五次人口普查数据，苗族人口近900万，主要分布在贵州、湖南、云南、重庆、广西、湖北、四川、广东、海南等省市自治区，与各地其他民族形成大杂居、小聚居的分布局面（图5.1.1）。其中湘西有较大的聚居区，广西大苗山、滇黔桂和川黔滇交界地带及海南岛也有小聚居区，其他地方的苗族则与当地各民族杂居。湘西苗族地区处于边远山区，生存环境恶劣，交通条件闭塞，这里的苗人们世世代代过着小农经济的山地生活，书写了人类生存与发展史上的一大奇迹。

　　苗族自古以来就是一个不断迁徙的民族，至今已进行了5次大的迁徙。澳大利亚历史学家格底斯（Gettys）在《山地民族》中写道：世界上有两个灾难深重而又顽强不屈的种族，他们是中国的苗人和分散在世界各地的犹太人，这两个种族的历史，几乎是由战争与迁徙来谱写的。

　　关于湘西苗族的族源，据《苗族简史》的观点：距今5000多年前，在黄河下游和长江中下游一带形成"九黎"部落联盟，蚩尤为其首领。与此同时，黄河上游兴起了以黄帝为首的另一个部落联盟，为争夺发展空间，黄帝联合炎帝部落同蚩尤所率领的九黎在涿鹿（今河北省涿鹿县）进行决战，这场战争以九黎的失败告终。战败后的九黎势力大衰，但仍占据长江中下游一带的广阔地区，至尧舜禹时期形成新的部落联盟即"三苗"，三苗部落曾和尧、舜、禹为首的部落联盟进行过长期的抗争。以后，因为战争、饥馑、疾病、农田撂荒等原因，三苗部落后裔不断迁徙，进而散布于各地山区。其中部分三苗后裔迁徙至湘西，融入湘西土著人之中，繁衍生息。随着时代的发展，他们"入乡随俗"，逐步形成了区别于其他地区和民族的显著个性特征。

■ 图5.1.1　苗寨（http://baike.baidu.com）

5.2 苗族传统家具概述

家具是人们生活、工作、社会活动所不可缺少的用具，是一种以满足生活需要为目的，追求视觉表现与理想的共同产物。[1]苗族跟汉族一样，从来就不是一个一成不变的、单纯的、凝固的民族，而是一个在历史上不断发展变化的多元的民族实体，因而其造物历史与造物文化也显得异常丰富纷繁和多姿多彩。湘西苗族由于历史地理的特殊环境，几千年来处在民族文化大冲撞的旋涡中心，因此其传统家具既传承了苗族传统文化的精髓，又吸收了其他民族的养分，形成了别具一格的造物风格。根据湘西传统家具的功能和文化习俗，可以将湘西传统家具分为5类：一是以床、椅为主的支承类家具；二是以桌、案为主的凭依类家具；三是以箱、柜、橱为主的贮藏类家具；四是以架、屏障为主的装饰类家具；五是以祭祀、婚嫁为主的习俗礼仪类家具。这些家具大多融合了其他民族的造型特征与理念，同时又传承了几千年来苗族人们的思想精华，并与其地域环境紧密地结合在一起。

5.2.1 苗族传统支承类家具

所谓支承，是支持承担一定物体的意思。支承类家具是指人们坐、卧时用来直接支承人体的家具，如床、榻、凳、椅等。支承类家具可以分为两类：一类是以床、榻为主的支承类卧具；另一类是以椅、凳为主的支承类坐具。

1. 支承类卧具

卧具是人们日常生活中不可或缺的家具用品，也是家具中的大件，民间特别讲究床铺的装饰，故最能反映传统礼仪、民俗风情，文化氛围极其浓厚。一般而言，支承类卧具大体分为3种形式，即架子床、拔步床、罗汉床。而在湘西苗族的卧具之中，以架子床、拔步床为主，罗汉床在湘西地区很少见。

架子床的四角安立柱，床面的两侧和后面装有围栏，上端装楣板，顶上有盖，俗称"承尘"。围栏多用小木做榫拼接成各式几何纹样。因床上有顶架，故名架子床。[2]图5.2.1左图所示的四柱门罩式架子床，门罩玲珑剔透，飞檐直立向上，无论从形式上还是从造物的意韵上，都反映了人们对美好生活的向往，承接了明清以来一贯的文化传统。其装饰以植物花草藤蔓为主，装饰元素多种多样，装饰手法繁复多变，所有的装饰图案都被巧妙合理地安排在这张大床上，体现了工匠们精湛的技艺。

拔步床是一种造型奇特的床，好像把架子床安放在一个木制平台上，平台长出床的前沿二三尺，平台四角立柱，镶以木制围栏。也有的在两边安上窗户，使床前形成一个小廊子，两侧放些桌、凳等小型家具，用以放置杂物。虽在室内使用，却很像一幢独立的小屋子。这与南方的气候有关：夏天炎热而多蚊虫，床架可用来挂蚊帐；冬天湿冷，床前的小廊子可用来放置一些起居用品，使得冬天时不用下床即可方便取放物件，做到了将卧室的大空间浓缩至其中。图5.2.1右图所示的三滴水雕花拔步床（在民间也有时将拔步床称为雕花滴水床）是旧时殷实人家显示生活质量的标志。"滴水"本是古典建筑中檐瓦部分的一个术语，在这里表示进深结构的层次设置。这件雕花滴水床为三层进深结构，俗称"三滴水"。根据进深结构层次的不同，其命名也随之改变。

2. 支承类坐具

椅、凳属于支承类坐具。湘西苗族地区椅凳类传统家具主要有靠背椅、扶手椅和各种不同形状的凳、坐墩。靠背椅是只有后背而无扶手的椅子，一般分为一统碑式①和灯挂式两种。一统碑式的椅背搭脑与南官帽椅的形式完全一样，搭脑两端不出头。一般情况下，湘西苗族地区靠背椅的椅形较官帽椅略小。在用材和装饰上，硬木、杂木及各种漆饰等尽皆有之，其特点是轻巧灵活、使用方便，一般放置在书房、卧室等室内空间。扶手椅是指有靠背，又带两侧扶手的椅子。扶手椅有两种形制：其一是南官帽椅，北方地区称为玫瑰椅，南方地区称为文椅，形制矮小，后背和扶手与椅座垂直；其二是四出头官帽椅，以其造型类似古代官员的帽子而得名。根据收集的资料发现，湘西苗族大部分的扶手椅以直背居多，曲背的曲度也较小，四出头官帽椅相对不多。这可能与苗族长时期的独立自治的社会形态有关。苗族扶手椅的形式繁简各异，整体感觉厚

四柱门罩式架子床　　　　　　三滴水雕花拔步床

■ 图 5.2.1　湘西苗族常用的床（张宗登摄于湘西州民俗博物馆）

① 古代木椅名称。比灯挂椅的后背宽而直，但搭脑两端不出头，言其像一座碑碣。南方民间亦称"单靠"。

重，一般放置在厅堂，成对出现，以体现其庄重感。图 5.2.2 所示扶手椅，形制不繁，饰以植物纹饰，体现了苗民所处的地域风格。到了清代，民间又将所有的扶手椅称为太师椅。

湘西苗族地区的凳子和坐墩的形式多样，有方形、长方形、圆形、梅花形、六角形、八角形和海棠形等。制作手法又分有束腰和无束腰两种形式。长凳有长方和长条两种。有的长方凳的长宽之比差距不大，一般统称方凳，这在湘西苗族的普通人家见得较多；长宽之比差距明显的多称为春凳，长度可供两人并坐。长条凳座面窄而长，可供二人并坐。一张八仙桌四面各放一条长凳是民间店铺、茶馆中常见的使用模式。这种理念也大多被苗民们吸收。较为殷实的苗人家中大多在客厅（俗称堂屋）中备有多少不一的长条凳，以备亲朋好友到来时使用。圆凳（图 5.2.3）造型略显敦实，三足、四足、五足、

六足均有。它和方凳的不同之处在于方凳因受坐面的限制，面下都用四腿。而圆凳不受坐面的限制，最少三足，最多可达八足；一般形体较大，腿足做成弧形，牙板随腿足膨出，足端削出马蹄，名曰鼓腿膨牙；下带环形托泥，使其坚实牢固。制作椅凳的材料主要以木材为主，此外也有石墩与陶瓷墩。

除以上椅凳种类之外，在湘西地区还发现有烤火凳、脚凳和绣墩。烤火凳台面比较低矮，后面有一块半圆形木板，把人整个包围起来，如图 5.2.4 所示。脚凳常与扶手椅、床榻组合使用，除蹬以上床或就座外，还有搭脚的作用；绣墩是直接采用木板攒鼓的手法，做成两端小、中间大的腰鼓形，两端各雕玄纹和象征固定鼓皮的乳钉，因此又名"花鼓墩"。刺绣与鼓舞是湘西苗族人们生活中较为重要的构成部分，这可能与绣墩的由来与造型有着莫大的关系。

■ 图 5.2.2 扶手椅（张宗登摄于山江苗人博物馆）

木凳　　　　　　　　　石凳

■ 图 5.2.3 圆凳（张宗登拍摄）　　　　■ 图 5.2.4 烤火凳（张宗登拍摄）

5.2.2 苗族传统凭依类家具

凭依是附着、依靠之意，凭依类家具是指供人们凭依、伏案工作使用，为人体直接接触部位提供依靠的家具，如桌子、案台等。由于苗人独特的信仰方式和生活习俗，因此这类家具在苗人们的日常生活中比较常见。

湘西苗族的桌子有方桌（图5.2.5左图）、长桌、条桌、圆桌（图5.2.5中图）、半圆桌（图5.2.5右图），大致可分为两种形式：一种有束腰，一种无束腰，有束腰者居多。有束腰桌子是在桌面下装一道缩进面沿的线条，犹如给家具系上一条腰带，故名"束腰"。方桌造型简洁，装饰相对较少，一般在就餐、茶聊时使用，通常配长条凳。圆桌相对方桌做工要复杂，制作更为精细，使用范围也更广，一般配座椅，因此相对方桌要矮一些。桌子雕花纹饰内容有戏文和传说故事，一般每方一个故事情节，置于该方的中腰，左右是缠枝花草纹或拐子纹等。案的造型有别于桌子，突出表现为案腿足不在四角，而在案的两侧向里收进一些的位置上，两侧的腿间有横枨连接加固。也有雕刻各种图案的板心或各式圈口。每张案子须用两个托泥。另一种是不用托泥的，腿足直接接地，在两腿下端横枨以下分别向外撇出。

除比较常见的桌案外，凭依类家具还有写字台、香几、茶几、矮几等。写字台是用于书写、办公的家具，陈设于书房，一般在富裕家庭中使用；香几是用来焚香置炉的家具，由于湘西地区信仰与崇拜意识较浓，因此比较常见。香几高度在90~100cm，和桌案相差不大。湘西地区的茶几一般以方形或长方形居多，高度相当于扶手椅的扶手，通常情况下都设在两把椅子的中间，用以放置杯盘茶具，故名茶几。矮几是一种摆放在书案或条案之上用以陈设文玩器物的小几，这种几，由于以陈设文玩雅器为目的，故要求越矮越好。常见案上有小几，长67cm，宽40cm，高仅10cm。

方桌　　　　　　　　　　　圆桌　　　　　　　　　　半圆桌

■ **图5.2.5　桌子**（张宗登拍摄）

5.2.3　苗族传统贮藏类家具

贮藏是人们日常生活中必不可少的行为方式，衣、食、用等各种物品都需要一个器具来贮存，贮藏类家具正是起着这样的作用。这类家具主要有衣橱、书柜、衣箱以及货仓、粮仓等。湘西地区环境恶劣，虫蝇较多，空气湿度大，物品容易变质腐坏，因此贮藏类家具设计制作得好坏，对湘西苗族人民的生活会产生较大影响。

湘西苗族地区的橱柜是将橱和柜两种家具结合在一起，使其具备案、橱、柜3种家具的功能。如图5.2.6所示，橱柜上部为橱，下部为柜，同时具有收纳与展示的功能。柜部分的高度略同于桌案，面下抽屉，可存放日用杂物。抽屉下又安两扇柜门，左右及后面镶板封闭，内装层板分为上下两层。柜和橱巧妙地融为一体。由于其具备多种使用功能，陈设在室内，既美化了室内环境，又有丰富的实用价值，故一向为人们所喜爱。橱柜的形制也与桌案一样，分桌形结体和案形结体两种。桌形结体的四腿在板面四角，无侧脚收分，整体轮廓基本上方正平直，即使有侧脚也不明显，仅凭肉眼很难分辨。最常见的是顶竖柜，其由底柜和顶柜两部分组成，因此又名"顶箱立柜"。

亮格柜是集柜、橱、格3种形式于一体的家具，通常下层为柜，对开两门，内装膛板分为两格；柜门之上平设2枚或3枚抽屉，是为橱；再上是两层空格，正面及两侧装侧挂牙子，下端做一道朝上的花牙围子。在居室或书房中摆设一对这样的柜，下侧放置日用杂物，抽屉可存零星小件，上侧两层空格陈设几件古器，则使室内倍觉生辉。

箱子是居室中必不可少的贮物家具，大多形体不大，以便于外出携带。箱子的两边一般装有提环，以便于搬动。由于箱子需要经常挪动，极易损坏，为达到坚固目的，各边及拼缝棱角处常用铜叶包裹，同时也起到装饰作用。图5.2.7所示衣箱装饰华美，整个箱体以植物纹样进行通体装饰，展示了清代繁琐的装饰风格。

用于贮藏粮食的柜子种类很多，如米柜、谷柜等，如图5.2.8所示。

■ 图5.2.6　**各种橱柜**（张宗登拍摄）

■ 图5.2.7　**清·衣箱**（张宗登拍摄）　　　■ 图5.2.8　**米柜、量桶**
（张宗登拍摄）

5.2.4　苗族传统装饰类家具

装饰是指对生活用品或生活环境进行艺术加工，以便丰富艺术形象，扩大艺术表现力，加强审美效果，并提高其功能、经济价值和社会效益。装饰类家具是指存放装饰品的开敞式柜类或架类家具，如屏风、隔断架、支架等。湘西地区的台架类装饰性家具主要有梳妆台、镜台、灯台、衣架、盆架、巾架、灯架等。

梳妆台有大小之分，大者其形式与桌子无异，只是面上增加了小橱和镜支。图5.2.9所示为湘西地区摆放于卧室中的梳妆台，该梳妆台下面部分简洁大方，梳妆镜两侧与上部装饰华丽，并用镶铜装饰，体现出主人家庭的殷实与富足。

衣架即悬挂衣服的架子，一般设在居室之中，外间较为少见。巾架结构与衣架基本相同，只是长度较短。巾架多与盆架组合使用，常用于悬挂手巾。实际上，它并不专为挂巾，如在居室内，也可挂衣服，由于其较短的特点，一般只为一人使用，自然也可称之为单人衣架。盆座与盆架都是承托盆类容器的架座，分四、五、六、八角等几种形式。

■ 图5.2.9　家用梳妆台（张宗登拍摄）

5.2.5　苗族传统习俗礼仪类家具

湘西苗族地区传承了苗人悠久的社会生活传统，拥有着独特的苗族习俗礼仪。和汉民族的民俗文化一样，其习俗礼仪涵盖了社会生活和经济生活的各个方面，内容丰富，特色鲜明，体现了积极向上、团结奋发的民族精神，经过长期的传承和发展，形成了中华民族文化中的一支优秀的民俗文化，其中尤以婚庆习俗、宗教习俗、节庆习俗等最具代表性。伴随着习俗礼仪的不断完善与发展，与之对应的习俗类家具也成为湘西苗族地区极具特色的一种家具形式。如用于婚庆的家具有花轿、抬盒、挑盒等（图 5.2.10）；用于宗教习俗的家具主要有祭桌、祭台、跪榻、祭祀用凳等（图 5.2.11）。湘西地区宗教祭祀程序较为繁琐，因此用到的家具相对也比较多。此外还有专门为喜庆准备的家具，成为苗民们丰富多彩的庆祝活动的重要组成部分。

喜床

花轿

挑盒

抬盒

提盒

■ **图 5.2.10　婚庆家具**（张宗登拍摄）

■ **图 5.2.11　祭祀用祭桌**（张宗登拍摄）

5.3　苗族传统家具的文化内涵

湘西苗族的传统家具是多民族互相融合的结晶，勤劳善良的苗民们经过几千年的迁徙，通过不断的传承与借鉴，创造出绚丽多彩的少数民族家具造物文化。在长期的发展过程中，湘西苗族人民巧妙地将自身内涵丰富的民族文化特征和聪明睿智的造物思想凝聚于家具之中，使家具起到了传承文化的作用。湘西苗族地区的家具，不仅成为苗族文化的物质载体，而且成为苗族文化传承和传播最直观的物象媒介，更是多民族互相融合、共同进步的一种见证，具有丰富的文化内涵。

1. 展示农耕文明

苗族先民居住在黄河流域时就从事农耕生产，是稻作文化较为发达的民族，后来由于战乱，才举族迁徙，穿过江汉平原，经洞庭湖到大西南山区，又耕作水稻，创造了丰富的农耕文化。湘西苗族地区是中国古代农耕文明的重要单元之一，受地理条件的限制，直至今天，农耕活动仍然是其生活的主要构成部分。

湘西苗族地区的传统家具在造型、种类、尺寸、装饰和色彩的诸多方面都深深地打上了农耕文明的印记。很多家具的造型均是围绕农业生产而开展的，它们少了贵族宫廷家具的华贵，多了人与自然互生互融的和谐。在家具的装饰上，很多题材都是就地选取，把高山、绿叶、飞鸟和耕作的人们置于家具之上，显得朴素自然。常见的传统家具遵循着因时、因势的地域性原则，其家具用材大多就地选取，并

与当地的建筑风格保持一致，把农耕文明中人们朴素的审美要求用于家具之中。

2. 传承民族历史

家具作为日常生活中不可或缺的必需品，成为承载苗族文化、记录苗族历史的有效工具。勤劳善良的苗族人民没有自己的文字，却有着独特的语言交流方式。许多辉煌、辛酸、可歌可泣的历史，直到今天都还在代代相传。其中一部分以苗族古歌、神话传说等形式完成，但这些文化形式不能完全记载苗族人民对历史文化的多层认识，而且还会在一种抽象的模拟传承过程中不可避免地走样和变异。于是，家具作为一种日常工具，被聪明睿智的匠人们巧妙地转化成一种记录历史的载体。

家具中所包含的苗族人民历史的信息，大多以具象的图形或文字刻画在家具上，与家具自身的各部分结构构成一个整体，既体现了家具本身的形态美，又显现出家具的装饰神韵，弥补了不稳定的记载方式的特点。家具上的装饰图案及文字是苗族人民审美和工艺水平的生动表现，同时也反映出苗族文化的发展历史和轨迹，起到了不可替代的"文字史书"作用。

3. 再现民俗礼仪

民俗礼仪是苗民们精神生活的重要构成部分。苗族最基本的社会组织是家庭，而他们的家庭组织是小家庭制，由夫妇与未成年的子女组成，与今天城市中家庭的构成元素差不多。苗族的民俗礼仪主

要发生在生日、婚姻、生育、丧葬、祭祀等，在这些日子，亲属邻里之间就会相聚在一起，走动非常频繁，因此出现了一系列与这些民俗礼仪相对应的家具，如为聚餐准备的八仙桌、长凳；为婚庆准备的花轿，各种抬盒、提盒、挑盒等；为生育准备的摇篮、火桶、火柜等。

家具，作为一种工具和文化载体，其出现就与苗族人民的生活密不可分，合二为一，它是生活的产物，随着苗民们的需求而出现。它以其固定的传承模式和思想母题积淀着一股浓郁的民族自我认同意识。它的制作方式与制作技艺在苗族人民生活中世代相传，并与其他文明不断融合，沉积了许多历史的、社会的、习俗的内容。

4. 凝聚宗教信仰

湘西苗族传统家具在造型、尺寸、装饰等方面，都体现着苗族先民朴素的原始崇拜和宗教信仰。英国学者马林诺夫斯基（Malinowski）曾写道："无论怎样的原始民族，都有宗教与巫术，科学态度与科学。通常虽都相信原始民族缺乏科学态度与科学，然而一切原始社会，凡经可靠而胜任的观察者研究的，都显然具有两种领域：一种是神圣的领域，一种是世俗或者科学的领域。"[3] 湘西苗族，作为一个原始民族，同样存在着相关的崇拜与宗教信仰。

苗人神鬼不分，认为自然界"万物有灵"，事物间可以互相渗透和转化，所以在家具的装饰与类型中出现了与祭祀信仰相关的家具，如祭桌、祭橱等。苗人的种种祭祀，无非是人类避祸求福的心理在行为上的表现。"避"是避疾病、死亡以及其他一切灾患；"求"是求财富及子孙兴旺。他们因相信人间的祸福均由鬼神主宰，所以畏鬼神，因畏而敬，因敬而祭。苗族的祭祀形式主要有祭祖、杀猪、打家先①、赎魂、祭各种鬼神等。人们在寻求精神力量时，形成多神崇拜的自然宗教，对自然界的恐惧或崇拜或服从，使人的本质力量处于半本能、半自觉的状态。于是，自然就有了被人赋予的"人性"了，而人的愿望、幻想也被主观地和艺术性地对象化。

5. 彰显地域特色

湘西地区群山环抱，处于云贵高原东北边缘与鄂西山地交汇地带，山高岭峻，河谷深邃，海拔多在 800m 以上，属中亚热带山区季风湿润气候区，雨量充沛、气候温和、多山洞，很久以前更是瘴气弥漫，林木茂盛，飞禽走兽横行，地理空间呈封闭结构并且自成体系，对人类的生存很不利。根据古籍的记载和考古挖掘的文物，南方分布着广泛的石灰岩溶洞，构成了绵延百万年以上的旧石器时代的人们最理想的栖息之所。[4]

湘西苗族传统家具是自然适应性、人文适应性、社会适应性的统一，具有鲜明的地域性。勤劳勇敢的苗民们繁衍生存于湘西这一独特的地理空间之内，在科学技术、生产力水平极不发达的条件下，为克服自然环境的不利因素，与自然界进行着各种各样的斗争。这些家具通过自身的造型、装饰、工艺等方面展示了鲜明的地域特性。

---

① 在家里的客厅用红纸写祖先的灵牌。

5.4　苗族传统家具经典赏析

1. 床榻类（图 5.4.1）

架子床　　　　　　　　　　　　　　　　　　　拔步床

拔步床内景　　　　　　　　　　　　　　滴水拔步床一角

■ **图 5.4.1　床榻类家具**（张宗登拍摄）

2. 椅凳墩类（图 5.4.2）

扶手椅

堂屋用扶手椅

卧室用官帽椅

带轮躺椅

客房用官帽椅

烤火凳

石凳

■ 图 5.4.2　椅凳墩类家具（张宗登拍摄）

3. 桌案几类（图 5.4.3）

半圆桌

圆桌

祭桌

■ 图 5.4.3　桌案几类家具（张宗登拍摄）

4. 屏风类（图 5.4.4）

■ 图 5.4.4　屏风类家具（张宗登拍摄）

5. 箱柜橱类（图 5.4.5）

钱箱 　　　　　　　　　　　　　米柜

钱柜 　　　　橱柜 　　　　　什物橱柜

衣箱 　　　　　　　　　　祭橱

■ 图 5.4.5　箱柜橱类家具（张宗登拍摄）

6. 竹器（图 5.4.6）

背篓

箩筐

竹斗笠

摇篮

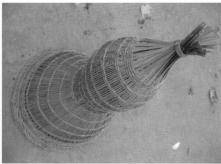

鱼筌（quán）

团箕

■ **图 5.4.6 竹器**（张宗登拍摄）

5.5　结束语

湘西苗族的传统家具是多民族互相融合的结晶，勤劳善良的苗民们经过几千年的迁徙，通过不断的传承与借鉴，创造出绚丽多彩的少数民族家具造物文化。在长期的发展过程中，湘西苗族人民巧妙地将自身内涵丰富的民族文化特征和聪明睿智的造物思想凝聚于家具之中，使家具起到了传承文化的作用。这些家具外观粗犷平实、美观大方、贴近自然、制作方便，具有一定的审美性，带给人一种质朴古典的感觉，可以营造一种悠闲、舒畅、宁静的怡然情调。

湘西苗族传统家具是其社会、经济、政治、文化等诸方面的一个载体，是湘西山地文化的历史见证。透过家具本身的特征，可以看到这些传统家具展示了湘西苗族的农耕文明，传承了湘西苗族的民族历史，再现了苗族人民的民俗礼仪，凝聚了宗教信仰符号与印记，彰显了湘西地区的地域特色，是湘西人民改造自然、利用自然、不断进取的历史见证与文化缩影。

参考文献

[1] 梁启凡 . 家具设计学 [M]. 北京 : 中国轻工业出版社，2000.
[2] 胡德生 . 胡德生谈明清家具 [M]. 长春 : 吉林科学技术出版社，1998.
[3] 凌纯声，芮逸夫 . 湘西苗族调查报告 [M]. 北京 : 民族出版社，2003.
[4] 童恩正 . 南方文明 [M]. 重庆 : 重庆出版社，2004.

6

彝族传统家具

本章对彝族的民族特征进行了概述，对彝族传统家具的基本概况进行了详细的阐释，对家具的起源、种类、用材、结构工艺、造型艺术进行了系统剖析，并罗列了大量具有代表性的彝族传统家具图片进行赏析介绍。

6.1　彝族概述

彝族是中国第六大少数民族，主要聚居在中国西南部的云南、四川、贵州三省，其余散居于中国其他省份及中国境外。总人口 900 多万，在中国有户籍登记的有 870 多万人（2010 年），在越南、老挝、缅甸、泰国等东南亚国家还有近百万人。

关于彝族的族源，迄今仍众说纷纭，尚无定论，成了人们关注的史学之谜，也是民族学、彝学研究领域里的一大难题。到目前为止，彝族的族源以土著说、氐羌说为主。土著说的观点论据比较充足。它又分西南土著说和云南土著说两种。西南土著说认为，彝族自古以来就居住在祖国的西南，经过人类发展的不同阶段而成为现今的彝族；云南土著说认为，云南是彝族的起源地。

氐羌说的观点较为普遍，它认为在六七千年前居住在中国西北青海地区的古氐羌人，开始向四面发展，其中有一支向祖国的西南方向游弋。古羌人早期南下的支系与当地土著民族融合，后来形成了西昌地区的邛蕃和云南地区的滇蕃等便是彝族的先民。

凉山彝族自治州，是中国最大的彝族聚居区，位于四川省西南部川滇交界处，幅员辽阔，面积达 6 万余 km²，总人口 470 多万人，境内有汉、彝、藏、蒙古、纳西等 10 多个世居民族。

民间普遍传说，凉山彝族的直系祖先，为距今 2000 多年前的古侯、曲涅两个彝族先民的父系部落，居住在"兹兹普吾"地方（今云南省昭通一带）。2000 年前，彝族先民从云南迁徙进入凉山。而据彝族史诗《勒俄》记载，早在彝族进入大凉山之前，彝族先民也经历了"只知有母，不知有父"的母系社会，《石尔俄特找父亲》在凉山是妇孺皆知的传说。在彝族谱牒中也有代代相传的母女连名谱系，而后才出现了父子连名。以传承至今的凉山彝族谱牒来看，最长的家谱有 300 多代，一般则在 70 代以上。

凉山州内各地都明显呈现出立体气候，干湿分明，冬半年日照充足，少雨干暖；夏半年云雨较多，气候凉爽。日温差大，年温差小，年均气温 16~17℃。

因地理环境复杂多变，气候的垂直、水平差异很明显，往往山头白雪皑皑，山下绿草茵茵，可谓"一山分四季，十里不同天"。以大小相岭和黄茅埂为界，具有南干北湿、东润西燥、低热高凉的特点。日照量自北向南递增，北部山地年日照时数在 1600~1800 小时，而中南部达到 2400~2600 小时。与我国同纬度及其邻近地区相比，这是湘、赣、浙南、闽北等地区全年日照时数的 1.2~1.5 倍；是黔西地区的 1.6~2.1 倍；是四川盆地的 1.6~2.8 倍。在中国北纬 30° 以南地区，除西藏和云南元谋之外，这里的日照时数是最多的。

6.2 彝族传统家具概述

彝族先民迁徙进入大凉山后,随着生产方式的改变,生活习惯也从频繁迁徙转变为定居式,有了正式的农业生产,家具在这种情况下得以发展。魏晋南北朝时期是中国历史上一次民族大融合时期,各民族之间在经济、文化等方面的交流,极大地促进了彝族家具的发展,产生了更多的形式,如床、凳、柜。在唐朝年间,也就是南诏国时期,彝族经济繁荣,与外族的各种交往频繁,彝族家具也进入全盛时期。明清后,彝族地区开始实行改土归流政策,土司被废除,在一定程度上限制了彝族家具的发展。但由于汉人带来了大量先进的文化及技术,彝族家具吸收汉族家具的优点,保留自身传统特色,形成了彝族特色的家具。

1949年新中国成立,凉山地区废奴制,彝族家具从贵族走进平民家,家具样式多种多样。1956年进行民主改革,经历打家支的械斗,奴隶制度真正废除,随着人民生活环境和条件的日益改善,彝族家具在民间蓬勃发展起来。

彝族民居多在山区,以低矮为特色,由此彝族家具也多低矮。而且由于山区多风,家具多融合建筑的内外结构,床、柜、桌与建筑连为一体,甚至成为建筑的一部分,和建筑一起构建稳定、牢靠的居住环境。这样的家具颇有现代组合厅柜的风格。

也可以说,彝族家具由于受到汉族文化的影响,从最简单方便携带的小凳子、小桌子发展到了和建筑融为一体的家具。而后,由于这种组合家具具有以下优势,使得它在大凉山彝区得以推广和长期保留下来。

(1)方便制作,迁徙时便于拆散搬走;

(2)在山区多风的居住环境下能增加房屋稳定性和抗震性;

(3)带来大而自由的活动空间,使房屋能以最小的占地面积满足人居的需求,从而使小空间的室内更容易保持温暖。

然而,汉族文化的进步速度很快,慢慢地,彝族保留的这种组合家具反而成为彝族特有的特色文化,汉族家具中已经找不到类似的了,唯一还能看到的就是由这种组合家具发展而来的现代组合厅柜,但其实质与彝族组合家具已经完全不同了。彝族组合家具指家具与建筑融合一体的家具种类,包括床、柜和桌;现代组合厅柜指不同作用的家具组合一体,种类包括电视柜、间厅柜和CD架等。

而进一步探讨彝族组合家具保留下来的历史原因,就与当地的自然环境有莫大的关系了。正是由于山地的寒冷多风促进了汉族文化中这种组合家具概念的传播,彝族把它加以吸收,加入了自己的特色,在山地的隔绝性地理环境中让这种家具概念与彝族民居融为一体。由于彝族长期居住在山区,住居的稳定性使得这种适宜彝族民居的家具方式长期保留和传承下来。

6.3　彝族传统家具的起源

　　彝族和其他很多少数民族一样，十分好客。笔者走访安哈县马家坡彝寨的时候，希望进到卧室拍照，刚开始老莫苏不答应，原因是卧室不能随便让外人进入。后来笔者比画着跟她说明意图，她就欣然答应了，还热情地招待笔者。

　　彝族主要在起居室会客，好客的习俗决定了起居室的重要性。彝人起居是围绕火塘进行的。火塘以 3 个锅庄石安装而成（图 6.3.1），是全家做饭、用餐、烤火、议事、息宿、待客之所。火塘的正上方有炕架，是由木条架成的方形木架，吊挂在梁上，供放置肉食、玉米等，方便取下烤食（图 6.3.2）。火塘周围有方便大家围坐的小木凳子（图 6.3.3）。起居室的家具通常还包括存放粮食的柜子和放置食具的柜子。有的家庭若卧室较小，有时也把衣柜放在起居室。

　　从前彝人用餐是席地而坐的，一般无桌凳，餐具放在地上。只有土司和贵族才使用餐桌，而且传统的餐桌也很低矮，这些显然是游牧生活的习惯。同时，餐桌的形态也与这种习惯相适应，像一个大盘子。盘、盆、酒壶等食具大多为高足，放在地上可以增加高度，既美观又方便；木勺的柄大多较长，方便进食。

■ 图 6.3.1　锅庄石上架锅做饭

■ 图 6.3.2　放置食物的炕架

■ 图 6.3.3　起居室

后来彝族受汉族影响，贵族家庭首先出现了凳子，餐桌也与凳子相协调，变得高起来了（图6.3.4）。现在笔者所见的很多彝族家庭锅庄与灶已经分离开来，灶台一般设在起居室一角，如果大门偏右，就设在进门右手边；如果大门偏左，就设在进门左手边。在单独的厨房空间里烧柴火做饭，有的人家甚至修建了单间的厨房，与大屋分离开来。锅庄仍在大屋的起居室内，成为单一的取暖工具，是彝族围坐用餐、烤火、议事、待客的场所。奴隶社会的彝族只有贵族睡床，黑彝以下的普通劳动者或半奴隶、奴隶是直接睡地上的。因为凉山彝族地处高原，冬日气候严寒，他们通常就地睡在锅庄旁。锅庄内火不熄。奴隶的脚上还常常拴着绳结或铁链，另一头拴在锅庄石上或拿在奴隶主手中，以防他们逃跑。其实，因为血缘等级制度的森严和不可逾越性，奴隶即使逃跑到其他地方——其他姓氏的家支地盘上，也还是奴隶。所以虽然奴隶生活困苦，但基本没有大规模的暴动，常有的是家支间的由家支头人领导的战争。

新中国成立后，凉山彝族进入社会主义社会，家支制度和习惯法被废除了，普通白彝族也可以有床，睡在床上。笔者调研所见的凉山彝族很多家庭新建的房屋是彝族民居的样式，相应的床也仿制旧时彝族贵族制作床的方式。

■ 图6.3.4　现代的彝族餐桌和餐凳

6.4　彝族传统家具的用材

大凉山地区树木林立，土壤方面有泥炭土和黄土，土质黏结硬度高，若用于髹漆上色，则可以保持长期不褪色。

凉山彝族自治州的森林植被主要是阔叶林、针叶林、竹林、灌丛和稀树灌木草丛。全州森林面积 162 万公顷，森林覆盖率 26.9%，比四川省高 7.7 个百分点，活立木蓄积 2.27 亿 m³，占四川省的16.1%，是四川省三大林区之一。草地植被主要有高山草甸草地、亚高山草甸草地、高寒灌丛草甸草地、亚高山疏林草地、山地草甸草地、干旱河谷灌丛草地、土地稀树草丛草地、高寒沼泽草甸草地、多年生人工草地等植被类型，宜于野生动物和人工畜牧业的发展。

由于得天独厚的木材环境，彝族的房屋和家具都用天然原木加工制成。大凉山地区主要材种有紫荆、柏木、白杨、核桃木、杉木（铁杉、冷杉、云杉）、桦木、柳木、青杠、马尾松、华山松、漆木、桤木、川泡桐、油桐木等乔木。制作家具使用最广泛的是杉木，另外桦木、柳木也多有使用。在奴隶社会时期，黑彝贵族家庭中用柏木、白杨、核桃木来制作家具，其中又属柏木使用较多。笔者在美姑县峨曲古区炳途乡山上黑彝水普惹什家里所见的用柏木制作的房屋和家具距今已经 80 多年，房屋和家具还在正常使用，木材表面呈原木色，没有经过漆饰，但看上去只有轻微的虫蛀小孔，如图 6.4.1 所示。

■ 图 6.4.1　水普惹什家中的柏木家具用品

6.5　彝族传统家具的主要特征

1. 中柱

由于前面提到的天气寒冷与火塘的关系，人们的活动集中在主室，所以主室在平面空间上比其他房间都大。由于承重的关系，彝族建筑中井干式结构会在梁的中部置柱以支撑，这就是中柱（图 6.5.1）。彝族赋予中柱特殊的内涵，认为中柱是住房的主心骨，有无限的神力，是人神沟通的桥梁、天人合一的中介，一个家庭的兴衰全靠中柱的支撑，甚至中柱就是杰出的祖先神的化身。而中柱所在的主室被视为居室的中心，不仅是一家人议事

的重要场所，也被认为是祖先神的住所。中柱的位置在火塘附近，直接由地面支承脊梁，是上下完整的一根，而其他到顶的柱子大多由两段组成，这样就突出了中柱的完整性和沟通不同层次的神灵的作用。因此，彝族住房的中柱严禁随意抚摸、放置鞋袜、晾晒衣裤。家具的摆放自然也是靠墙布置的周边式格局，和中柱保持一定的距离。这些禁忌的由来可以追溯到远古游牧时期，彝族主要居于帐幕内，要支撑帐幕，中柱十分关键，如果中柱损坏断裂，帐幕将垮塌，所以对中柱有许多禁忌。

■ 图 6.5.1　彝族建筑形式

需要说明的是，彝族建筑的形式并不局限于中柱落地的形式。彝族民居属于梁柱承重体系，在彝族特有的拱架式结构的建筑中，中柱并不落地而做成垂花的样式悬空设置，这样不设明中柱的做法不仅扩大了室内活动空间，而且节约木材。由于这种建筑结构相对技术要求较高，施工有难度，在旧时是黑彝贵族家才用的，而现在笔者所见的新近建造的彝族民居式建筑都是拱架式和穿斗式相结合的建筑结构。虽然室内中柱的物理位置不再存在，但其精神地位仍是不变的。扩大了的室内空间可以更方便地用于纺织等活动，而火塘不会因此设于中心，仍置于中心偏左或偏右的位置（与门的位置错开），相应的家具格局也不会改变。另外，彝族建筑整体为矩形，对于主室为方形的彝族民居来说，中柱的位置非常明晰；而对于主室为矩形的室内来说，常常出现中心双柱的情形。

2. 家具胎骨

彝族传统家具都用木胎，这是因为彝族生活在山区，多森林竹木，便于就地取材。而木胎相对竹胎更容易加工，上漆也更容易。因为竹子表面的竹青如果不去掉，则容易变色；去掉后如果没有经过相应的炭化蒸煮工艺，则容易虫蚀和腐烂。竹心的竹黄难以上色，和其他竹材结合不易，去竹黄工艺繁杂。因此，木材更适合于山区工具简陋的情况下制作家具。而彝族把金竹等品种的竹类当作祖先，对祖先神的崇拜也使竹子不适合于制作家具。

3. 家具形态

彝族传统家具形态朴实厚重（图6.5.2）。如床腿多为方腿，用料足，有的侧面呈曲线线型，有的直线落地。柜腿同为方腿，却比床腿更为纤细，总高1500mm的食具柜腿高在400mm左右。这是因为较高的腿部能更好地抵御地面的湿气，保持柜中食具或食物的干爽。而家具与建筑的组合也使家具更显稳重。彝族家具的形态，具有实用与审美的双重特性。彝族的粮食柜都是向上开启盖子的，这就使粮食柜像一个大箱子，中间用隔板分成左右两格或左中右三格，盛装不同的粮食。这样的形态能最大限度地发挥柜子的储存优势，做到穷其空间之用。木框嵌板结构既是牢靠的结构，又是柜体表面的装饰。彝族的餐具柜和衣柜常与建筑融为一体，这样的室内空间平整而美观，空间利用率高而实用。

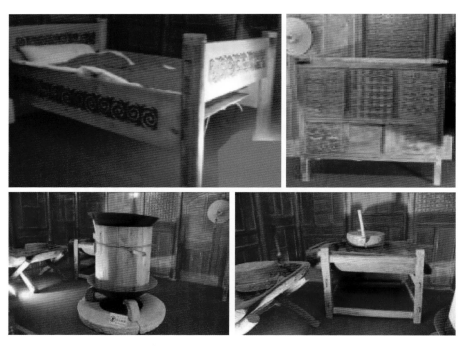

■ 图6.5.2　彝族家具形态示例

4. 家具图案

彝族家具图案和漆器图案不尽相同，但风格绝对一致。家具图案中没有虫子和指甲这类在餐具中最常见的带纹边饰。羽毛和栅栏等在餐具中多见的主体图案在家具中也没有。火镰图案在餐具中多呈带纹做边饰，而在家具中火镰多以另外的图案形式呈两面对称或四面对称，作为主体图案出现。

牛眼睛的图案在家具中有和餐具中的牛眼睛一致的（夸张提炼），也有简化提炼的家具装饰所独有的图案样式。而其他一些如酒壶、面具、羊角等图案是家具所特有的。总的来说，家具的图案种类更多，内容涉及范围更广，如图6.5.3所示。

5. 家具环境

家具环境不仅是一个简单的家具组合，一定形式的家具和家具形成的环境大体上与该民族所处的社会制度、经济形态、生产和生活方式、家庭结构、婚姻习俗相适应。这些家具体现了彝族的社会文化力量，反映了他们的道德观和世界观，具有浓厚的乡土生活气息。

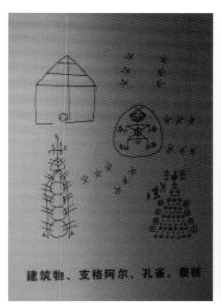

建筑物、支格阿尔、孔雀、繁枝

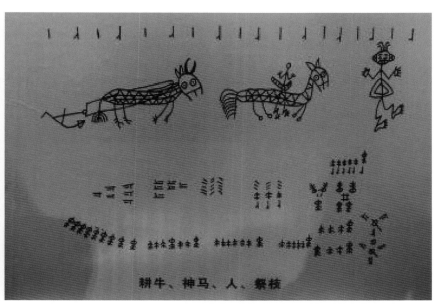

耕牛、神马、人、繁枝

■ 图6.5.3 具有浓厚乡土气息的彝族家具图案

6.6 彝族传统家具的结构工艺

彝族家具的结构主要采用框架式结构，是以榫接合为主的整体式结构。采用这种结构形式既与家具的实木用材密切相关，也与彝族建筑形式和结构密切相关。

1. 木框结构

1) 简单的榫结构——木框角接合

在彝族的各种柜、凳子、床中都普遍使用简单的榫接合作为木构件的连接。这种简单的榫接合多用明直角榫，榫头的端面部分凸出于柜体侧面（图 6.6.1）。凸出的榫头增加了榫头的长度，有增强接合强度的作用，还可作为一种装饰，体现家具

手工制作的原始材质美。

在大的装粮食的贮藏柜中，由于柜子较高（高1.5m、长 3m）、柜深较大，人站在地上无法把手伸到柜里去取出粮食，视线高低于 1.5m 的人甚至看不到柜里的东西，因此制作时要凸出柜腿上部两侧的榫头（距地面 25mm 左右），这样榫头可以当作脚踏使用，在踏着榫头取粮食时起到支承人体重量的作用。

在贮藏柜中，柜子旁板部件上的帽头都是以槽榫接合的方式与前后两立边相接合的，这样的方式具有少数民族特有的粗犷之美，结构牢固而简便。

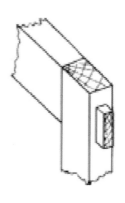

■ 图 6.6.1 明直角榫

2）立体点结构——木框中档接合

贮藏柜的旁板部件的前后立边向下延伸就成了柜脚，立边与柜脚是一根整木料。立边和旁板部件的下帽头、背板部件的下帽头相接合的部位采用错位法，错开的榫头分别做成凸出于立边的明榫，如图6.6.2所示。

用错位法接合可确保两接合零件的榫头接合强度最优化，常用于榫眼零件的断面尺寸较小时，能最大限度地减小立边的断面尺寸，节约木材。

在明榫榫头凸出的立边部分，通常还会用木销或铁钉横向加固，防止明榫榫头零件和榫眼零件之间的移动。这种木销加固的方法相对另一种方法来说，更便于手工制作。因为手工制作对于榫眼和榫头的尺寸把握不很精确，张紧加固用的木片可以张紧榫头的宽度方向，让榫的配合更紧密，同时因为在把榫头插入榫眼时是还没有张紧的榫头，因此可以比较轻松地插入榫。而木销加固在具有张紧加固的优点的同时，由于水平方向加固了榫头，更能抵抗因为季节变化导致木材含水率变化而引起的结构松动，在操作上也更容易制作。具体情况中可以根据榫头宽度选择应使用木销的个数，通常用两个木销加固。

3）木框嵌板结构

彝族柜类家具多采用木框嵌板结构，即框式部件间用榫接合，内嵌薄木板，嵌板通过槽榫与木框相接合。与汉族传统家具不同，彝族家具的木框结构角部接合为直角接合，而不是汉族家具常用的斜角接合（在古典家具中又叫"龙凤榫"的斜角接合）。彝族采用的直角接合方式更为简便。同时因为彝族柜类家具中木框常在角部出头与其他构件接合，因此直角接合的方式比斜角接合更为适合。

采用框内嵌板的部位主要集中于柜子的顶、门、旁板、面板及背板。做法是先在四框内侧起槽，再将板心的四边镶入槽口，这样把板心边缘处理在暗处，既增加了家具的美感，又加固了板心。古典家具中嵌板的两种形式分别为落堂和不落堂。彝族家具中嵌板的形式都是落堂式。

通常同一平面上嵌板大小相近、方向相同，形成一排"口口"形凹陷。这样的结构制作简单、可靠，又具有装饰效果，打破了柜体平面的单调感，在水平或垂直方向上形成了高低错落的视觉效果。

另外，木框结构中上下帽头与立挡的接合采用格肩榫与带槽口的直角贯通榫相结合的形式，把立挡与帽头连接部分做成带斜棱的形式，形成小格肩榫的线型，起到装饰效果。

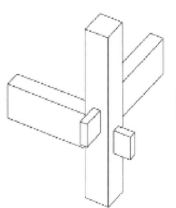
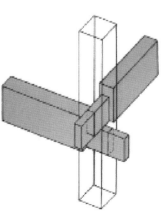

■ 图6.6.2 错位榫头的节点结构

4）花格结构

图 6.6.3 左图中的花格部件是一个柜子上门板的嵌板部位。这时花格部件嵌于木框结构中起围合、装饰的作用。与木框接合的外围用直角榫插入木框的槽榫榫槽中。花格中零件的接合方式有整体直角榫接合、分体圆榫接合、十字交叉接合 3 种。Y 形构件（图 6.6.3 中图）中垂直木条间采用双肩斜角暗榫接合，再与另一木条采用斜角插入圆榫接合。X 形构件（图 6.6.3 右图）采用十字交叉接合。

这种花格结构多见于苏州古典园林的窗格。由于彝族的传统建筑不开窗户，所以彝族家具中只在柜类家具的门板装饰中多见。

2. 拼板结构

这里所说的"拼板"主要是指窄板的拼宽，在木桶、手磨这类家庭常见的工具中使用较多。

1）插入竹榫拼以及藤条固定

这种结构用于木桶的制作，如图 6.6.4 所示。先估计需要制作的木桶桶径的大小，把适量的竖板条加工成梯形，再用竹榫拼合，围合成圆桶。通常两块板条之间至少需要两个竹榫。最后，桶外用藤条缠绕固定。彝族的木桶有两种，盛物品的需要加桶底，底与桶边用槽榫接合。还有一种蒸煮用的木桶是没有底的，底部放锥形斗笠，锥尖朝上，斗笠表面放食物进行蒸煮，桶和斗笠一起放置于大锅上，

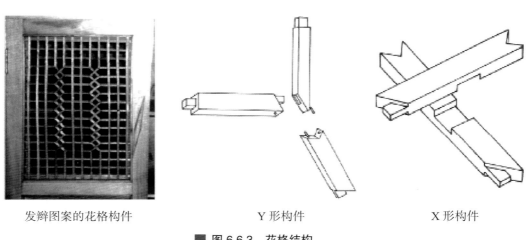

发辫图案的花格构件　　　　　　Y 形构件　　　　　　X 形构件

■ 图 6.6.3　花格结构

蒸煮用木桶　　　　　　　储存用木桶

■ 图 6.6.4　插入竹榫拼以及藤条固定

桶上另有锅盖。

这样结构的特点是合理利用小材，接缝严密。藤条材料在凉山地区多见，取材方便、经济。另外藤条属木质，和木材的加工特征、物理性能相近，能很好地接合。若用于蒸煮食物、盛水，不会因水气或水而影响使用。

竖板条还可以在截面上变化直径大小，做成口宽身窄的木桶，在使用上更便于拿取，也更具装饰性。

2）加固结构

由于彝族人多食玉米、燕麦和荞麦，这些粮食需要用手磨加工后煮食，因此石磨是生活中必不可少的工具，基本上家家户户都有一个手推磨，而磨台是一个木制的凹形架。图6.6.5所示磨台由马扎式的支承和一个曲形磨台构成，石磨悬空架在曲形磨台上端的榫接合的两根木条上。曲形磨台是由一个很大的整木剜去心材部分形成的，耗材相当多，具体的材径视石磨圆盘而定。

这样制作的磨台内外曲面表面的木纹都是径向的。从受力角度分析，两个曲面上端的支承点受力最大；从木纹角度分析，水平剖面上的木纹变化由径向到弦向再到径向，径向抗剪切强度小于弦向，因此最容易发生开裂的部分应在曲面两端，开裂应沿着径向的纹理方向，具体来说发生在端面水平面向下大约45°的方向上。这样的开裂会影响磨具的使用，因此在45°方向的外曲面上加了榫嵌入木材，以控制斜向的开裂，榫另加铁钉固定。这样加固的结构能够延长磨台的使用寿命，石磨不适合了可以更换，比如换成磨盘直径小一些的用来细磨食物，而磨台不用换。

■ 图 6.6.5　手推磨

6.7 彝族传统家具的造型艺术

6.7.1 彝族传统家具的装饰手法

彝族家具主要有 3 种装饰手法：雕刻、髹漆和花格饰面。

1. 雕刻

雕刻手法主要有阴阳额雕和线雕两种。阴阳额雕主要用于家具的平面围合部件上，是非结构性装饰，图案感强；线雕主要用于木框、腿部等承重部件，是结构性装饰，强调变化、轻盈的美。

1）阴阳额雕

这种雕刻手法是在家具表面随图案轮廓线铲出阴面和阳面，阴阳面的交界线便形成了图案。有的还在凸面画中施雕刻，使图案更加丰富。一般只在家具表面挖地铲平，仅起凸凹，省工省时。

彝族家具的阴阳额雕图案以凸出部分来呈现，阴阳额雕的位置多在柜体木框嵌板上，嵌板作围合作用，不承重，因此雕刻工艺不影响柜体的结构强度。也有的在柜门或床梃、床屏部件上雕刻。所雕图案线条舒展流畅、韵律感强，题材常以自然图案及植物、动物图案为主，与彝族图腾崇拜、原始崇拜和生活生产息息相关。处理手法上有的与髹漆手法结合使用，雕刻后把图案凸出部分髹漆单色或多种颜色，如图 6.7.1 所示。

柜子

储物柜

床

■ 图 6.7.1 阴阳额雕

2）线雕

线雕分为阴刻线雕和阳刻线雕，彝族家具使用的是前者。阴刻线雕又称素平，雕成的花纹刀口端面呈现 V 字形，以线条优美、自然见长，是一种以刀代笔、效果近似写意中国画的雕法，凹下去的线条与家具平滑的表面形成鲜明的对比，产生一种自然的美。作为形体语言的"线"大量简单运用，体现柜体的线型美感，与彝族家具整体的实用、简洁风格相融合。线雕多大量用于木框构件、腿部构件上，可增加承重构件的圆润视觉效果，同时手感也更丰富，雕刻手法简单易行，成为彝族普通家庭柜子的典型装饰，如图 6.7.2 中左边两图所示。而图 6.7.2 中右边两图所示在食具柜局部装饰图案上雕刻线型的做法，能减少大面积色彩的单调感。

2. 髹漆

髹漆的运用让家具富于色彩，使装饰图案更具表现力。彝族家具常用黑、黄、红、白、绿、蓝 6 种颜色漆饰。家具的底色是黑色，其他颜色在黑漆底上形成鲜明的冷暖、强弱、明暗的对比，整体色调浓烈，有主有从。鲜艳的色彩多与丰富的纹饰图案搭配，形成一定的空间感，从而产生出和谐的韵律。黑、黄、红为主色，搭配白、蓝、绿 3 种辅色，黑白对比，黄蓝、红绿互为补色，对比也很强烈。黑、黄、红三色是彝族传统的颜色，是彝族文化长期的历史积淀。彝族以黑色表示刚强、庄重和尊贵；黄色代表美丽、光明和友谊，意为金子般的品德，是日月之光的代表；红色象征勇敢、热情、吉祥及神圣的火。这与彝族尚黑、崇火，以黄色为美的审美意识有直接关系。另外，白色常与黑色搭配，绿色可以视为树木、山地的植被颜色，蓝色视为天空的颜色，都是彝人日常生活中常见的色彩。

1）彝族先民的五色观

从上述 6 种色彩产生的历史角度来阐释颜色内涵，在彝族人眼中，绿色和蓝色是相通的。红、黄、

柜体的线型装饰　　　　　　　　　　　　　　　　彩色图案的线型运用

■ 图 6.7.2　线雕

绿（蓝）、白、黑表现了彝族先民的五色观。每种颜色都有其丰富的含义，见表6.7.1。

彝族认为这5种颜色象征五行，认为五行是构成世界万物的基本物质。彝族五色观里以黄、红、黑三色为主，可以称为三色文化，髹漆家具最早使用的就是这3种颜色。绿、蓝、白色的使用在三色之后。

2）彝族的三色文化及其由来

在彝族人心里和眼里，黑、红、黄三原色是世界上最美丽的色彩，它是彝族色彩的根源、色彩的基础、色彩的灵魂。

黑色象征着群山与黑土，给人以庄重肃穆、沉静高贵、威严沉默、刚强坚韧之感。黑色与彝族的生存息息相关，它伴随并见证了彝族先民的迁徙和历史的演绎，补充和完善了凉山彝族文化。传说远古时代彝族先民是黑虎氏族，民间史诗《梅葛》记载，天神在创世之初，派他的5个儿子去造天，天造好之后，便用雷电来试天，结果天裂开了……用什么补天呢？天神认为世界上最威猛的东西是虎，于是降服了虎，然后用虎的一根大骨做撑天柱子，天就稳定下来了。又用虎头做天头，虎尾做地尾，虎鼻做天鼻，虎耳做天耳，左眼做太阳，右眼做月亮，虎须做阳光，虎牙做星星，虎油做云彩，虎气做雾气，虎心做天心地胆，虎肚做大海，虎血做海水，大肠做成江，小肠做成河，虎肋做道路，虎皮做地皮，虎的硬毛做树林，虎的软毛做青草，虎的细毛做秧苗……于是便有了今天的世间万物。由此崇黑尚虎，

即以黑虎为图腾，并一直保持到现在。另外据彝族文史资料记载，彝族崇尚黑色的心理是为了维护部落等级制度的纯洁。凉山在1956年之前可以说还处于奴隶制社会阶段，社会等级制度森严，以血统分为黑彝和白彝两大类，互相之间不通婚，等级不可逾越，这是构成彝族人崇尚"黑色"的因素。

红色在彝族人心里和眼里是神圣的色彩，是它驱除了黑暗，给人们带来了光明，送来了吉祥。为求生存与野兽搏斗，或部落与部落之间的争战，都会流血，生命和血融为一体，红色便被看作是生命之色了。传说很早以前，彝族男子出征前头上要包红帕子，或是在英雄结上缠上一段红色的布，腰间配挂着用红布做的镶玉片的"英雄带"，以此表示勇敢、成功的意义。彝族家的女儿出嫁，家人要为她举行红线仪式，以表示对她的祝福。就连毕摩用以避邪和崇拜祖先用的篾帽上的鹰爪，也裹缠着红布条，红布条越多，表示这位毕摩的知识越渊博。在有关彝族历史的书籍和神话传说中，我们查证到最终能与彝族祖先相见的桥梁便是"火"，人类是由火演变而成的。难怪在彝族民间有着这样的谚语："生于火塘边，死在火堆上。""汉族人敬官，彝族人敬火。"从而不难看出彝族人对火的特殊感情。彝族崇火、敬火，这还要从凉山彝族的火把节说起。传说在远古时，天神恩梯古滋每年都派凶恶的大力士史惹把和到人间征收银、粮，此神横行霸道，人们对他既恨又怕。此时又出现了一个力大无比的人，叫阿曲拉麻，他看到了人们的苦难，后来为民除了

表 6.7.1　彝族先民的五色观

颜色名称（彝语）	直译	表方位	表天干	表五行	表支系	表季节	表龙的种类	表五天君
尼	青、绿	东	甲乙	木	青彝	春	青龙	尼莫兹
能	赤、红	南	丙丁	火	红彝	夏	赤龙	能米方
稍	橙、黄	中	戊己	土	黄彝		黄龙	乌高左
纳	乌、黑	北	壬癸	水	黑彝	冬	黑龙	那莫格
吐	白	西	庚辛	金	白彝	秋	白龙	吐莫塔

害。他的行为激怒了天神，天神召集天兵天将想讨伐他，但又无人敢与之争斗，无奈之下，只好派大量的害虫到人间来糟蹋、危害人民，阿曲拉麻带领人民点燃火把，烧死了害虫，战胜了天神，这天是农历六月二十四日，为了纪念这个日子，从此彝族人民就把这一天定为"火把节"。如今的火把节已从凉山走向了世界，并被称为是"东方的狂欢节"。

在彝族人眼中，黄色象征着阳光。太阳是万物的生长之源，也是人类生存的根本，它意味着善良和友谊、丰收和富裕，具有共同遵守和永恒不变的道义。自古以来，是黄色消散了神和人的对立，是黄色产生了万物，并使万物得以繁荣茂密，使人类得以净化。在凉山彝区，无论身居何处，黄色装点着、美化着彝族人民的生活，他们将黄色运用得淋漓尽致。如在彝族姑娘选美活动中，除要具备匀称丰满的身材、挺直端正的鼻梁、薄而小巧的嘴唇、线条优美的眉形、长而上翘的睫毛、细长光滑的脖颈、粗长乌黑的辫子外，在肌肤上还须涂上油菜花般的灿烂亮丽的黄色。有关彝族对黄色的崇尚，可以追溯到遥远古代流传于大、小凉山彝区"支格阿龙射日"的神话传说中。传说支格阿龙射日后，只

剩下了一个独眼太阳，后来这个独眼太阳便成为主持人间公道的化身，成为彝族先民的崇尚物和申诉冤屈的对象。故此，黄色在彝族人心目中便成为太阳的化身，它是代表美丽、光明、富裕、健康和平安的颜色。

每个民族都有自己所喜爱的传统色彩，而传统的色彩观念的形成是与地域环境、生活习惯、历史文化、宗教心理密切相关的。黑、红、黄三原色是彝族先民情感、思想、宗教信仰及审美观的浓缩、凝聚和积淀，丰富了凉山彝族文化的内涵。

3. 花格饰面

花格饰面采用榫拼接成各种形式的图案，嵌装在柜体木框内的嵌板部位，使柜子更加美观、坚固。图6.7.3左图中的花格形式是两条对称的发辫，出自美姑县阿以曲者书记家的柜子。发辫图案是彝族家具中常用的装饰纹样，在髹漆中也有采用。另外，发辫图案的花格饰面不仅局限于家具装饰，在建筑外墙装饰中也有运用。图6.7.3右图中的花朵图案摄于美姑县洪柒乡，是餐具柜的柜门上所装饰的。这种花朵的花格饰面在建筑内墙装饰中也多有所见。

发辫图案的花格饰面

花朵图案的花格饰面

■ 图6.7.3 花格饰面

6.7.2 彝族传统家具的花纹图案

1. 图案特点

花纹图案的特点有两个：一是反映内容广泛，包括彝人生产、生活中的事物，原始宗教信仰和原始图腾；二是自然写实，形义一致。

2. 图案内容及其文化内涵

自远古时，人们总爱把所崇拜、敬畏、喜爱的事物绘制成图画来表达感情。随着时间的推移，这些图画逐渐演绎成为一个民族所特有的符号和表征，证明着民族的独特和唯一，传承着民族流动不止的血液，传递着民族最古老的信息。后来毕摩画的出现是这种绘画的鲜明表现形式，反映了人们对崇拜、敬畏的事物的感情，希望从中得到庇佑和启示。

过去有人从研究汉族古代图案的经验出发，将不同的图案解释为月牙纹、链条纹、水波纹、方格纹、古泉纹、卷草纹、涡纹、网纹、几何纹等，其实并不确切。彝族图案源于生活，多为象形文字或符号，大体有以下几类（见图 6.7.4）。

1）自然现象图案

太阳、月亮、星星：天体图案，象形符号，反映了彝族的自然崇拜，祭祀日月星辰。彝族毕摩会占星，从星辰得到吉祥或凶险的启示。

山、水、火：象形符号，与大汶口文化的陶文、纳西族的东巴文相近，反映了彝族人自然崇拜，祭山神、火神的习俗。

英雄带：是彝族的传统服饰，由太阳、月亮、星星的图案组合而成。

2）动物图案

在狩猎和畜牧经济的影响下，动物图案占有突出地位。相传彝族最早的图腾为雷，雷生许多子女，有蛇、蛙、鹰、熊、猴等，说明有些家具图案与原始图腾有关，但有些动物图案具有财富和巫术意义。

牛眼：象形状图案，反映了彝族先民的游牧

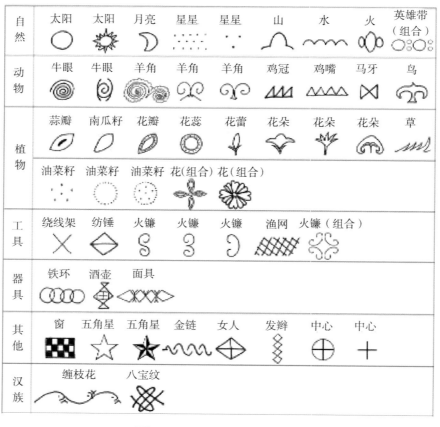

■ 图 6.7.4　彝族家具的图案

生活。

羊角：象形状图案，表示财富。在彝语中，羊的彝文念作"者"，和钱的发音是一样的。羊可以直接以物易物，用于交易，在市场上流通，执行着货币的职能。彝族奴隶社会时期，5 只羊的价值等于 1 头牛，也等于 1 匹马，还等于 2500 担麦子。所以从某种意义上来说，羊和钱是没有明显区分的，羊就是钱，就是财富。

鸡冠、鸡嘴：象形状图案。鸡是畜牧经济下家家户户都普遍养殖的家禽。

马牙：抽象化图案，反映了彝族先民的游牧生活。

鸟：象形状图案，代表彝族鹰和虎图腾中的鹰图腾。彝族自认为是鹰或虎的子孙。

3）植物图案

如蒜瓣、南瓜籽、花瓣、花蕊、花蕾、花朵、草、油菜籽，基本为象形符号。家具上众多的植物图案基本是农作物的反映，这种从动物装饰向植物装饰的飞跃，乃是狩猎经济向农业经济过渡的产物。

4）工具图案

动物、植物图案都是反映生活内容的，而工具图案主要反映生产内容。

绕线架、纺锤：表现家庭纺织劳动的工具。彝族有两种织布机，织羊毛和织棉花的各不相同。大凉山彝族使用较多的还是织羊毛的织布机，因为大凉山多高山，高寒地带不产棉花，而当地彝族身披的彝族服饰"察尔瓦"是用羊毛织成的，御寒性能好。

火镰：打火石，表示火长久不灭。图案形式多样，有两面对称或四面对称的排列方式。

渔网：凉山彝族在洱海打鱼时使用的工具。

5）器具图案

铁环：表示牢靠。

酒壶：反映日常生活。彝人好酒，几乎天天都要饮酒。

面具：彝人在祭祀时跳祭祀舞蹈会戴面具或在脸上画上油彩。

6）其他图案

如窗、五角星、金链、女人、发辫、中心等，是生活中常见到的物品或常用的概念。

7）汉族图案

彝族受汉族影响较大，反映到家具的花纹图案上，就是在其中吸收了汉族的某些传统图案和手法，如缠枝花、八宝纹等花纹是汉族的传统图案。

3. 家具的纹饰解读

下面举例解读上面的图案。

[例 A] 食具柜的纹饰

食具柜的纹饰图案主要位于嵌板装饰构件和正面的木框结构构件之上（见图 6.7.5 左图），采用雕刻、髹漆相结合的手法。图案分布为 4 个部分：两扇门的嵌板、中间层柜的嵌板和整体边饰。对于整体边饰来说，都采用绘画髹漆手法。柜头是 3 条边饰，从上到下分别为彝族的英雄带、水波纹和马牙。英雄带是彝族的传统服饰，表示彝族男子英勇威武之意。木框构件上采用黑白相间的图案装饰，表示

外观

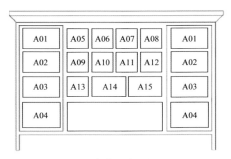

图案位置标示

■ 图 6.7.5　食具柜的纹饰

窗格，窗格围绕着的就是嵌板的装饰图案了。嵌板图案中多有酒器，包括酒壶和酒杯，体现彝族爱酒的饮食习惯，表明柜子的功能是装食具和酒器的。

下面具体分析各个嵌板的纹饰，图案位置标示见图 6.7.5 右图。

1）嵌板图案（图案 A01～A04）

如图 6.7.6 所示，图案 A01 是一个单体图案的连续平铺排列，单体图案是 4 只向 4 个方向飞翔的鸟。彝族的动物图腾崇拜的对象主要有虎和鹰。传说彝族有古侯、曲涅两大部落，部落成员分别是虎和鹰的后裔。鸟的图案可以理解为图腾崇拜的对象：鹰。中间十字交叉的图案可以理解为中心或方位，在这 4 只鸟中起到点明视觉中心的效果，同时让图案更丰满、连续。这是彝族图案中常用的手法，在后面的很多图案中也能见到。蓝色背景代表蓝天。整幅图案的含义可以解读为在蓝天下翱翔的鸟儿们，透露出高山旷野的游牧生活的感觉。

图案 A02 可以分 3 个部分来分析。上下两横条是同样的一个单体的连续条纹，单体图案的含义是酒壶，是彝族特有的特色漆器。中间比较宽的图案是两个单体图案的连续排列，图形相较更复杂。菱形图案中间的绿色菱形和黄色十字形组合在一起可以解释为女人。小的绿色菱形外还有白色和红色的菱形包围着，并在它们之间都有十字形延伸出的直线相连，可以理解为很多女人或家里的 3 代女人，从祖母到孙女。处于整个菱形中间位置的白色菱形有波纹形的边，表明了差异性，也使局部图案更具变化性。黄色部分是两只飞行方向相对的鸟和一对马牙组成的单元体的连续纹样。整体图案用蓝色作背景，酒器作为边饰，女人是在蓝天下的主要图案。

图案 A03 和图案 A01 排列方式相同，都是单体图案的连续排列。不同的是 A03 是两个单体图案的间隔连续排列。蓝色、黄色的菱形图案和 A02

中一样，表示女人；白色的短横线把菱形图案纵向连接起来，表示女人手牵着手；红色的图案是火。整幅图案以黑色为底，是女人们手牵手围着火（锅庄）起舞的场景图。特别要说明的是，彝族在节日、祭祀时都有跳舞的习俗，大家或牵着手或拿着伞，围着中间的锅庄边转圈边跳舞。锅庄通常只有一个。图案上这样的均衡处理是平面对称手法的运用。

图案 A01

图案 A02

图案 A03

图案 A04

图案 A04 分 3 部分分析。上下两横条与 A02 相同，是连续的酒壶图案；中间宽横条图案由上下对称的两窄横条组合而成。黄色的连续单体是主要图案，表示两头羊角向外的羊。黑色三角形是马牙，十字形是表示中心的图案，在横条图案中心有红色的瓜子形图案，表示南瓜籽，组合起来的宽横条图案上 4 个南瓜籽拼成了花形。整幅图案以蓝色为背景，酒器图案作边饰，与 A02 相呼应，主体图案是羊。

图案 A01~A04 是食具柜的左右两扇门上的嵌板装饰图案，两扇门上的 4 幅图案一致，都是上下左右对称的。其中 3 幅都以蓝色为底色，另外红黄两色为主要颜色。图案内容主要有鸟、羊和女人，边饰是酒壶。A01 与 A03、A02 与 A04 的图案构图方式分别相同或相似。

2）嵌板及门板图案（1）（图案 A05~A08）

如图 6.7.7 所示，图案 A05 可分为上中下 3 个条纹。上条纹是有红色和黄色菱形花纹的渔网；下条纹是连续对称的酒壶。整幅图案以蓝色为底。

图案 A06 上下左右对称，可以分为上下两个相同的横条和中间部分来看。横条的中间是酒壶，两边是渔网；中间部分是 3 个圆圈，可表示太阳，其中两边的圆圈中是两个红色花瓣拼成的花和衬托花的绿色叶子，中间的圆圈中是 4 个对称排列的火镰。

在彝族看来，圆是最美的图案。圆在彝族图案中常表示太阳，常和表示花、火镰的图案连用，因为花需要阳光，火镰是一种在石头上打火的器具，有太阳的高温更方便使用。

这里圆形的运用把圆圈里面的图案归整在内，否则就要把它们之间用简单一致的图案连接起来，成一对称的整体。

图案 A07、A08 是两朵具象的花。A07 是白花绿叶，A08 是红花绿叶，每朵花还各带两个花蕾，左右对称排列。

这组图案（A05~A08）都以蓝色为底色，主体图案是花，边饰为渔网、酒壶。A07 与 A08 的图案构图方式相同。

图案 A05

图案 A06

图案 A07

图案 A08

■ 图 6.7.7　嵌板及门板图案（1）

3）嵌板及门板图案（2）（图案 A09~A12）

如图 6.7.8 所示，图案 A09 是一幅中心对称的整体构图。黄色和白色部分都是火镰，单体图案分别由 4 个或 2 个火镰对称组成。红色的颜色可代表火，连接了整幅图。中间还隐藏了一个球的图案，由绿色部分和中间红色围成的圈构成。A09 是一幅以黑色为底的火镰图。

图案 A10 上下左右对称，以十字形贯穿。白色和白色中的部分是女人，黄色是纺线的纺锤，绿色是绕线架。这是一幅女人绕线图。

图案 A11 是可推拉的滑动门的饰面，是一幅上下左右对称的整体构图。主要图案是花朵和数字 1。橙色的是 8 朵花，另外中心红色和白色部分组成一朵两层花瓣的大花，内含小花若干朵。上下对称的白色图案是两朵白色的花。

图案 A12 上下左右对称，以粗细横线贯穿。上下的边饰是面具图案；中间的图案有两个，中心是太阳下的 4 个火镰，边部黄色部分是两个向着相反方向的羊角，红色十字和黄色圆圈组合表示中心，红色波浪边纹表示太阳。单体图案可解释为在太阳下的羊。

A09~A12 都是对称图案，3 幅以蓝色为底，主要图案有羊角、火镰、花，边饰是面具。A10 是一幅有具体含义的意境图。

4）嵌板及门板图案（3）（图案 A13~A15）

如图 6.7.9 所示，图案 A13 是左右对称的整体具象图——酒器图。中间是彝族的圆酒壶。彝族以管吸酒，但一个酒壶只有一根管子，基于对称构图的原则，图案上又镜像了一根。另外，管子下黄色的把手式样的东西在实际的酒壶上也是没有的。圆酒壶上有花瓣拼成的花朵、油菜籽的纹饰。两边各一只正对前方摆放的鹰爪酒杯，这种酒杯是权利、勇猛的象征。酒杯上有鸟、花朵、油菜籽的图案，

图案 A09

图案 A10

图案 A11

图案 A12

■ 图6.7.8 嵌板及门板图案（2）

图案 A13

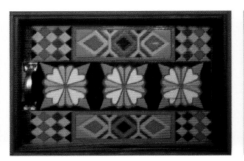
图案 A14

图案 A15

■ 图6.7.9 嵌板及门板图案（3）

甚至鹰爪上的皮肤褶皱都用黄色的短线表示出来，图案相当明晰。

图案 A14 是上下左右对称的，分为上下两个相同的部分和中间部分。主体图案是蓝色的叶子簇拥下的花朵；边饰的中间是面具，两边格子状的是发辫，可以理解为戴面具的人。

图案 A15 是上下左右对称的，由 3 条连续图案排列而成。主体图案是蓝色的牛眼；中间绿色的是发辫。

A13~A15 的底色各不相同。A13 是具体的酒器图；A14 和 A15 的构图方式相似。

以上图案有的是描边之后髹漆的，有的是浮雕后再髹漆的。具体来说，A06、A11、A14 是前者，其他都是后者。描边之后髹漆的在这个柜子中都是带把手的推拉门的部件，不雕刻是出于推拉门结构稳定性的考虑。

比较雕刻图案和非雕刻图案，雕刻图案与边缘都有连接，稳定性好，构图更饱满。

[例 B] 储物柜的纹饰

储物柜整体采用木框嵌板结构，有两扇柜门，可开合，最左和最右的 3 层嵌板结构是固定的，不可打开。柜体正面的木框嵌板结构采用髹漆工艺装饰，上下木框上用红白相间的三角形边饰，含义是鸡冠；左右木框用红白相间的马牙边饰。中间分隔柜门的条饰是白色的火镰图案；两扇柜门和嵌板之间的条饰分别都是发辫图案。

该柜的图案很有特色和特殊意义，包括五星、天安门、飞机、汽车等，是纪念新中国成立的题材。柜底左侧牙子上有用漆写着的"九二年六月"，右侧是"27 日"，是该柜的制作完工日期。六月、七月也正是彝族割漆树取漆的传统月份，由此推测该柜可能是用当年割下的新漆髹漆而成的。

下面具体分析图案纹样，见图 6.7.10。

该柜共有 10 幅图案，各不相同。其中，图案 B01~B03 是左侧嵌板上的装饰；图案 B04~B07 是柜门上的装饰；图案 B08~B10 是右侧嵌板上的装饰。

外观

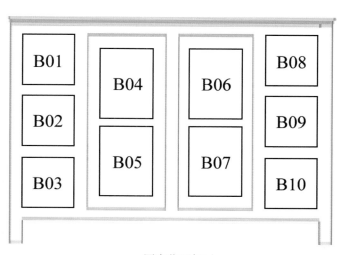

图案位置标示

■ 图 6.7.10 储物柜图案位置标示

1）左侧嵌板图案（图案 B01~B03 ）

如图 6.7.11 所示，图案 B01 是左右对称的四分构图。中心是一颗红星，被绿白相间的圆圈包围着。红星是国旗上的红色五角星，代表新中国。圆圈和四分方形中的圆圈相连，是彝族认为最美的图形。四分图案是十字交叉的图案，代表位置，表示中心的意思，这里就是把五角星放在了中心，而周围是大小的圆圈，先各自围绕着红白相间的圆，再共同围绕在五角星四周，象征了新中国在共产党的领导下地方有序、全国团结一致的局面。

B02 表达的意义与 B01 相似，但在图案排列上取彝族舞蹈的形式，以中心对称的方式让众多圆圈围绕"中心"而存在着。共有 4 层图案，每层各自的图案相同，层与层之间有小的形态差异，颜色一致，表明各类人都围绕着党、国家在一起的精神。

B03 是采用单体反复连续的手法构成的斜纹蒜瓣图。

2）柜门图案（图案 B04~B07 ）

如图 6.7.12 所示，图案 B04 与 B06 构图相似，都是左右对称的。中心是红黄色彩的大五角星，B04周围是小五角星和表示中心的图案，B06 周围是小五角星和红白相间的圈，表示铁环，象征新中国政权牢固之意。B05 是红绿色的纵横蒜瓣图案，B07是黄色黑点花瓣拼成的花朵图案，这两种图案都是彝族家具上常用的，这里起到烘托主体图案的作用。

3）右侧嵌板图案（图案 B08~B10 ）

如图 6.7.13 所示，图案 B09 是具象表达的主题图案：左行的飞机，右行的汽车，飘着国旗的天安门，点明了这件家具的装饰主题是新中国成立大阅兵。B08 是中心对称的，以花朵、圆圈为纹饰。B10 是连续条纹，内容有铁环和渔网，分别代表牢固和丰收之意。整个柜子都是描边之后髹漆的纯髹漆装饰。主体图案的背景色彩都取的白色，边饰、条饰的背景色彩都取的黑色，黑白对比让主体更清晰。

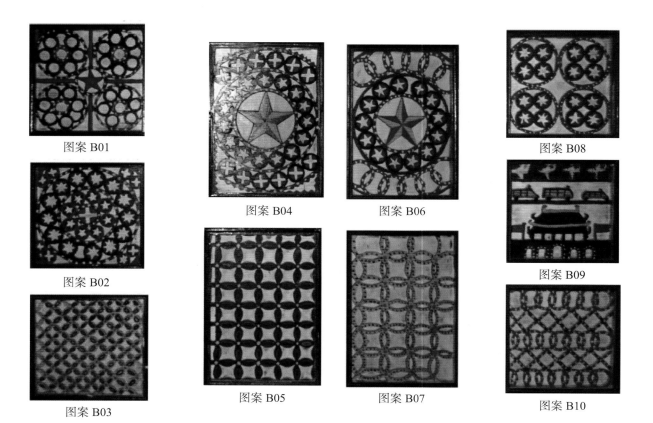

图案 B01

图案 B02

图案 B03

图案 B04

图案 B05

图案 B06

图案 B07

图案 B08

图案 B09

图案 B10

■ 图 6.7.11　左侧嵌板图案　　■ 图 6.7.12　柜门图案　　■ 图 6.7.13　右侧嵌板图案

[例C] 盛放粮食、食具的柜子上的图案

如图 6.7.14 左图所示，柜子分为两层，上层装粮食，下层放食具。上层是向上打开的，和普通的粮食柜一样，不同的是多了下层，是由中间的推拉门打开的。图案的分布见图 6.7.14 右图。

图 6.7.15 示出了柜子的装饰。具体分析来说，图案 C01 是花瓣拼成的花和山；C02 是蒜瓣组合的花形图案；C03 是花瓣拼成的花和火镰；C04 是 6 个太阳和 2 个月亮。C04 的太阳和月亮与彝族日月崇拜有关。传说远古时候曾出现过 6 个太阳和 7 个月亮。神人支格阿龙射掉了 5 个太阳和 6 个月亮，并拿牛和公鸡来祭祀剩下的一日一月，从此彝族才过上了好日子。这里的 6 个太阳和 2 个月亮包含了彝族对太阳和月亮的祈求和祭祀，是彝族自然崇拜的一种。

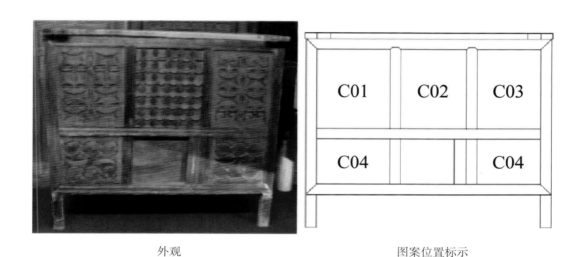

外观　　　　　　　　　　　图案位置标示

■ 图 6.7.14　柜子图案位置标示

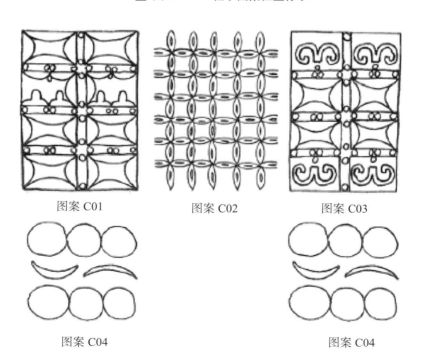

图案 C01　　　　图案 C02　　　　图案 C03

图案 C04　　　　　　　　　　图案 C04

■ 图 6.7.15　柜子的图案

[例 D] 桌和凳的图案

图案集中在桌面和凳面之上，都是中心对称的。

此桌面图案从内到外共有 5 层，分别是：① 4 个花瓣、花蕊组合的花朵和 4 朵黄色花朵；②绿色描边的草和黄色的花朵；③橙色羊角、黄色月亮和点状的黄色菜籽；④黄色的南瓜籽；⑤牛眼。它们以单体或单元重复的方式形成一圈圈的图案，如图 6.7.16 所示。

图案之间还有更纤细的条纹纹饰，分别是：i. 金链；ii. 水波纹；iii. 发辫；iv. 水波纹；v. 水波纹和金链。

凳面和桌面的图案构图相似，都是圈形条纹图案围绕而成的。

如图 6.7.17 所示，D01 从内向外分别是：蒜瓣的组合花形；水波纹；缠枝花；花蕊、南瓜籽、羊角和八宝纹的组合图案；水波纹。其中缠枝花和八宝纹是受汉族影响发展来的图案。D02 从内向外分别是：花蕊和花瓣；两种不同花形的花；金链；月亮和羊角；水波纹。D03 与 D01 只有细节稍有不同，从内向外分别是：蒜瓣的组合花形；金链；缠枝花；花蕊、南瓜籽、羊角和八宝纹的组合图案；水波纹。D04 从内向外分别是：牛眼和黄色的指甲；金链；缠枝花；红色花瓣拼成的花朵和黄色花朵；水波纹。D05 从内向外分别是：红色花瓣拼成的花朵和黄色花朵；南瓜籽；牛眼和星星；水波纹。

[例 E] 床梃和床屏上的图案

如图 6.7.18 所示，浮雕的连续图案表示牛眼睛的意思，是对彝族先民游牧生活的反映和追溯。

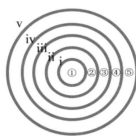

■ 图 6.7.16　桌面纹饰

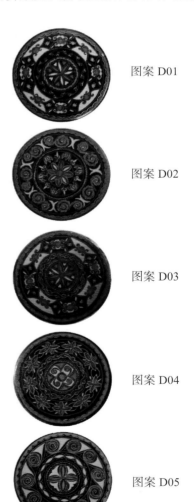

图案 D01

图案 D02

图案 D03

图案 D04

图案 D05

■ 图 6.7.18　床梃和床屏上的浮雕图案

■ 图 6.7.17　凳面纹饰

6.8　结束语

彝族家具是在该民族所处的社会制度、经济形态、生产和生活方式、家庭结构、婚姻习俗等的影响下逐渐形成的。这些家具体现了彝族的社会文化力量，反映了他们的道德观和世界观，具有浓厚的乡土生活气息。

参考文献

[1] 刘洁. 四川彝族家具造型的研究 [D]. 南京：南京林业大学，2008.

[2] 彭晓玲. 云南楚雄彝族家具装饰艺术研究 [D]. 昆明：昆明理工大学，2010.

[3] 刘洁. 大凉山彝族家具纹饰图案解读 [J]. 家具，2009（06）：85-91.

[4] 范例. 彝族漆器的造型、色彩及图纹意蕴 [J]. 云南民族大学学报（哲学社会科学版），2004（01）.

[5] 曲木尔足. 浅析彝族漆器艺术 [J]. 西昌师范高等专科学校学报，2003（01）.

[6] 张建世. 四川凉山彝族传统漆艺文化述论 [J]. 民族研究，1998（03）.

[7] 罗明刚. 凉山彝族漆器 [J]. 四川文物，1992（04）.

[8] 李赐生. 论凉山彝族建筑家具的设计特色 [J]. 家具与室内装饰，2010（09）：24-25.

7

满族传统家具

本章对满族的民族特征进行了概述，对满族传统家具的基本概况进行了详细的阐释，对家具的起源、种类、用材、结构工艺、造型艺术进行了系统的剖析，并罗列了大量具有代表性的满族传统家具图片进行赏析介绍。

7.1 满族概述

17世纪中期，由满族统治者建立的清朝入主中原，绝大多数八旗将士亦"从龙入关"，定居北京，拨出一少部分在关内各处要地驻防。与沙皇俄国发生边界冲突之后，满族统治者开始有计划地使旗人向东省故土回流，但北京始终是清代满族政治、经济、文化的"大本营"。直至清室逊位后的民国初期，由于关内政局不稳，人口数量剧减；而政局相对稳定，又是满族故乡的东北地区，此后重新成为满族文化的焦点。

1. 满族的人口与民俗

满族散居中国各地，以居住在辽宁的为最多，其他散居在吉林、黑龙江、河北、内蒙古、新疆、甘肃、山东等省区和北京、天津、成都、西安、广州、银川等大中城市，形成大分散之中有小聚居的特点。现在的主要聚居区已建立岫岩、凤城、新宾、青龙、丰宁等满族自治县，还有若干个满族乡。满族人口数约为1041万（2010年第六次全国人口普查数据）。

满族主食谷物，善面食、黏食，口味酸甜，面食多以呈块状的饽饽为主，萨其马、酸汤子、满族包饭、白肉血肠等是其特色食品。满族人善骑射、猎鹰、摔跤，如今都已发展成为体育娱乐项目。另外，珍珠球、欻（chuā）嘎拉哈、走冰鞋、冰嘎（gá）、荡秋千、踩高跷也都是满族传统游戏。

满族服饰在衣服的制式上和质料上都带有浓郁的民族色彩和独特的骑射风格。传统满族男女均着旗袍，袍内穿贴身小袄着长裤，袍外或着马褂、坎肩，以利骑射或其他激烈活动，适体保暖，脱卸方便，后逐渐发展成为只有女性穿着。旗袍不显露形体，基本呈直筒形，宽大平直，前后襟开衩，面料厚重，装饰繁琐。旗袍的总体风格是旗袍上下一体，假髻高耸，穿高底鞋加上袍长及地，将穿着者腰线抬高、下肢拉长，显得亭亭玉立。装饰上从简朴逐渐发展为镶、滚、嵌、绣、烫、贴、盘、钉样样俱全。在许多正式场合均有接袖和箭袖。贵族和富户人家的妇女旗袍多用绸缎、多有提花，或用花边，色彩鲜艳复杂，图案纤细繁缛。款式多为宽袍大袖，下摆一边或两边开衩。随着满人与汉人的文化逐渐融合，旗袍不断被汉化，其用料和样式也逐渐演变。如今旗袍已经成为最具中国特色的服饰代表，出现在世界服饰领域。

满族人十分注重礼仪，不仅逢年过节、红白喜事礼节繁多，平时也是"三天一小拜，五天一大拜"，见面、请安、告别都分别有多重大小不同的讲究的礼节姿势。现如今虽然礼节形式相对简化，但"尊老敬上"、"重客守信"、"有难必帮"始终是满族礼仪的重要基础和中心内容。

2. 满族的生活文化

"窗户纸糊在外；姑娘叼着大烟袋；养活孩子吊起来"是关东三大怪，说的就是满族人特有的习俗。满族在长期的历史发展中形成了顺应自然环境的生活和文化习惯。迁都沈阳之后，满族在本民族传统习俗的基础上吸收了汉族儒家文化的特点，并将本民族的文化同汉族、蒙古族及其他少数民族文化相互浸透交融，从而形成了独特的满族生活习俗。

传统满族住宅素有"土坯草房篱笆寨，关东百姓人人爱"的流传。过去东北的农村最常见的是土壁草顶的房子（图7.1.1），房屋所属地的周围是用树枝或秸秆编成的障子（即篱笆，见图7.1.2）。土坯是盖房时砌墙和搭炕（俗称盘炕）用的土草混合物以模具固定出的砖块，这种砖块长约1尺，经自然晾干，未经过高温烤制。房子梁架采用梁、檀、椽组成的木构架，房顶苫[1]草以覆盖，房子侧面呈人字形的硬山起脊式，屋顶从正脊由前向后两面下倾，形成"前坡"和"后坡"。窗棂多是横直相交，外糊窗户纸。这种建筑就地取材、建造方便，厚墙厚顶、冬暖夏凉，颇具质朴美。屋外以障子或篱笆围筑，形成院子，以防御野兽和遮挡风雪。院内设苞米楼，形似"空中楼阁"（图7.1.3）。苞米楼采用当地山中杂树，以立柱支撑在距地1m多高的地方加横撑做仓底，再向上加仓壁并做成一面坡或前后坡的顶盖即成，上似一间木房，是贮藏玉米的仓库。

赫图阿拉故城中的满族老屋

塔克世故居

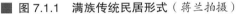

■ 图 7.1.1　满族传统民居形式（蒋兰拍摄）

■ 图 7.1.2　篱笆寨（蒋兰摄于塔克世故居）

■ 图 7.1.3　苞米楼（蒋兰摄于塔克世故居）

---

[1] 音 shàn，指用席、布等遮盖。

社会的发展使传统满族老屋发展成为高大宽敞的住宅，建筑材料与汉族和其他民族逐渐合拢。在保留传统满族住宅格局的基础上，发展了木结构建筑和新的门窗材料。这种结构大概有两种形式：一种梁柱式，一种穿斗式。官署和贵族住宅建筑通常采用梁柱式结构，一般平民住宅则是穿斗式结构。梁柱式，即在地面上立柱，柱子上面架梁，以此组成房舍骨架。房屋全部重量都通过椽、檩、梁、枋压在立柱上，墙壁不承载房屋重量，只起到隔挡和围护的作用，也是现代东北农村普遍采用的形式。这种构造形式便于灵活设置门窗，不过耗用的木材量大。穿斗式，即在房舍四周立起木支柱，根据隔间多少有四柱、九柱等不同，之后用横向的穿柱，与立柱连接起来，形成类似木排的格局。木排内外用泥砖码实，形成房架的支柱和墙壁，房架起脊，上铺草或盖泥。

满族居室结构宽敞实用，摆设简朴大方。玲珑剔透的花鸟窗棂，栩栩如生的剪纸窗花，构成了质朴的艺术环境。满族传统住宅一般三间房或五间房，大多在最东面一间的南侧开门，或在五间的东起第二间开门，所以室内呈现不均衡的格局。只隔出最东侧的一间，西侧两间或四间通敞，偏向一侧开门，房屋形似口袋，因此也被称作"口袋房"或"筒子房"（图7.1.4）。这种房屋非常适合长期生活在白山黑水之间的满人，防寒性能好，保温度高。

口袋房进门间是灶房，西侧居室一般是两间或三间相连。设置开门的一间称为外屋或堂屋；西面的房间又称为上屋（主要的、重要的房间），上屋里南侧、西侧、北侧三面筑有大土坯炕。炕，是满族人主要的室内取暖设施，不仅供满族人夜晚就寝之用，更是一日三餐、待客、读书、宴饮等的主要场所。在冬季滴水成冰的东北地区，"穿土为床，孕育煴火其下"的炕加强了居室的御寒功能。

如图7.1.5所示，炕的形状呈"Π"状，称为万字炕，民间俗称"弯子炕"，也叫"蔓枝炕"。室内南北炕的长度与屋相等，俗称"连二炕"或"连

■ 图7.1.4　罕王宫口袋房外观
（蒋兰摄于赫图阿拉故城）

■ 图7.1.5　罕王宫室内梁柱式建筑及弯子炕、屋地
（蒋兰摄于赫图阿拉故城）

三炕"，供人起居坐卧，炕面宽 5 尺多。正面西侧的炕较窄，其长度与房间的宽度相等，一般不住人，也不许堆放杂物，上面有一个搁板，是满族人供奉祖宗摆放祭祀等物品的地方，下通烟道；南炕温暖向阳，是长辈居住的地方；北炕是晚辈居住的地方。炕之间的空地称为屋地。火炕上铺有高粱秫秸秆外皮编结的炕席，那是东北过去家庭都用的铺面物。炕沿是木制的横木，炕沿下有的装饰有卷云纹。

满族居室通常坐北朝南，南门多开在东侧房间，四壁皆以砖、石砌筑而成，房顶覆土盖草或覆盖瓦片。前为门房，中间开门以通内院。居室内建有灶台（图 7.1.6）和火炕，炕与烟囱相通。烟囱为圆状（图 7.1.7），设在东西两侧，拔地而起，高过房檐头。正房南北皆有窗户，为上下开合。上扇窗户多为木条刻上"云子卷"或"盘上"形状的花格，外面糊纸，并能开合吊起；下扇多镶玻璃。房门皆为双层门，内门为两扇木制板门，门上有木插销；外门为单扇，上端为方块花格，外糊纸，下部为木板，俗称"风门"。室内西间为居室，南北炕相通，炕梢（靠房山墙的一端）摆放炕柜，上叠放被褥枕头等寝具卧具，俗称"被格"。西炕上则放与炕长相等的堂箱（或叫躺箱），装粮食和衣物；箱盖上摆放香炉、烛台等供器，以及掸瓶、帽筒、座钟等日用陈设（图7.1.8）。北炕放对箱装衣物。室内一般没有桌椅，只有炕桌。有的人家有八仙桌，就放在西炕前，上面摆放着茶具。比较讲究的满族人家，在炕沿下镶木板镂刻的云子卷炕裙子装饰，屋地铺大青方砖。

随着经济的发展，传统满族建筑材料已经由现代建筑材料所取代，但是以火炕为中心的生活方式保留了下来，炕上换成了 PVC 地板革。有的家庭取消了北炕，将炕上家具转移到屋地或原来北炕的位置，但家具的基本功能和家具样式保留了下来。

■ 图 7.1.6　口袋房进门的灶台
（蒋兰摄于塔克世故居）

■ 图 7.1.7　室外烟囱
（蒋兰摄于塔克世故居）

■ 图 7.1.8　堂箱、供器和祖孙板
（蒋兰摄于赫图阿拉故城国舅家）

7.2 满族传统家具概述

1. 形成原因

满族传统家具是在满族人不断与东北严寒的气候相适应的过程中逐渐形成的。无论人们社会地位高低，由于气候寒冷、冬季漫长，取暖成了必要，逐渐形成了以炕为中心的生活方式，因此，满族传统家具也就自然而然地以炕为基础而设置，如图 7.2.1 和图 7.2.2 所示。

2. 种类区分

传统满族人家用餐、会客、就寝、做某些家务等均在炕上进行，因此椅凳类的家具相对少见，家具大致以凭倚类和贮藏类为主，像桌、案、柜等较为常见。宫廷家具因受汉文化的影响，种类齐备，但仍以炕上家具为主。

3. 总体特征与风格

传统满族贵族家具风格沿袭了明式家具的结构和风格特征，增加了晚清家具重装饰的特点。一般平民的家具相对实用性强、装饰性弱，局部的加强性部件增添了装饰性。

■ 图 7.2.1　满族民居雪景

■ 图 7.2.2　以炕为中心的满族民居室内场景

7.3　满族传统家具的种类

7.3.1　满族传统桌案类家具

1. 炕桌

满族传统住宅室内，炕的面积占据了很大部分，并且作为日常活动的主要场所，因此炕桌成为主要的家具品种。炕桌稍有形制上的差别。

厅堂炕桌一般呈长方形（图 7.3.1）。例如，在沈阳故宫清宁宫厅堂的南北炕上就放置有南北各两张材质、造型完全相同的红漆无束腰插肩榫炕桌。每张炕桌的四周可以围坐 6~8 人。该炕桌造型上具有坚实的质感，庄严粗犷，体现出满族早期家具质朴实用的特征。炕桌一般四周攒框架结构，中间嵌板，个别炕桌腿部中间加直杖丁字形接合，加强牢固性。采用线脚装饰，牙条边缘起阳线，阳线在牙条和腿部相交处相互接合，沿腿足而下，形成特有的挖缺做形式。整体以素朴的装饰手段取胜，着重于炕桌的外围空间结构，给人坚实、质朴的视觉感受。

图 7.3.2 所示的清宁宫东暖阁炕桌、图 7.3.3 所示的罕王宫寝殿炕桌，以及图 7.3.4 所示的一般农户家庭使用的炕桌，属于内室所用家具，一般呈四方形。清宁宫东暖阁南炕上的炕桌具有典型的明式风格——朱漆、束腰、三弯腿、雕花。通体朱漆凝练雅致，三弯腿圆润柔婉，束腰细窄精致，牙条上抽出过壶门式曲线轮廓，整体造型不纤不赘，过渡流畅浑厚端庄。罕王宫寝殿炕桌形制相近，仅造型更加粗犷直观。传统民居中的炕桌便更加质朴，造型干净利落，仅在四面牙条下端起阳线，与桌同长。

清宁宫厅堂炕桌[4]

罕王宫厅堂炕桌（蒋兰摄于赫图阿拉故城罕王宫）

■ 图 7.3.1　满族厅堂炕桌

2. 炕几

炕几较炕桌窄，顺东西山墙两侧端使用，上面可放置衣服、被子，或搁置各种摆件等，如图 7.3.5 所示。北方的炕比较热，被子等物品放在炕几上可以防止受热损坏。从结构上看，炕几的基本形式是几面与两端立板和几腿接合处属于三碰肩相交结构，牙条加 4 个矮老，矮老之间装实木嵌板而成；腿足为方形平直落地，牙条和足部无线脚装饰，通体光素无束腰。

■ 图 7.3.2　清宁宫东暖阁炕桌[4]

■ 图 7.3.3　罕王宫寝殿炕桌
（蒋兰摄于赫图阿拉故城罕王宫寝殿）

■ 图 7.3.4　农户家炕桌
（蒋兰摄于赫图阿拉故城国舅家）

罕王宫寝殿炕几

清宁宫东暖阁炕几[4]

■ 图 7.3.5　炕几
（蒋兰摄于赫图阿拉故城罕王宫）

7.3.2 满族传统柜类家具

柜类家具是满族传统家具中形体最大、使用最广泛的必备家具，其功能相对宽泛，或陈列器物，或贮藏衣物，或一器多用。

1. 方角炕柜

方角炕柜为王侯贵族的炕琴柜，形体较大，这与所居建筑体量有关，一般搁置于满族室内上屋南北炕西头，高4尺，长5尺，上下二层双门对开，用来保管衣物和寝具，如图7.3.6所示。例如，清宁宫和罕王宫厅堂南北炕西侧均各摆放有黑漆雕花方角炕柜，并形制相仿。此炕柜是帝王后妃们储存衣物用的，以黑色为主，尽显庄严古朴，造型方方正正，由上下两部分组成，其高不及2m。上面较矮的一截叫顶柜（又叫箱柜）；下面较高的一截叫立柜（又叫竖柜）。方角炕柜柜体造型及装饰手法简朴，两侧平整，光素无纹饰，柜体的正立面雕有浮雕莲纹纹样，同时配有莲瓣式的铜饰件来取得装饰效果。

2. 堂箱（躺箱）

堂箱（图7.3.7）是传统满族人家最主要的家具之一，可放粮食和衣物，是一种平放的长方形柜子，上面有揭盖，一般陈列在堂屋。设在西炕上的堂箱常称为躺箱，上置座钟、掸瓶、梳妆镜和匣，也供设香炉等。图7.3.7左图所示堂箱设有拉手，可上翻箱盖。有的堂箱取箱体顶面的2/3多的宽度成为可以移出的盖板。箱盖与箱体之间不设固定的连接结构，而以嵌在盖板内侧长出盖板宽度的两截宽厚适中的木条作为与箱体接触性固定的结构。

储秀宫方角炕柜
（蒋兰摄于赫图阿拉故城罕王宫）

方角炕柜
（引自：中华古典家具网）

■ **图 7.3.6　方角炕柜**

贴着大红福字的堂箱
（蒋兰摄于赫图阿拉故城国舅家）

加上底座的堂箱
（引自：百度百科）

■ **图 7.3.7　堂箱（躺箱）**

3. 炕琴柜

如图 7.3.8 所示，炕琴柜一般放置在炕的靠墙一侧，长 160cm 左右，宽约 50cm，高约 80cm，分上下两部分，上部存放衣物，中间有两扇门或两边为门，下部为 4 个抽屉，盛放针、线、剪、锥等物件。抽屉下面有一挡板。炕琴柜上面用于放被褥和枕头，早起将被褥叠好，有花纹装饰的一面朝向外，被腰和褥子的镶边构成几条竖线。被褥两边是摞放枕头的地方，一边 4 个，枕头顶向外，红红绿绿，在朴素的室内环境里显得格外好看。

家境好一点的人家的炕琴柜也讲究一些，柜上用金线描绘有吉祥图案。一般人家的炕琴柜为木板素面，无雕刻和其他装饰件，充分展现的是木材的天然纹理。水曲柳、花榆等木材的自然肌理本身就具有特别美感，柜面上再配上黄铜裸钉的折页、了吊、抽匣上的铜穗儿拉手，彰显质朴之美。讲究人家的炕琴柜的铜件还有蝶形、鱼形、桃形等变化，上面有冲凿的线条刻画的图案。图 7.3.8 中左上图所示炕琴柜的装饰部件采用了伪满洲国时期日本造的凹凸瓷砖。

沈阳满洲政府旧址中带瓷砖装饰的炕琴柜

赫图阿拉故城中带瓷砖装饰的炕琴柜

赫图阿拉故城国舅家南炕炕琴柜

赫图阿拉故城国舅家北炕炕琴柜

■ 图 7.3.8　炕琴柜（蒋兰拍摄）

4. 对箱

对箱用于装衣物，一般并排放在北炕房山一侧，有盖可揭开，箱盖与箱体连接中间位置用铜制方面叶，拍子云头形，同时嵌有上锁环。有的箱体两侧也装上提环以便于搬动，如图 7.3.9 所示。

5. 面盆架

面盆架即脸盆架，如图 7.3.10 所示。

6. 梳妆家具

梳妆家具中主要包括梳妆镜和首饰匣，如图 7.3.11 所示。梳妆镜为插屏式，底座有厚木墩子，上竖立柱，以桨腿加固，墩子上装绦环板。首饰匣为长条状木制小盒，上开盖，表面描绘有吉祥纹样，用于放置梳妆用品。

兴城周家住宅中的对箱

沈阳伪满洲政府旧址中炕琴柜上的对箱

■ 图 7.3.9　对箱（蒋兰拍摄）

储秀宫黄花梨嵌螺钿面盆架
（引自：中华古典家具网）

五足面盆架
（蒋兰摄于沈阳伪满政府旧址）

■ 图 7.3.10　面盆架

（蒋兰摄于赫图阿拉故城国舅家）

■ 图 7.3.11　梳妆镜和首饰匣

7.3.3 满族传统育儿家具

满族人养育婴孩的工具主要用摇车，也叫悠车、腰车子，还有些地区叫炕车子、晃车子，其实就是摇篮，如图 7.3.12 所示。摇车呈船形，两头圆润微上翘，由两片薄木板以熏蒸使其弯折向中部，仅用皮绳等物连接形成一个连续流畅的半封闭空间，形成车帮，车帮外刷红漆，用描金或描银勾画出吉祥图案或花卉。车帮上沿的中前部还要安"车弓子"，四角装铁环、穿皮绳、拴车钩子，悬挂于炕上方的"子孙椽子"上。吊绳上还拴有小铃铛和布制、骨制的小玩具。摇车被吊起时，一般头方向要比脚方向吊得稍高些，吊起后既可以如荡秋千一样前后悠荡，也可以左右小幅度摇摆。

摇车用材就地选用，一般选取东北生的榆木、椴木、松木、柳木等常见材料，一方面是因为这几种木质柔韧性好，容易加工成薄木，方便通过水气熏蒸进行弯曲造型；另一方面是取榆树、松树多结籽之寓意，柳树具有"留"的吉祥含义。另外，摇车内用内盛谷糠的布口袋垫在身下，米糠口袋可利水去火，有助于婴儿健康成长。吊起来的方式可以避免因火炕而受热上火。

摇车产生于狩猎生活时期，从最初的皮囊形态逐渐演化固定，用材也随着社会生产技术的进步在不断发展。直到 20 世纪 80 年代，满族传统摇车才伴随着各级文化交流的深入逐渐退出历史舞台。

7.3.4 满族传统厨房家具

1. 筷笼

筷笼是指用于放筷子等餐具的器具，一般由木材切削而成，如图 7.3.13 所示。

（蒋兰摄于赫图阿拉故城） （引自：沧海一粟的博客）

■ **图 7.3.12 摇车**

塔克世故居中的筷笼　新宾满族民俗博物馆中的双筒筷笼

■ **图 7.3.13 筷笼**（蒋兰拍摄）

2. 搁板

搁板是门框横木上的一大块用来放置器皿物品的木板，也包括在楣栋间放置瓶盏等物品的横板，如图 7.3.14 所示。搁板使得满族人的室内规整有序。

7.3.5　满族其他传统家用器具

1. 幔帐或隔板

幔帐（图 7.3.15）是间隔卧室的长横木，设置在棚顶，由上吊下一根长杆，专门用来悬挂幔帐，晚上就寝时放下，在南北炕之间起到遮挡作用。隔板（图 7.3.16）设置在北炕中间，与炕同宽，一般刻有花纹，晚上睡觉时放置，白天挪开。

2. 火盆

一般满族居室之内都有一个火盆，如图 7.3.17 所示。火盆一般由黄土制成，盆沿上镶有玻璃片，光滑、美观、保暖。盆内盛有烧后无烟的木炭，冬季用来取暖和烘烤食物。

门框上搁板

■ **图 7.3.14　楣栋间的搁板**（蒋兰摄于赫图阿拉故城国舅家）

■ **图 7.3.15　幔帐**

（蒋兰摄于赫图阿拉故城国舅家）

■ **图 7.3.16　隔板**

（蒋兰摄于辽宁兴城周家住宅）

塔克世故居中的泥火盆

新宾满族民俗博物馆中的铜火盆

■ **图 7.3.17　火盆**（蒋兰拍摄）

3. 门

外屋门为双层，即口袋房的开口门，外门是独扇的木板门，内门是双扇木板门，有木制的插销，如图 7.3.18 所示。

4. 烟笸箩

满族人家一年四季都备有一个装烟叶的盒子，称为烟笸箩（pǒ luó），如图 7.3.19 所示。传统的烟笸箩取用当地的胶泥，经过捶揉去除杂质捏成大致圆形的笸箩，晾晒至七八成干，再将平日里积攒的糖果包装纸，用面粉做的浆糊糊在笸箩上，再继续晾晒一两日就可以使用了。也有用当地生的韧性材料编结而成的。

5. 其他器具

除了以上介绍的，满族人家还有一些常见的用品，在此列举一二，如图 7.3.20 所示。

外门　　　　　　　内门

■ 图 7.3.18　木门（蒋兰摄于新宾塔克世故居）

典型的满族农家长烟袋、烟笸箩
（来源：沧海一粟的博客）

晾晒中的旱烟
（蒋兰摄于赫图阿拉故城）

■ 图 7.3.19　旱烟和烟笸箩

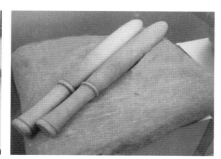

枕头顶图　　　　　　　木线板　　　　　　　洗衣石板和洗衣棒

■ 图 7.3.20　满族家用器具示例
（蒋兰摄于新宾满族民俗博物馆）

7.4 满族传统家具的用材

满族家具的用材多是选取椴木、水曲柳、松木、花榆等来自长白山区的原木，结实、耐用，制作工艺也相对简单。粗工制作的笨家具，通常用粗木方、厚木板，有天然纹理。曾长期在外为官的人家一般才能拥有所谓的明清红木家具，绝大部分满族人家最多也只有一件半件。

椴木是一种上等木材，富含油脂，耐磨、耐腐蚀，硬度适中，不易开裂，木纹细，易加工，韧性强，机械加工性良好，容易用手工工具加工，是一种上乘的雕刻材料。钉子、螺钉及胶水固定性能较好。经砂磨、染色及抛光能获得良好的平滑表面，干燥较为快速，且变形小、老化程度低。堂箱、炕琴柜等家具常用其做主体材料。

水曲柳主要产于东北、华北等地，材质坚韧，纹理美观，是东北、华北地区的珍贵用材树种，是"东北三大硬阔"之一。其边材呈黄白色，心材呈褐色略黄；年轮明显但不均匀，纹理直，花纹美丽，有光泽；木质结构粗；材质有弹性，韧性好，硬度较大，耐磨、耐湿等；加工性能良好，能用钉、螺丝及胶水良好固定，可经染色及抛光而取得良好表面，适合干燥气候，且老化极轻微，性能变化小。

松木木质较软，有自然的香味，色淡黄，节疤较常见，是东北地区制作家具普遍采用的材料，经过人工处理可获得优良的木料。

花榆是北方做家具经常使用的木材，其边材呈黄褐色，心材为淡褐色，纹理如羽毛一样层层扩展，似鸡翅木，强度中等，耐腐朽，易加工，价廉易得，常作为家具的辅料和大漆家具的胎骨。

椴木　　　　水曲柳　　　　松木

花榆

■ 图7.4.1 东北长白山地区生长的主要树种

7.5 满族传统家具的造型艺术

传统满族家具多选用东北当地易得的木材，结构上的处理相对简单，主要是箱柜桌类家具，基本上呈箱形；以简化的榫卯结构连接，并在箱体内侧以嵌条加固。讲究一些的家具用金属件（如铜叶）加固在箱体外侧连接部分，并起到一定的装饰作用。在与汉文化的融合过程中，宫廷家具呈现众多地上家具，结构上与明式家具一脉相承。

1. 形态特征与艺术特点

满族传统家具外形相对粗犷，形体简单直观，功能性强，是一种适应东北自然环境的产物，以炕上文化为中心。而宫廷家具则随着清朝统治地位的加强，逐渐显示其奢侈繁琐的装饰特征。

2. 装饰技法与装饰题材

满族传统家具的装饰技法较为直接，有描绘、镶嵌、雕刻和附属金属件等方式。装饰题材着重对于美好愿望的祝祷，以自然吉祥花卉纹样和传统神兽等为主。

3. 装饰手法

1）图画（图 7.5.1）

用颜料将图案描绘于家具的表面是最原始和最常用的做法。图案多寓意吉祥、祈祷安康，色彩纯粹鲜明。

绘有龙凤花纹的匣

绘有花草纹的对箱

■ 图 7.5.1 图画装饰（蒋兰摄于塔克世故居）

2）粘贴镶嵌技法（图7.5.2）

满族家具常用黄杨木片或螺钿粘贴于家具表面形成装饰。图7.5.2左图所示的炕琴柜采用当时特有的凹凸彩色瓷砖做柜门装饰，同时起到了柜门板的作用；右图所示的顶柜采用黄杨木浮雕装饰。

3）金属装饰（图7.5.3）

金属饰件在满族传统家具中关键是起到了加固板件的作用，同时也增强了家具的美感。这类装饰可以分为两类：一类为结构性部件，一类为功能性部件。

4）雕刻（图7.5.4）

雕刻在满族传统家具中用得较少，一般在富足人家的家具上有少部分出现。

镶嵌瓷砖的炕琴柜

顶柜上的木镶嵌

■ 图7.5.2 粘贴镶嵌技法（蒋兰摄于辽宁兴城周家住宅）

窗门板上的金属件
（蒋兰摄于赫图阿拉故城罕王宫）

炕琴柜上的金属件
（引自：游刃博客）

■ 图7.5.3 金属装饰

炕柜的牙子透雕

大柜中部的浅浮雕

■ 图7.5.4 雕刻装饰

7.6　满族传统家具经典赏析

1. 桌案几类（图 7.6.1）

清·炕几（蒋兰摄于沈阳故宫麟趾宫东暖阁）

清·炕桌（蒋兰摄于沈阳故宫左翼王亭）

清·炕几（蒋兰摄于沈阳故宫左翼王亭）

■ 图 7.6.1　桌案几类家具示例

2. 框架类（图 7.6.2）

■ **图 7.6.2 清·面盆架**（蒋兰摄于沈阳故宫麟趾宫东暖阁）

3. 箱柜橱类（图 7.6.3）

晚清·京式樟木躺箱（引自：中华古玩网）

长 164.5cm，宽 73.5cm，高 88.5cm

出自王府，全品相材料为红樟六面独板，板厚为 3cm

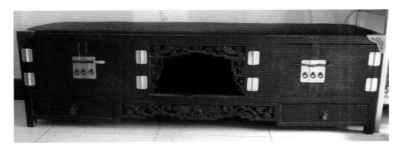

晚清·炕柜（引自：中华古玩网）

高 46cm，长 158cm，宽 44cm

■ **图 7.6.3 箱柜橱类家具示例**（蒋兰摄于沈阳故宫）

中华民国·炕琴柜（蒋兰摄于辽宁兴城周家住宅）

中华民国·炕琴柜（引自：中华古玩网　丹东大地主家庭）

由 3 个有顶箱
的单柜组成，中
间柜子中部做
浅浮雕垂花罩门

中华民国·衣柜（蒋兰摄于辽宁兴城周家住宅）　清·崇政殿大柜（蒋兰摄于沈阳故宫）

■ 图 7.6.3（续）

清·关雎宫炕柜　　　　　　　清·清宁宫炕柜　　　　　　清·保极宫大柜

■ 图 7.6.3（续）

4. 门窗格子类（图 7.6.4）

传统满族窗户分上下两层，上层糊纸，可向内吊起，下层为玻璃窗，窗棂格一般有方格形、菱形等多种几何图案。糊窗用的窗纸是一种叫"豁山"的土纸，糊上后要淋上油以增加室内的亮度，并可坚韧耐用。

清·汗宫衙门方形窗格　　　　　清·罕王宫寝殿菱形窗格
（蒋兰摄于新宾赫图阿拉故城）　（蒋兰摄于新宾赫图阿拉故城）

民居方形窗格（蒋兰摄于塔克世故居）

■ 图 7.6.4　门窗格子类家具示例

民居窗格
（蒋兰摄于新宾赫图阿拉故城国舅家）

民居窗格
（蒋兰摄于新宾县塔克世故居）

乾隆时所建，
修《四库全书》
之所

清·崇政殿窗格
（蒋兰摄于沈阳故宫）

清·文溯阁窗格
（蒋兰摄于沈阳故宫）

■ 图 7.6.4（续）

5. 综合类（图 7.6.5）

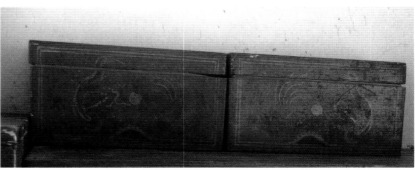

清·摇车（蒋兰摄于沈阳故宫关雎宫）　　　绘有龙凤花纹的梳妆匣（蒋兰摄于新宾塔克世故居东屋）

■ 图 7.6.5　综合类家具示例

7.7　结束语

满族入关之后，随着政治的逐渐发展变化，关内的满族人从关外带过来的生活习惯逐渐与当地汉文化相融合。民国时期的战乱，大抵将关内的满族打击殆尽，有的甚至隐姓埋名，这在很大程度上削弱了满族在关内的影响力，体现在家具上，则是导致很多贵族家具没有得以流传下来，而此时的东北地区并未受到因战乱而对满族人的打击，因此绝大部分生活在东北地区的满族人较好地保留下来传统的生活习惯，也让我们现在还能看到真实的传统满族人的生活场景。只是由于时代的进步，材料、工艺等因素逐渐发展，传统产品的功能和结构也得到完善，先进的汉文化等各种文化的涌入也逐渐改变了当地人的生活水平，一些传统古老的生活用具就被取代了。但是满族这种基于实用而创造出的家居生活用品，是一辈辈满族人逐渐总结经验教训得到的，是珍贵的文化资料。

参考文献

[1]　罗汉田．庇护·中国少数民族住居文化 [M]．北京：北京出版社，2000．
[2]　胡朴安．中华全国风俗志 [M]．石家庄：河北人民出版社，1986．
[3]　季龙．当代中国的工艺美术 [M]．北京：中国社会科学出版社，1984．
[4]　于江美，孙明磊．浅析沈阳故宫中清宁宫的室内格局与家具 [J]．家具，2007（5）．
[5]　杨耀．明式家具研究 [M]．北京：中国建筑工业出版社，1986．
[6]　张欣宏．古典家具 [M]．长沙：湖南美术出版社，2006．
[7]　张加勉．中国传统家具图鉴 [M]．北京：东方出版社，2000．
[8]　孟红雨．中国传统家具设计 [M]．北京：中国建筑工业出版社，2010．

8

朝鲜族传统家具

本章对朝鲜族的民族特征进行了概述，对朝鲜族传统家具的基本概况进行了详细的阐释，对家具的起源、种类、用材、结构工艺、造型艺术进行了系统剖析，并罗列了大量具有代表性的朝鲜族传统家具图片进行赏析介绍。

8.1   朝鲜族概述

从 19 世纪中叶开始，由于朝鲜半岛的自然灾害和政治动乱以及后来日本帝国主义的统治，使大批朝鲜人（大部分为贫苦农民）背井离乡，开始陆续从朝鲜半岛迁入中国东北定居，历经清、伪满、新中国,已经在中华大地上历经百余年的沧桑发展。他们有自己的语言和文字，是中华民族大家庭中的一员，与中国境内的其他民族一样，具有坚忍不拔、吃苦耐劳的优秀民族传统，既继承了朝鲜半岛民族的传统，也吸纳了汉族及其他民族的优秀文化，形成了独特的朝鲜民族。

1. 朝鲜民族的人口与民俗

中国朝鲜族总人口为 1 830 929 人（2010 年第六次人口普查数据），近年人口增长幅度较低（有些地区出现负增长）。朝鲜族主要分布在靠近朝鲜半岛的中国境内区域，以吉林、黑龙江、辽宁三省为多。这种分布也符合迁入民族的分布特点，其中尤以中朝边境线的吉林省朝鲜族人口为多，占全国朝鲜族总人口的 60%。吉林省延边朝鲜族自治州也是中国唯一的一个朝鲜族自治州。

朝鲜族人民擅长种植水稻，长于泡菜制作，有辣白菜、萝卜、桔梗等几十种泡菜，白米饭、酱汤是其日常主要饮食，打糕、狗肉汤、鱼汤、米肠、冷面、石锅拌饭、米酒也是常见的特色民族美食。

朝鲜族崇尚白色，自古有"白衣民族"之称。素白色的服装显得清洁、干净、朴素、大方。朝鲜族妇女穿短袄长裙。短袄是一种斜领、用带子打结

（无扣）、只遮盖到胸部的衣服；长裙腰间有细褶，宽松飘逸，多用丝绸缝制而成，色彩鲜艳。朝鲜族男子一般穿素色短上衣，外加坎肩，下穿裤腿宽大的长裤，便于盘坐，裤脚系上丝带，戴黑色礼帽。外出时多穿斜襟以布带打结的长袍，近年也穿西服等正装。

朝鲜族人民能歌善舞、乐观向上、重视礼节，晚辈与长辈的礼仪规定繁多，随着时代的发展，有些礼仪也变得简化了，但长幼有序、尊老敬老的传统根植于民族文化中。例如，晚辈和长辈一起就餐饮酒时，切不可面对着长辈举杯饮酒，要把头偏移到一侧去喝，以表示对长辈的尊重；晚辈抽烟时，也不可向长辈借火或对火；向长辈接递物件时一定要用双手，以显恭敬⋯⋯朝鲜族人民喜爱运动，重视体育活动，摔跤是他们古老的传统娱乐运动，荡秋千和跳板也是妇女最喜爱的体育娱乐活动，踢足球则是男人们普遍爱好的体育活动。

2. 朝鲜族的生活文化（建筑、室内、家具与生活用品等）

中国境内朝鲜民族的文化、生活习惯当然来源于朝鲜半岛的本民族传统，日常社会行为方式具有明显的中国传统儒家、道家文化烙印，只不过在 100 多年的发展中，已经形成了具有中国特色的朝鲜族文化与生活习惯。这些生活、礼仪的儒家教诲，建筑、家具的道家美学观长期以来影响着朝鲜族人民的文化，也由于民族生活习惯和适应地区气候等

特点，形成了独特的建筑形式，并有中国唐代建筑的深深烙印。

朝鲜族农村民居最大的特点是屋顶造型，一般有二坡顶（悬山式）、四坡顶（庑殿式）、歇山顶3类（图8.1.1）。其中，二坡顶山墙两侧可能受到雨淋；歇山式造价较高。由于实用与经济能力所限，乡村民居过去多为独栋单体四面坡水式草屋顶土房（图8.1.2）。结构上采取木构架，覆以黄色稻草（在一些牌楼建筑中也常采用这样的材料与结构方式（图8.1.3），门窗与房屋结构梁柱为原木色或涂刷蓝、绿色，墙体涂刷白色（一般是朝向南面和东面的墙体刷白）。

近年，条件好一些的人家盖瓦房，则以青（黑）瓦或青灰色陶瓦为顶（歇山式）。无论是草房还是瓦房，屋顶与白墙形成上褐下白或上黑下白的鲜明对比，墙面的竖向线条（门窗、柱）提高了建筑的高度，又与横向线条形成了简洁的构成美。很多民居设有前廊，廊子地面由石头砌成的，也有做成木制廊板的；主体建筑旁有时可建厢房作仓房等。

二坡顶朝鲜族民居

四坡顶朝鲜族民居

歇山式瓦顶朝鲜族民居

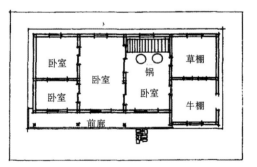

朝鲜族民居平面图

■ 图 8.1.1 朝鲜族传统民居屋顶形式与常见平面布置[1]

■ 图 8.1.2 传统土房
（http://www.chinamasonry.com）

■ 图 8.1.3 牌楼
（赵俊学摄于延吉朝鲜族民俗村）

　　朝鲜族民居建筑的线条美还表现在门窗的直线美上。朝鲜族民居的门窗样式极具民族特色，不论是门还是窗，都有纵横交错的细木棂格，竖向排列密、横向间隔远，即竖线多、横线少，疏密相间，整齐细腻，别具一格。同时门窗的纵横比例窄长，在一定程度上弥补了屋身低矮的不足，给人以挺拔秀丽之感。房屋的外部墙面，由上下横梁、立柱及门窗框这些外露构件划分成多个区域，这些大小不一的组合，长短直线的错落，使墙面产生一种和谐的韵律美和变幻的空间美。[1] 图 8.1.4 所示为延边博物馆复原古代朝鲜族建筑场景，其门窗棂格构成体现了这种美的韵律。

　　由于先祖受到中国大唐朝文化的熏染，朝鲜族保持着中国唐代席地而坐的生活方式。朝鲜民族喜爱洁净，妇女勤劳能干，多数家庭被收拾得一尘不染，人们进入住宅须在门口或廊前脱鞋后才能入屋上炕（炕一般高 40cm 左右）。家具种类不多，沿墙而放，屋里随意席地（炕）而坐。平面布局构成要素是卧室、厨房和贮藏间，室内外的主要出入口通常设在厨房方向，而且各个房间根据不同需要也会直接对外开门；屋里居室满炕，白天做起居室，晚间铺上被子又变成卧室，居室与厨房之间不设隔断（墙）；居室多，面积小，分居明确，各室之间均有拉门相通，对外也都设门，以门代窗，讲究的住宅会设廊。图 8.1.5 所示为延边博物馆复原传统居室室内空间；图 8.1.6 为吉林省通化县东来乡鹿

■ 图 8.1.4　传统居室建筑空间（赵俊学摄于延边博物馆）

■ 图 8.1.5　传统居室室内空间（赵俊学摄于延边博物馆）

圈民俗村建筑，同样采用木构架草屋顶的传统建筑形式。

　　随着经济的发展，现在多数地区，屋顶材料有的采用彩钢板，有的则采用传统的灰色屋面瓦的砖房建筑，屋顶仍是歇山顶或是两坡的坡屋顶。图8.1.7和图8.1.8所示为吉林省延边朝鲜族自治州安图县红旗村村落建筑与室内空间。村中大部分民居均采用了歇山式黑灰屋顶、洁白的墙面、规整的木栅栏，有的还在山墙壁上绘制了具有民族特色的墙绘图案。朝鲜族以席炕而坐的生活方式为主，进入室内空间，四面白墙，地面区域仍是传统的"居室满炕"，一大半面积是炕，上面铺着席子或PVC地板革，盘腿坐在上面；还有一小半是厨房灶间。灶间一般有两口或三口带边大铁锅，一个做饭，另一些做汤或炒菜等，灶台和住室火炕连在一起，空间整体无隔，取暖方便，烧火做饭时，炉灶膛内的热气可通过位于炕下的砌筑管道，使炕变热。朝鲜族民居的各室空间多用拉门相隔，拉门较多，房子设有前后门，出入很方便。有些灶台处于火炕内部，灶台开口处不用时铺上木板，与火炕合为一体。

■ 图 8.1.6　通化县东来乡鹿圈民俗村建筑
（http://www.ctpn.cn）

■ 图 8.1.7　安图县红旗村建筑（赵俊学拍摄）

（芝兰拍摄）　　　　　　　　　　　　　　　（http://swxing.blog.sohu.com）

■ 图 8.1.8　安图县红旗村民居室内空间

由图 8.1.9 可以看出，朝鲜居民住宅室内空间与中国吉林省境内的朝鲜族居民住宅内部布置与家具等并无太大差异，也显示了移民民族与原迁出国在生活方式及文化方面的一致性。

中国朝鲜族居民主要分布在吉林省、黑龙江省、辽宁省等区域，相同的民族在生活方式及文化上具有高度的同一性。图 8.1.10 为黑龙江省牡丹江市响水村朝鲜族民居。

朝鲜族家具除了少部分传统家具外，现代生活中大多以实木框架及板门等结构加上玻璃镶嵌门为多，尤以柜类家具为主，因腌制各类泡菜，盛装辣酱、大酱等日常食物居多，所需盆罐碗类日常用品较多，故碗柜的体量也都较大，如图 8.1.11 所示。

朝鲜族人把所有的家具（被柜、五斗橱、碗柜、炕圆桌、老人桌、高低柜、两用桌、炕用沙发等）都放在炕上。这些家具底部都不带脚，但要求平稳，均为一般朝鲜族家庭所常用，其中尤以被柜最受欢迎（图 8.1.12），其一般规格为 1800mm×1200mm×550mm，柜的上部放被褥，右边小门内放枕头，底下两大抽屉放衣服，其余放置零星杂物。被柜表面都漆成浅黄色或深浅镶色，柜门上都装有椭圆形带彩色花卉的镜子玻璃，且镂有辣椒等图形，这是朝鲜族人普遍喜欢的色泽和装饰物。[2]

朝鲜民居（http://bbs.ifeng.com） 　　　　吉林省朝鲜族民居（http://www.chiculture.net）

■ 图 8.1.9　朝鲜民居与中国朝鲜族民居的对比

■ 图 8.1.10　牡丹江市响水村朝鲜族民居（http://blog.sina.com.cn）

■ 图 8.1.11　杂物柜
（http://zhen.wenming.cn）

■ 图 8.1.12　被柜
（http://photo.aiutrip.com）

8.2 朝鲜族传统家具概述

1. 形成原因

朝鲜族家具的形成除了身份和内外思想的影响之外，还有一种重要的原因是"温突"（朝文音译）文化。温突，是一种火炕式的生活文化，是因气候的影响所形成的取暖方式，这是朝鲜家具区别于中国家具发展的最大原因之一。温突的生活方式主要是席地而坐，因此家具的高度较矮，而且温突的取暖方式使人集中于房间的中央，因此放在房中间使用的家具具有流动性，体积较小。①朝鲜族经历百年发展，形成了适合火炕文化与居住需求的家具类型。

2. 文化背景

中国与朝鲜半岛的文化交流与牵系始于古代。三国时期中国汉字传到朝鲜半岛，汉字成为表述的工具，亦成为介绍中国思想和制度的媒介。儒学的经典和《史记》《汉书》等史书传到高句丽，"五经"等传到百济。在新罗，已从中国输入忠、孝、信的儒教德目，儒学的生活理念已经普遍化。从印度传到中国的佛教，也通过中国传到朝鲜半岛，成为三国时期社会发展的精神支柱。中国后汉时期的道教也在南北朝时期传到高句丽。总之，在三国时期，中国主要的"意识形态"都已传到朝鲜半岛。②由此可见，朝鲜民族的男女有别、长幼有序的礼教思想

源于中国的儒家文化早期对于朝鲜半岛的影响。

据朝鲜史籍《三国史记》记载，公元3世纪，老子《道德经》、《列子·天瑞篇》已在百济、新罗社会中传播。至公元7世纪，读老庄之书已在新罗贵族子弟中蔚为风尚。[5]可见道教思想正式传入朝鲜半岛，是始于朝鲜半岛古代的三国时期。不仅"自然"和"无为"的观念浸入到了朝鲜的传统建筑观念思想中，自然美与朴素美也贯穿到建筑与家具形态中。

3. 种类区分

由于席地而坐、席地而卧的生活方式，朝鲜族家庭中家具的使用并不是很广泛。朝鲜传统家具种类相对简单，一般分为桌案类家具、书房家具、收藏类家具、厨房家具等。椅子、床榻等家具不符合生活习惯的需要，很稀有，只是古代朝鲜上流社会显示权贵地位的器物。

4. 总体特征与风格

明式家具对于朝鲜族传统家具的影响由于文化的先行也属自然而然之势，所以朝鲜族传统家具风格整体上具有较明显的明式家具精神，又有自己的民族特点。随着时代的发展，朝鲜族在融入其他民族的文化中，或由于生产、生活的需要，传统工匠的缺失，家具变得相对实用化。

---

① 文献 [4] 第 9 页。
② 文献 [5] 第 54，55 页。

8.3　朝鲜族传统家具的种类

8.3.1　朝鲜族传统桌案类家具

　　朝鲜民族深受儒家文化影响，以孝为先，全民族尊敬老人、孝敬长者成为民族文化的重要组成部分。儒学是以孔子思想为中心，以"四书五经"实行政治道德的理念。儒家伦理规范的核心是"礼"，"礼"不仅是朝鲜时期统治者治世的根本思想和理念，也是普通人在日常生活中的行为准则。儒学不但是一种学说，甚至被当作"宗教"来看待。[6]

　　由于礼教文化的影响，朝鲜民族在饮食与就餐方式上形成了长幼有序、男女有别的小盘文化，每人使用个人餐桌就餐。小盘体积较小，具有桌的功效，有四腿，更多的则是便于搬运，从灶房将饭菜摆好再搬到食用者的房间或面前。小盘后来也多为

尊贵客人、女人侍候丈夫时常用的。现在，小盘家具是朝鲜族晚辈敬献老人的单人就餐用具。小盘在有些地区也称"老人桌"，体现出朝鲜族尊老敬老的传统。其他人可共用大桌，但男人们与女人、孩子们也是分开就餐的，形成了独特的朝鲜族饮食文化。

　　小盘的构造可分为托盘和底座两部分，常用地方材料制作，如楸木、椴木、松木等。桌面形态有长方形或方形、多边形、圆形、莲叶形等。小盘以极简的装饰为主，板面一般直接使用木材的纹理，然后在牙条和足部做出雕刻等装饰，腿部有虎足或狗足、竹节等造型，盘边造型结构略翘并高于内面，以免碗盘器具滑落出桌面，如图 8.3.1 所示。

　　■ 图 8.3.1　小盘（赵俊学摄于延边博物馆）

图 8.3.2 为少见的黄铜小桌，手工制作，由桌面和足组成。桌面呈圆盘状，边缘向上折，以防器具滑落。足高，呈喇叭状，平顶面。桌面与足用铆钉连接，桌面直径 43cm，通高 18.7cm，底径 29cm，足高 15.9cm。此物是延边博物馆在 1991 年从吉林省汪清县蛤蚂塘乡新兴村征集的。该饭桌轻巧雅致、使用方便、尚存光泽，现存量极少，是铜制品中的佳品。

8.3.2 朝鲜族传统收藏类家具

收藏类家具是朝鲜古代时期家具种类最多的。按用途可分为以下 4 种：

（1）保管衣服以及寝具的家具，种类有橄（cáng）、笼、大躺箱；

（2）保管贵重物品的家具，种类有函、柜、千眼橱；

（3）保管书册的家具，种类有卓子、册橄；

（4）保管餐具等厨房用贮藏家具，种类有馔（zhuàn）橄、斗橱。[①]

下面介绍几种常见的。

1. 柜

传统的柜类家具也叫"橄"（韩国汉字），即收藏衣物或其他物品的器具，如图 8.3.3 所示。

■ **图 8.3.2　黄铜小桌**（赵俊学摄于延边博物馆）

（赵俊学摄于延边博物馆）

规格：1200mm×500mm×1400mm

规格：900mm ×420mm×685mm
（沈阳某实木家具公司生产）

■ **图 8.3.3　柜**

---

① 文献 [4] 第 46 页。

2. 躺箱

躺箱也称为"堂箱"，是一种平放的长方形柜子，上面有揭盖，如图 8.3.4 所示。躺箱的形态是由顶盖板、基体、腿组成的，也作衣箱使用（图 8.3.5），高度适合于平坐式生活方式，顶板上可以陈设陶瓷等装饰用品或者搁放被子，具有多种功能。大躺箱使用纹理优美的木材以及用铸铁或白铜做出的金属装饰构件。（旧时中国东北人家也把躺箱作为最主要的家具之一，是一种平放的长方形柜子，上面有揭盖，一般陈列在堂屋。）

3. 函

函是一种用来保管贵重物品、顶盖无铰链的小型箱子，用途较多，因具备箱的功能，所以可分为衣函、珠宝函、文书函等。

■ **图 8.3.4 躺箱**（赵俊学摄于延边博物馆）

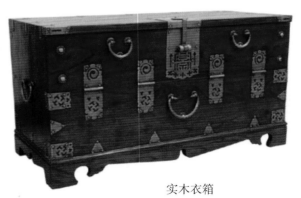

柳条衣箱（赵俊学摄于延边博物馆）

实木衣箱
（沈阳某实木家具公司生产，规格：900mm×500mm×440mm）

■ **图 8.3.5 衣箱**

函除了保管贵重物品之外，还有一个重要的用途是作为婚礼礼箱。朝鲜族的婚礼礼仪程序比较繁杂，一般有议婚、纳彩、纳币、迎亲等程序。纳彩就是订婚，男女双方互换婚书，放在婚书函里（图 8.3.6）；纳币就是依照规矩，在婚礼的前夜由新郎的朋友们将函送到女方家中用于婚礼，一个或一对函里面放着衣服、布料、珠宝首饰等彩礼。图 8.3.7 为盛装礼物或函书的礼状函。在延边自治州和龙县的传统纳币仪式中，男方给女方送去的"大妆函"里放进的聘礼中一定要放钱和米。

4. 盒

食盒为盛放食物和送饭菜等而做，也用于一些礼节送往，有方形和圆形等形式，分体或整体式，造型简洁大方，以实用为主，一般无雕刻，有时有镶嵌等装饰，如图 8.3.8 所示。

5. 化妆台

化妆台也适合席地而坐的使用习惯，且携带方便，分为有镜妆台（顶盖内镶镜，盖支起后可用）和无镜妆台两类。图 8.3.9 是一种无镜妆台。

■ 图 8.3.6 婚书函（赵俊学摄于延边博物馆）

■ 图 8.3.7 礼状函（赵俊学摄于延边博物馆）

食盒

镶嵌八角盒

■ 图 8.3.8 盒
（赵俊学摄于延边博物馆）

■ 图 8.3.9 化妆台
（赵俊学摄于延边博物馆）

8.3.3　朝鲜族传统书房家具

朝鲜族历来重视教育，崇尚知识、尊敬师长成为朝鲜族人民的美德。朝鲜族人口受高等教育的比例在全国人口中位居前位。朝鲜族家庭无论家里孩子多少，都会尽心竭力去给予教育，无论城镇、乡村都有孩子受教育的场所。

民族人口学专家、《人口与经济》杂志主编、首都经贸大学黄荣清教授在《中国西部少数民族人口受教育状况分析》一文中谈道："……例如，世居地位于东北部的朝鲜族，在全国各族中人口的文化素质是最高的，而文化素质低、教育落后的民族确实几乎都在西部……"

朝鲜族人口文化教育素质现代化有几个特点：一是朝鲜族人均受教育年限和文化程度在全国居首位；二是在全国，朝鲜族文盲率最低，基本上扫除了青壮年文盲、半文盲。[8]

书房家具一般有笔砚匣、砚床（装笔砚的家具）、书案等，如图 8.3.10 所示。

笔砚匣等

砚床

延边博物馆中的书案

韩国首尔南山谷韩屋村中的书案

■ **图 8.3.10　书房家具**（赵俊学拍摄）

8.3.4 朝鲜族传统厨房家具

厨房家具在朝鲜族传统家具中并不太重要，主要有碗柜架与柜。厨房的北墙上墙面一般可设隔板，在墙上固定两个三角形支架，然后在上面架上一块木板，这种隔板通常为两层，然后可以根据实际需要陈放一些坛、罐、小桌等家什，如图8.3.11和图8.3.12所示。

具有代表性的厨房家具有斗橱（图8.3.13）。斗橱多用松木制成，是贮藏、保管各种粮米的贮藏用家具。其造型朴素大方，几乎没有装饰，显示了厨房用具的实用性。斗橱的前面具有金属门扣，盖子位于箱体的顶端，上盖板的2/3大小为盖，因为没有铰链，可以往上打开。

■ 图8.3.11　厨房墙面隔板（赵俊学摄于延边博物馆）

■ 图8.3.12　传统厨房及家具（赵俊学摄于韩国首尔南山谷韩屋村）

延边博物馆中的斗橱　　　　　韩国首尔南山谷韩屋村中的斗橱

■ 图8.3.13　斗橱（赵俊学拍摄）

朝鲜族喜食稻米，图 8.3.14 左图所示大小木盆为日常盛米、淘米、洗米的用具。淘米盆内特意雕出横向纹理，这样便于淘米。图 8.3.14 右图所示木盆的口径 37.7cm，通高 10cm，底径 21cm，是 1984 年在吉林省延吉市新兴街征集的。该木盆椴木材质，红棕色，呈圆形；斜方唇，敞口，弧壁，平底。它是将原木段一剖两半，加工内底及内、外壁，内底旋平，内壁旋制 17 道凸弦纹，凸弦纹截面呈尖三角形；外壁旋制宽窄不一的浅弦纹，起到装饰效果。淘米盆色泽鲜美，保存较好，可称朝鲜族炊具用品中的珍品。此文物对研究和核实朝鲜族木制加工工艺，厨房文化和炊具种类方面，具有比较重要的价值。[9]

图 8.3.15 为其他厨房家具。图 8.3.16 与图 8.3.17 为陈列于延边博物馆的其他生活用具及农用器具等。

（赵俊学摄于延边博物馆）　（http://www.ybbwg-china.org）

■ 图 8.3.14　木盆

（赵俊学摄于延边博物馆）

制作打糕的木槌与木盆（http://blog.163.com）

■ 图 8.3.15　其他厨房家具

■ **图 8.3.16** **其他民间家具**（赵俊学摄于延边博物馆）

烟具　　　　　　　　　　　　　　　　量米具

农用器具　　　　　　　　　　　　　　运输农用器具

■ **图 8.3.17** **其他日用及农用器具**（赵俊学摄于延边博物馆）

朝鲜族重视人从出生、成人、婚嫁、寿辰到祭奠的各个礼节，并由此发展了一些专用家具，如图8.4.1所示。

1. 抓周

朝鲜族在孩子1岁内成长的习俗方面，分为产神（三神）致拜、度"三七"、百日宴贺、抓周等礼仪，其中以抓周最为隆重。

抓周礼是庆贺幼儿周岁生日的主要礼仪，早在中国北齐（550—577年）时期就已存在，称作"试儿"。到了宋朝时期（960—1279年）更加盛行，称作"拈周试晬"，后来在民间称作"抓周"。在朝鲜民族的历史上，从新罗时期开始，朝鲜民族在各种礼仪方面深受中华礼仪的影响。朝鲜民族的抓周礼，从名称到宗旨与形式同中国古代的"试儿"大体相同。

■ 图8.4.1　从出生到成人礼节的主要道具（赵俊学摄于延边博物馆）

周岁生日，意味着孩子在人生道路上健康地度过了第一个春夏秋冬，迈出了可喜的一步，为此要设宴庆贺，一来庆贺孩子的健康成长；二则寄托长辈们对孩子未来的美好祝福与期望。朝鲜族格外讲究这个礼节。

在孩子 1 周岁生日的前一天，首先要给"三神"（产神）致诚。在一张小桌上放一碗大米、一碗海带汤和一碗"净水"（早晨现打的井水或山泉水），称为三神桌（图 8.4.2）。桌旁还放一碗大米面蒸糕，由孩子的母亲或祖母对着三神桌一边念叨着祈愿祝福的话，一边虔诚地叩头致谢。现在一般则省去了这个礼节。

抓周当天，孩子要换上艳丽的生日新装，男孩穿七彩缎（七彩指红、黄、绿、蓝、灰、粉红、白）的彩袖袄、蓝坎肩、袜子、鞋，头戴福巾，腰系荷包，粉红裤；女孩则穿粉色衣裙等。抓周桌（晬桌）就是在一张炕桌上摆放刀、剪、弓、笔、书、线、钱、算盘之类的东西和几种糕饼、水果（图 8.4.3）。在桌前放一尺棉面或叠放一条毛毯，而后由小孩的父亲或祖母把小孩抱到上面，让其随便抓取桌上的东西。孩子在大人们充满期待的目光下任意抓取其中的某件物品，以最先抓取的东西来判断其将来的志趣。如果孩子先抓了线，人们就说他会长寿；如果抓了弓箭，就说他将成为武将；如果抓了米钱，就说他会成为富翁；如果抓了笔或书，就说他会成为文人；如果抓了打糕、水果，就说他将来是个老实本分的人……小孩抓取晬桌的东西时，在一旁围观的亲戚们会用各自不同的话语夸奖小孩，这种习俗古朴而真实地再现了天下父母的良苦用心。这个预祝孩子未来幸福快乐的民俗，至今仍在保存和延续。

■ 图 8.4.2　三神桌（赵俊学摄于延边博物馆）　　**■ 图 8.4.3　抓周桌**（赵俊学摄于延边博物馆）

2. 接大桌

朝鲜族婚礼习俗中的迎亲就是正式的结婚典礼。这一天，也允许平民百姓的新郎穿上官服。典礼分为新郎礼和新娘礼。其中，新郎礼分为奠雁礼、交拜礼、接大桌礼等；新娘礼包括接大桌礼和舅姑礼。

奠雁礼，就是新郎把自己带来的一俱木雁献上女方预备的接雁桌上，表示新郎对爱情的忠诚。因为古人认为，大雁一旦丧偶，终身不再配偶，奠雁礼以此为寓意。奠雁礼后接着进行交拜礼和合卺（jǐn）礼（夫妻交杯同饮的仪式）。在醮礼厅中间设一张交拜桌（图 8.4.4），新郎站在东侧，交拜桌上

陈设青松翠竹和栗子、红枣，还要放上一对活鸡。新郎与新娘隔着交拜桌对立之后，在司仪的主持下举行交拜礼和合卺礼。

合卺礼结束后，新郎要走进新房接受"大桌"。接大桌是朝鲜族婚俗特有的表示婚礼祝贺的仪式，就是给新郎和新娘摆一个放有鸡与各类菜品、水果、糕点的长方形喜案大桌（图 8.4.5），分为新郎礼桌和新娘礼桌，礼桌的摆设基本相同。喜案上最为耀眼的是一只煮熟的整鸡，通红的辣椒衔于鸡嘴上，这源于朝鲜族古时的鸟崇拜习俗。鸡为属阳的鸟，可驱邪；辣椒色红，也属阳，可辟邪，而且辣椒多籽，隐喻着将来多子多孙。

■ 图 8.4.4　交拜桌（赵俊学摄于延边博物馆）

■ 图 8.4.5　喜案大桌（赵俊学摄于延边博物馆）

婚礼结束后,新郎骑马,新娘坐花轿(图8.4.6),赶到新郎家。

3.祝寿桌

"花甲"之年意为老人已60岁。花甲又称回甲,是60岁老人的生日,其意为已经度过干支纪年的整整一个轮回。因为在传统历法的天干地支推算法中,60年是一个循环单元(回婚礼是庆祝结婚60周年的仪礼),因此朝鲜族把60周岁看成是人生道路上的分水岭,人一过这个年龄就算长寿,是值得家族庆贺的日子。

回甲之宴也叫寿宴,是朝鲜族为60岁的老人举办的生日宴席,意味着对长寿的祝贺。

延边博物馆里展示了寿桌场景,如图8.4.7所示。其中的一对贺联是池章会先生的母亲李太夫人过花甲时,由池先生的世交全秉熏先生书赠的。这幅贺联高度赞扬了李太夫人勤勉持家、教子有方的高尚品格,也真诚祝愿李太夫人健康长寿。

延边博物馆中的婚轿　　　　　　　　韩国首尔南山谷韩屋村中的婚轿

■ **图8.4.6　婚轿**(赵俊学拍摄)

■ **图8.4.7　祝寿桌**(赵俊学拍摄)

4. 丧舆

丧舆是朝鲜族的运柩工具，木制，状如大抬轿，又称灵舆，出殡时置灵柩于架内（图 8.4.8）。过去各村都设有叫做"丧舆契"的民间组织，帮助村民处理丧事中的困难，并由参加这个组织的村民共同出资制作此具，由村民共同使用。在村里较偏僻的地方还会建造丧舆房，指定专人妥善保存。

5. 丧祭礼

朝鲜族自古以来重视孝道，并视为万行之首，重视丧礼和祭礼。丧礼主要按临终、招魂、小敛、大敛、出殡、埋葬、立碑等程序进行。安葬时要请风水先生选择墓地，棺材放入墓穴时有方位的讲究。如埋葬在山坡墓穴里时，人头部朝向山顶；埋葬平地时，则头部朝北。

祭祀桌上食物的摆放顺序也非常讲究，是按照红东白西、鱼东肉西的顺序摆放的，而且视单数为吉祥，如图 8.4.9 所示。

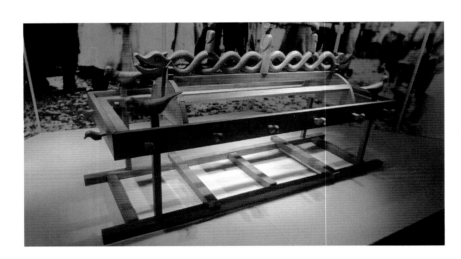

■ 图 8.4.8 丧舆（赵俊学摄于延边博物馆）

■ 图 8.4.9 祭祀桌（赵俊学摄于延边博物馆）

8.5 朝鲜族传统家具的用材和结构工艺

1. 朝鲜族传统家具的用材

朝鲜族家具也是本着因地制宜、经济实用来选材的，硬木家具不多，有些硬木也多做家具骨架材料，一般选择纹理结构密实坚硬的木材，如胡桃楸、榉木、梨木以及枣木等。家具外露面板，多选择纹理优美的轻质木板材，如椴木、松木、梧桐木、椿木及榉木等。一般家具尽可能保证轻质、便于移动，也适合席炕而居的日常生活方式。另外，材料造价也是制造家具考虑的主要因素，骨架材料在保证坚实的同时尽可能考虑经济性，名贵木材一般用于表面装饰面材。

1）椴木

椴木是东北林区的主要材质，如紫椴、糠椴，产于东北长白山、小兴安岭林区等。椴木木质比较柔软，容易用手工工具加工，因此是一种上乘的雕刻材料。木材锯切、胶接、油漆、着色等性能良好，而且容易得到厚的木材，因此适合制造木盆。在朝鲜家具中用椴木制造的家具以小盘为最多。

2）松木

松木是东北林区的主要材质，有落叶松、樟子松、红松等。松木木质比较柔软，是制造建筑和家具的重要木材，在朝鲜半岛和中国东北也是最普遍的木材。松木的收缩膨胀变化小，易得厚材，而且纹理自然、温和、优美，适合制造书案以及硯床等

家具，还适合用于家具的骨材以及柜类家具的旁板或者后部的背板等。另外，松木还有耐潮湿的特性，适合制造馔欀（橱柜）、馔卓（橱亮柜）、斗橱、小盘等厨房家具。

3）柞木

柞木是东北林区的主要木材，其质坚硬、强度高，材质本身收缩性较大。柞木家具具有耐潮湿、耐磨损、使用寿命长的显著优点。

4）桦木

桦木也是东北林区的主要材质，材质结构细腻而柔和光滑，质地较软或适中。桦木富有弹性，加工性能好，切面光滑，可用于家具框架材料与门芯板或局部雕花。

5）梧桐木

梧桐木可以说是朝鲜族家具的代表性木材，使用于各种家具。过去，朝鲜女人结婚时的嫁妆，必须以梧桐木制造，因此又称为"婚需木"。[①]

梧桐木纹理优美，木质软，颜色发白，重量很轻，具有不易生虫、耐湿的特点。

梧桐木木质板面软白，需"烙桐"处理，即使用熨斗加热将面板表面熨黑，然后用禾秆揉磨、砂光，使纹理加重，且颜色发黑，具有朴素之美，适做家具板材。

---

① 文献 [10] 第 61 页。

6）墨柿木

墨柿木在朝鲜传统柜类家具中独具特色，一般用于家具柜门门芯板的装饰选材上。柿子木材质细致柔软，木材边材呈浅褐色，心材的颜色则发黑，所以称它为墨柿木。墨柿木使用于家具的正板面，会形成含蓄又鲜明的色彩对比，使家具具有独特的对比纹理，如图 8.5.1 所示。

2. 朝鲜族传统家具的结构工艺

朝鲜族传统家具在发展过程中，由于缺少明式家具的名贵硬木材质，因此相对缺少雕刻发展的空间。又因为多选当地非硬木材质，考虑到非硬木的材质缺点，所以一些箱柜类家具多以金属件进行加固与装饰。

从家具主要构造上来看，朝鲜族传统家具还是源于中国明式家具的基本构造。家具榫卯结构相对简单，没有精细的组合构造，也因材质特性所限，大体可分为顶板、基体、脚台 3 个部分。顶板属于家具的顶部构造，既可以是独立结构，也可以与基体框架连接为一体；基体则是框架与板、门或抽屉等部分的总称；脚台属于腿脚部分，指柜类、小盘家具的底座底部支撑结构，是柜类家具中不可缺少的构造，也是朝鲜族传统家具的特点之一，如图 8.5.2 所示。

■ 图 8.5.1 文具柜（墨柿木装饰柜门）
（赵俊学摄于韩国首尔南山谷韩屋村）

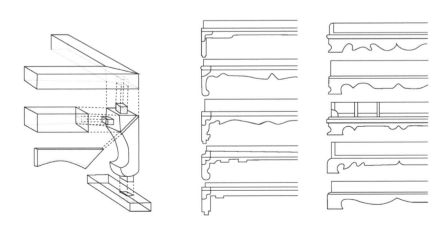

■ 图 8.5.2 脚台结构与种类（来源：文献 [4] 第 59 页）

8.6 朝鲜族传统家具的造型艺术

1. 形态特征与艺术特点

朝鲜族传统家具究其根源，在造型形态特征以及审美形式上，深受明代家具的影响。

2. 装饰题材

朝鲜族传统家具的装饰纹样同其他民族的家具图案一样，代表了人们祈求美好、预示幸福吉祥的寓意。装饰纹样大致可以分为吉祥文字纹、动物纹、植物纹、自然纹、几何纹、观念纹等。这些纹样的大部分被反复地使用在家具的装饰上。

朝鲜古代时期因受到儒教思想的影响，人们以朴素为生活哲学思想，因此在家具的装饰纹样上，也以朴素为基本思想，做出的装饰不会很奢侈华丽。但是人们重视驱除恶鬼，具有寿富心愿和护符观念，因此人们在生活上所希求的各种愿望，常以咒术的表现作为当时的生活纹样。例如，在自然现象中寻找长寿的瑞气，在动物和植物的影像中寻找具有五福的瑞气，在吉祥语纹中寻找寿富康宁和富贵多男的瑞梦。[①]

3. 装饰技法

朝鲜族家具的装饰技法可分为雕刻、金属装饰、粘贴镶嵌、华角装饰以及图画等。

1）雕刻（图 8.6.1）

雕刻在朝鲜族传统家具中并不是太多，多为浮雕，透雕少见。可能是由于细致雕刻对材质的要求较高，多在小桌牙板、柜类家具门芯板等处饰以并不繁琐的雕刻。

小盘牙条雕刻	柜子门芯板雕刻	婚轿轿身雕刻
（赵俊学摄于延边博物馆）	（赵俊学摄于韩国首尔南山谷韩屋村）	

■ 图 8.6.1　雕刻装饰

———————————

① 文献 [11] 第 154 页。

2）金属装饰（图 8.6.2）

金属饰件的主要用途，除了增加家具的坚固性或掩盖材质的不足外，还具有装饰美，它的主要材料为铁、锡以及白铜。金属装饰件根据各种形态和用途带有动物、植物、文字等纹样，而且又可以分为功能型和结构加强型两类，其中功能型的装饰可分为合页、拉手、面叶、锁等，结构加强型的装饰有包角、装饰钉等。

3）粘贴镶嵌（图 8.6.3）

螺钿镶嵌或将黄杨木片粘贴于家具上，如各类盒，然后再用生漆处理牢固，都是朝鲜族传统家具常见的装饰技艺。《高丽史》第 27 卷记载，元宗十三年（1272 年）3 月设立钿函造成都监，这表明

高丽时期螺钿漆器就已盛行。另外，镜面装饰也为近代衣柜所用。

4）华角装饰（图 8.6.4）

华角装饰工艺具体起源的历史还没有确定，但至少应是朝鲜半岛新罗时期（公元 676—935 年）流传下来的一种家具装饰艺术。然后经过高丽时期，传承到朝鲜时期，代替了产于中国的玳瑁。目前在全世界，只有韩国还保留着这种传统技艺。这种工艺已有 1000 多年的历史传承，其做法是把高质黄牛牛角放在沸水里，煮掉角内的软骨质，抽出角骨，再长时间用温水浸泡使牛角能够展开，用火加热展成为板，然后再利用锉刀和凿子把它削成薄片、熨平、磨成大小不一的透明四角形，类似纸般的角纸，

图 8.6.2　躺箱柜门金属装饰（赵俊学摄于延边博物馆）

柜门螺钿镶嵌

柜门镜面装饰

图 8.6.3　粘贴镶嵌技法（赵俊学摄于延边博物馆）

图 8.6.4　华角贵重品盒（赵俊学摄于延边博物馆）

在其上用上好牛皮熬成的胶调和白、红、黄、绿等矿物染料绘画，画出各种图案，然后再用鱼胶将绘有图案的一面贴在器物的表面，利用牛骨嵌在板之间的缝上，最后经过抛光而完成。花角家具中常见的纹样为十长生、云龙、凤凰、牡丹、鱼、喜鹊、老虎等。整个工艺只能是手工制作，程序繁多，耗时费工，过去是专门给王宫和贵族女人使用的，不是平民百姓之物。

5）图画（图 8.6.5）

用颜料将图案绘制于家具或屏风上也是常用的装饰手法。

4. 装饰内容

1）吉祥文字图案装饰

吉祥文字图案是以汉字原有的语义作为象征意义，人们对于美好生活的向往，对于家庭幸福、人丁兴旺、老人健康长寿的企盼皆表达在家具的装饰之中，如图 8.4.3 所示抓周桌的文字图案装饰。图案的种类一般有卐字纹、囍、寿福、康宁、万寿无疆、富贵多男等。

2）观念寓意纹样装饰

朝鲜族人民喜欢以鲜艳的色彩及"十长生"的图腾景物装饰居室。"十长生"指的是海、山、水、石、云、松、不老草、龟、鹤、鹿等长生之物，这些景物常以屏风画幅、镜绘画、彩笔画等形式出现，着以暖色艳彩，令居室生辉。[11]

屏风上的装饰图案多以这些典型的十长生纹为代表。还有一类十长生纹是选择 10 种自然纹样作为载体寓意吉祥意义，包括日、云、山、水、松、竹、鹤、鹿、龟、不老草等 10 种。虽然十长生纹可能因地区文化略有差异，但总体来讲都是表达家族昌盛、子孙富贵的寓意。

延边博物馆中的屏风

延吉朝鲜族民俗园中的屏风

图 8.6.5　装饰彩绘屏风（赵俊学拍摄）

1. 橇柜（图 8.7.1、图 8.7.2）

朝鲜族人采取的是席炕而坐卧的生活方式，柜箱架类家具沿墙摆放，面积较小的民居，小桌案类等家具在晚间休息铺炕被时也要摆在一边，柜类家具占有很大的比重，主要是收藏衣物等。

图 8.7.1 左图所示柜子造型简洁、实用，为上下两部分构造，面板为素面，只在门板四框内有少许圆弧倒角。图 8.7.1 右图所示柜子的造型同样简洁，只是面板采用条形装饰，凸显出肌理的对比。

实际上这两款柜子并不是典型的朝鲜传统家具样式，能看出更多的中国元素。

图 8.7.2 所示的三款柜子，尤其是右边两款橇柜，被赋予了更多的典型朝鲜元素，如立面复杂的造型分割样式与脚台形式，以及装饰五金件的大量应用，如面合页以及包角等。中间橇柜上下结构，门板采用有对比黑棕明显的墨柿子木花纹；右侧柜子面板芯材采用瘿木，体现了较高档的木材装饰。橇柜不是一般人家的家具。

■ 图 8.7.1 　橇柜（1）（赵俊学拍摄）

■ 图 8.7.2 　橇柜（2）（赵俊学拍摄）

2. 躺箱（图 8.7.3）

躺箱在朝鲜族传统家具中占有较大的比重，几乎每个家庭必备，木质的或者柳条的，主要用来存放衣物等。

■ **图 8.7.3　躺箱**（赵俊学拍摄）

3. 卧室小柜（图 8.7.4）

■ **图 8.7.4　卧室小柜**（赵俊学拍摄）

4. 药欌（图 8.7.5）

药欌（药橱）与中国传统家具药橱的功能相同。大型的药橱用于医院或药房，一般人家也都有准备，为全家健康备些常用药，多是小型的。

5. 卓子（图 8.7.6）

卓子等同于中国传统家具中的架格，可用于陈设瓷瓶等艺术品等。

6. 文匣（图 8.7.7）

文匣，即低柜，沿墙摆放，相当于书房用柜。该柜门板用墨柿子木，有对比明显的花纹，体现出水墨的意境。

■ 图 8.7.5　药欌（药橱）与柜架炕桌的组合
（赵俊学拍摄）

■ 图 8.7.6　卓子（架格）
（赵俊学拍摄）

■ 图 8.7.7　文匣（低柜）与函（赵俊学拍摄）

7. 案桌（图 8.7.8）

案桌也叫经床（中国佛教用具转化而来）。小案桌桌面平板，并无翘头，立面雕刻灵芝纹，腿部边缘起线采取较简单的阴线雕刻的装饰手法。左侧砚床是收纳笔、墨、纸、砚的小家具。

8. 厨房灶台（图 8.7.9、图 8.7.10）

图 8.9.9 所示厨房灶台形制简朴。图 8.9.10 为部分厨房家具，墙上为小盘的收纳形式。

■ 图 8.7.8　小案桌与砚床（赵俊学拍摄）

■ 图 8.7.9　厨房灶台形制（赵俊学拍摄）

■ 图 8.7.10　部分厨房家具（赵俊学拍摄）

9. 平床（图 8.7.11）

平床（床榻）较为少见，也并不是一般家庭家具，多见于大户人家。

10. 祭祀家具（图 8.7.12）

祭祀也是朝鲜族的主要礼仪之一。图 8.7.12 中家具从前向后依次是香案、祭床（相当于条案）、交椅（用来供奉神位，因为在祭床后面，所以腿会略高些）。

■ 图 8.7.11　平床（赵俊学拍摄）

■ 图 8.7.12　香案与祭床、交椅（赵俊学拍摄）

8.8　结束语

朝鲜族迁入中国的历史较短，移民中贵族及富庶人家少，贫苦农民多，这种移民特点决定了传统家具存量较少，移民后且多处于土地肥沃、资源丰富地区，所以受迁入地的外来文化影响也较多。从传统家具文化上来看，无论是对于朝鲜还是韩国及中国境内的朝鲜族而言，都是同一个家具文化体系。近年来，朝鲜族由于传统家具工艺的失传与实践生活的需要，民用家具也多变得简化实用了，艺术价值当然也无法与传统家具相提并论。

参考文献

[1] 李之吉.吉林朝鲜族传统民居 [J].村镇建设，1998（5）：49.

[2] 金禹彤.朝鲜族民居建筑的美学阐释 [J].世纪桥，2008（12）：148.

[3] 张蕴华.朝鲜家具 [J].家具，1981（1）：38.

[4] 鞠文俐.论朝鲜时代后期传统家具：兼论与明式家具的关系 [D].北京：清华大学，2008.

[5] 大学教材研究会.韩国文化史 [M].首尔：HANIL 出版社，1993.

[6] 张泽洪.道教在朝鲜的传播和影响 [J].中国道教，1995（2）：33.

[7] 李华东.儒家文化在韩国的传播及对韩国传统建筑之影响 [J].重庆建筑大学学报，2001（1）：55.

[8] 金光世，等.中国朝鲜族人口文化教育素质现代化状况及其特点 [J].延边大学学报（社会科学版），1997（12）：112.

[9] 延边博物馆网站.http://www.ybbwg-china.org/two_level_d.asp?id=305&type= 藏品鉴赏.

[10] 朴荣圭，金东宇.木漆工艺 [M].首尔：SOL 出版社，2005.

[11] 裴满实.韩国木家具的传统样式 [M].首尔：梨花女子大学校出版部，1988.

[12] 金禹彤.朝鲜族民居建筑的美学阐释 [J].世纪桥，2008（12）：146.

[13] PAI M S，WRIGHT E R. Traditional Korean Furniture [M]. Kodansha International，2000.

9

傣族传统家具

本章对傣族的民族特征进行了概述，对傣族传统家具的基本概况进行了详细的阐释，对家具的起源、种类、用材、结构工艺、造型艺术进行了系统的剖析，并罗列了大量具有代表性的傣族传统家具图片进行赏析介绍。

9.1　傣族概述

傣族历史悠久，公元前1世纪汉文史籍就有关于傣族先民的记载。公元前109年，汉武帝设置益州郡，傣族地区属益州郡管辖。公元69年，傣族地区属永昌郡。至明清两代，在少数民族地区实行废除世袭土司，改由临时官员（即流官）统治的"改土归流"政策起，傣族地区渐归朝廷直接统治。民国时期在傣族地区成立了县，设置了局。

傣族人居住的竹楼是一种干栏式建筑。竹楼近似方形，以数十根大竹子支撑，悬空铺楼板；房顶用茅草覆盖，竹墙缝隙很大，既通风又透光，楼顶两面的坡度很大，呈A字形。竹楼分两层，楼上住人，楼下饲养牲畜，堆放杂物，也是舂米、织布的地方。

傣族男子一般上穿无领对襟袖衫，下穿长管裤，以白布或蓝布包头。傣族妇女的服饰各地有较大差异，但基本上都以束发、筒裙和短衫为共同特征。筒裙长到脚面，衣衫紧而短，下摆仅及腰际，袖子却又长又窄。

傣族人以大米为主食，最具特色的是竹筒饭。其制作方法是将米装进新鲜的竹筒后加水，放在火上烧烤，吃起来清香可口。普洱茶是云南西双版纳的特产，在唐代就已远销中国各地，清代时远销东南亚及南亚，现已进入日本和西欧等国家和地区的市场，成为中外驰名的名茶。

傣族有自己独特的历法。傣历和公历纪元相差638年，即公历的639年为傣历元年。傣历的年是阳历年，月却是阴历月。傣历分为3季，1—4月为冷季，5—8月为热季，9—12月为雨季。

傣族人民十分喜爱诗歌，尤其是叙事长诗。叙事诗《召树屯与楠玛诺娜》、《娥并与桑洛》等作品是中华民族的宝贵文化遗产。

傣族舞蹈种类很多，动作及内容主要模拟当地常见的动物的活动，在此基础上加以人格化。孔雀舞既来源于孔雀优美动作的模仿，也来源于傣族美丽动人的传说。著名舞蹈家刀美兰因表演孔雀舞而闻名中外。

泼水节是傣族最富民族特色的节日，是傣历的新年，节期在6月6日至7月6日之间，相当于公历4月。泼水节这一天人们要拜佛，姑娘们用漂着鲜花的清水为佛洗尘，然后彼此泼水嬉戏，相互祝愿。起初用手和碗泼水，后来便用盆和桶，边泼边歌，越泼越激烈，鼓声、锣声、泼水声、欢呼声响成一片。泼水节期间，还要举行赛龙船、放高升、放飞灯等传统娱乐活动和各种歌舞晚会。

西双版纳傣族自治州特产非常丰富，仅水果就有110多种。这里动植物品种繁多，是有名的"植物王国"和"动物王国"。1991年西双版纳国家自然保护区正式向外界开放，人们可以亲身游历大自然的宝库，体味浓郁的亚热带风情。

9.2 傣族传统家具的时代背景

傣族属定居类型的民族，傣族人民笃信小乘佛教，主张一切皆空，即人空、生空和我空，认为人生所经历的生、老、病、死都不外是苦。因而，在社会实践中主张自我解脱和自我拯救，他们消极隐居，过着寂静的生活。表现在家具上，造型简洁，随物赋形，毫不张扬，体现着人与自然的和谐，而这恰恰迎合了现代人返璞归真的心理。

傣族地区山川秀丽，资源丰富，到处是迷人的亚热带风光，茂密参天的原始森林分布很广，不仅有松、杉等优质建筑木材，还有柚木、紫檀木和铁梨木等世界珍贵的木材。傣族民居以竹楼为主，房前屋后，水边和山上空地，遍布青翠葱郁的竹林（图9.2.1），这些为家具提供了丰富的用材。竹子易于加工，再加上傣族人清心寡欲的生活使他们更偏向于用竹子制作家具，竹楼配以竹家具，组成一个和谐统一的整体，洋溢着浓浓的田园气息。傣文佛经曾记载，竹是观音菩萨于洛伽岛紫竹林修道时的证据，故而被尊为"佛树"，这一记载也折射出傣族人民与竹联系密切的生活习俗和对竹的尊崇、热爱情感。

当然，由于历来对竹的宠爱，傣族人对竹的习性也是理解甚深，许多傣族男子都是编织能手。而在竹编家具中，竹被深层次地加工着，随物赋形地展示着傣族人民的愿望、追求、思维模式甚至审美情趣和审美理想。

■ 图 9.2.1　傣族竹楼（http://pic.sogou.com）

9.3 傣族传统家具的用材及特征

傣族家具以竹材为主。为与竹楼间隙较大的楼板相宜，家具的支承脚部多采用圈式腿脚。为防止东西掉落，桌面多采用落堂式桌沿，把家具的外形与功能结合起来，使家具轻巧中透着稳重，成为家具的一大特色。

傣族传统家具可以概括为以下几种特征：

（1）表现宗教信仰色彩。傣族人信仰的小乘佛教宣扬逃避，宣扬清心寡欲，于是傣族家具多简洁，不做装饰。受佛教的影响，便流行柠檬色与中黄色，于是家具多不装饰，而保持木材的浅黄色或竹藤的藤黄色。

（2）寓意思想，寄托环境。傣族人崇拜孔雀，认为孔雀是美好的象征，于是有模仿孔雀羽毛的家具造型（见图9.3.1），同时也寄托了傣族人对美好、幸福、和平生活的向往。

（3）适应地理气候。傣族居住地区闷热，受此影响，以竹编家具为主，家具透气性良好，可起到消暑的作用；同时，由于气候闷热，傣族人多有乘凉习惯，轻巧的竹凳、竹椅、竹桌，搬动方便，竹家具无疑受到傣族人的青睐，成为傣族家具的主要类系。图9.3.2所示为傣族人家常用的竹凳。

（4）融合建筑的内、外结构。傣族人居住干栏式竹楼民居，人住上层，下层畜养鸡、鸭及堆放柴草等。在上层，凉台的围栏椅、卧室地铺，无不与建筑连为一体，甚至成了建筑的一部分。

（5）就地取材。傣族地区盛产竹材，同时傣族人爱竹，家具以竹材为主，辅以少量的木材。

（6）以素为主。傣族家具大多不作涂饰，而显露竹材纹理的自然美，家具色调淡雅，朴素自然。

（7）同其他民族家具相关联。傣族与哈尼、布朗等族混杂居于一个地区，各民族间取长补短，丰富和发展着本族的家具，可以说是几个民族所共有。同时，傣族家具受汉族家具的影响较大，特别是近年来，傣族家具汉化程度大大增强。当然，在实用、艺术上仍不失本民族特色，既有共性，又有个性。

■ 图9.3.1 竹桌

■ 图9.3.2 竹凳

9.4 傣族传统家具的种类

傣族有高型、低矮型或席地而坐型家具，类别较少，常用的有竹凳、竹桌、竹椅、竹几、儿童床、围栏椅、地铺、竹衣柜等，还有少量木凳、木桌、木柜。如果从大的方面来说，当然还有竹碗、竹背篓、竹篮、竹挎包、竹筒、竹帽等。

1. 竹凳

竹凳在傣族家庭中非常流行，主要用于品茶、就餐、纳凉时坐用。竹凳一般较矮，体积小，便于搬动。

其形制有圆形、方形的，细部大同小异，编织花纹不一，腿脚可用木材，多采用圈式腿脚或劈料腿脚的形式，家具看起来比较简陋。尽管如此，傣族丰富的茶文化、饮食文化都是坐于竹凳上才得以完成的。图9.4.1示出了几款常见的竹凳。其中，右边的圆形竹凳的腿部采用竹段渐变旋转而成，韵律感极强；方形竹凳的腿部采用劈料的做法，有效地扩大了与地面的接触面积；鼓形圆凳的形制类似明式鼓墩。

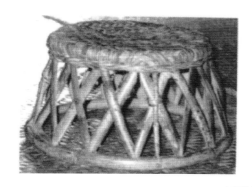

圆形竹凳

方形竹凳　　　　　　　鼓形圆凳

■ 图 9.4.1　各类竹凳

2. 竹桌

竹桌是与竹凳相配套的，因而也较矮。竹桌有方形、圆形的，桌面有大有小。桌面多有落堂式桌沿，有效地防止了桌上物品掉落。竹桌的腿部造型各异，但多采用圈式腿，使脚部与地面的接触面积加大，也与凳子相配，也有采用劈料腿的。

图 9.3.1 所示竹桌，腿部用 S 形的 7 条腿，看起来像孔雀羽毛，当然是孔雀之乡的傣族人对孔雀特有感情的反映，也表达了傣族人追求幸福生活的美好愿望，也同傣族"纳哨奔"等民族故事相连，蕴涵着青年男女恋爱婚姻的民族风情。图 9.4.2 所示为几款常见的竹桌。其中，圆桌的腿部利用竹子柔韧性的特点，反复弯曲，通过曲折迂回形成水波纹，从而使家具呈现出节奏与韵律的美感来；

方桌的桌腿采用篾状竹条形成，并呈透空状，这种桌子在傣族家庭中尤为常见。据傣族人说，过去桌面以下腿之间的筐体里用来养鸡，饭粒掉下，刚好被下面所养之鸡啄食，使家具功能多用。简单的桌子，体现了傣族人简朴的生活习俗，也活灵活现了傣族家庭美好的田园生活。图 9.4.2 中的大圆桌，傣族人作餐桌用，桌面分上下两阶，上阶桌面用来放菜，下阶桌面用来放碗，把桌面的功能区域分开，既扩大了桌面面积，又便于吃饭就菜，整个桌子非常别致，凝结了傣族人的聪明才智。

傣族家庭偶见木桌，如图 9.4.3 所示。木桌桌面也有桌沿，体现了傣族家具的特色。木桌采用与汉族家具相似的直角榫结合形式。

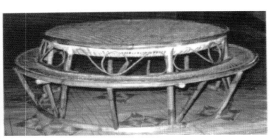

圆桌　　　　　　　　　方桌　　　　　　　　　大圆桌

■ 图 9.4.2　竹桌

■ 图 9.4.3　木桌

3. 竹椅

竹椅的类型较多，做工精细。最早的竹椅较矮，形体较小，随着傣族人民生活水平的提高，竹椅出现了双人沙发椅、多人椅、单人休闲椅、扶手椅等各种类型，椅子高度稍有增加。

图 9.4.4 所示为傣族人传统的竹椅。椅子靠背微倾斜，靠背形状也大体与人体脊背相宜，座面由竹篾编织而成，有一定的柔软性，腿部或靠背主要由竹木弯曲而成，家具整体线条流畅，造型婉转悠扬。

图 9.4.5 所示为傣族休闲椅，椅背与座面连为一体，由条形零件排列成面，家具具有较强的动感。

傣族沙发椅出现的时间较晚，形制大体相同，多有扶手，靠背较高，搭脑处连为一体，椅背往往作为重点，根据椅子所容纳的人数多少分块，处理手法各异，有的靠背编成圆形，有的桃形，有的椭圆长方形，有的圆方形，丰富多彩，表现了傣族人娴熟的编织技艺，如图 9.4.6 所示。

■ 图 9.4.4　传统竹椅

■ 图 9.4.5　休闲椅

■ 图 9.4.6　沙发椅

傣族还有扶手椅，用于休闲。扶手椅一般较高，靠背倾角较大，搭脑、椅背和座面常连为一体，采用竹编席面做法，坐感极好，线条流畅自然，如图9.4.7所示。

4. 围栏椅

围栏椅设置在走廊，与建筑结构融为一体，轻巧实用（图9.4.8）。

5. 地铺

傣家人居住的竹楼地面干燥，也较温暖，并且通风，没有泥土地面、水泥地面的缺点，促成了地铺的形成，有的直接在地上铺席，有的搭成地台或搭地桩铺，与建筑融为一体，非常实用，如图9.4.9所示。地铺看起来简单，但其中却有许多讲究，比如家人居于里屋地铺，客人不得参观，来了客人，也只能居住于客厅（傣族人称堂屋）地铺上，并且头朝里，表示与家人心相连。这是傣族人好客特点的体现。傣族地区水多树多，蚊蝇较多，地铺之上常挂蚊帐，当然蚊帐也兼起隔断作用，把不同家庭成员分开，避免尴尬局面的产生。蚊帐又有讲究：比如新婚夫妇地铺之上只能挂红色蚊帐，寓意幸福美满；老年夫妇只能挂黑色蚊帐，寓意健康长寿；而年轻未婚人只能挂白色蚊帐，寓意平安。可见傣族人对色彩的理解已超出了色彩本身，而是赋予很强的功能性，这也是少数民族家具重实用的一个体现。

■ 图9.4.7　扶手椅

■ 图9.4.8　围栏椅

里屋地台铺

客人地铺

■ 图9.4.9　地铺

6. 儿童床

傣族家庭的育儿家具——儿童床系竹编而成（图 9.4.10），常吊于客厅靠里的两根柱子上，高矮适宜，便于母亲喂养孩子。这种吊床摇动灵活，儿童稍微一动，床体就会自动摇动起来，可见傣族人育儿构思之巧妙。

7. 木碗柜

图 9.4.11 所示为某一傣族人家使用的木碗柜。

8. 竹衣柜

竹衣柜用竹子编织而成，柜体较小，衣物主要折叠放置。柜子有盖子，可以有效地防止灰尘进入。柜子四角一般用木材做骨架和支撑体（图 9.4.12）。

■ 图 9.4.10　儿童床

■ 图 9.4.11　木碗柜

■ 图 9.4.12　竹衣柜

9.5　傣族传统家具的装饰手法

　　傣族男子，个个都是编织能手，他们把表现本民族审美情趣、文化艺术、风俗习惯的竹编纹样结合家具功能完美地应用在家具的不同部位，使家具或空灵剔透，或婉转悠扬，或流畅舒展，或动或静，使人得到不同的审美享受。常见的竹编纹样有如下类型：

　　（1）透空状的，有平面，有曲面（图9.5.1）。把竹子削成薄薄的窄篾片或窄薄竹条，通过横材、竖材或斜材的交错组合形成各种透空状的几何图案。

　　（2）满铺面状的，有平面和曲面（图9.5.2）。把竹子削成篾片或细丝，通过纵横材或斜材的交叉排列形成具有一定浮雕效果的几何图案。

■ 图 9.5.1　透空状的几何图案

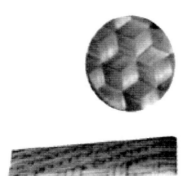 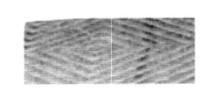  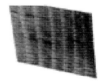

■ 图 9.5.2　满铺面状的几何图案

（3）线条式的（图9.5.3）。把竹子削成条状的，或直接用细竹，利用竹子柔韧性的特点，弯曲迂回形成各式花样图案。

这些竹编纹样，无论是满铺面状的、透空状的，还是纯粹线条式的，主要结合家具的功能部位和力学要求来选用，以达到功能与艺术的完美结合。

傣族人不但竹编技艺高超，木雕技艺也不逊色。傣族的木雕家具主要用于佛寺，独特华丽，光彩夺目，形成不同于其他民族的木雕家具风格。

在傣族佛寺，木雕供桌堪称一绝，许多佛寺都有雕刻精美的木雕供桌，充分展示了傣族人的聪明智慧。

图9.5.4所示为一傣族木雕供桌。该供桌以双龙为主题作对称雕刻，正面朝向跪拜者一方的案沿和衬台左右各雕一条翔龙。龙身延至案的左右两足，使长案呈双龙蟠绕状。龙眼和身体各处镶嵌各种小圆镜、彩色玻璃片、珠子等，五颜六色，异常绚丽。佛教的莲花纹、连枝莲花纹分别通过浮雕、透雕的形式占据供桌正面，同时，腿面上侧的浮雕鱼纹与下侧龙纹交相呼应，提醒人们不要杀生。

孟连缅寺有一个木雕经柜，雕刻的天神丢拉双手合十立像衣装彩带漫飘，面容和身形端庄，浮雕工艺高超，让人流连忘返。还有孟连宣抚司的一个土司衣柜，镌刻刘海戏蟾，镶嵌亮片加色彩，十分华丽。

■ 图9.5.3　线条式竹编图案

■ 图9.5.4　木雕供桌

9.6 傣族传统家具的造型与结构

傣族家具尺寸较小，以低矮为主，基本符合人体尺度，以功能造型和结构造型居多，少量为模仿造型。家具装饰较少，装饰件也是功能件和结构件，成为必不可少的一部分，决不拖泥带水。家具多以竹构成，或竹木混合而成，轻巧别致。傣族家具讲求对称，编织有序，使家具端庄稳重。总之，傣族家具适形、适材、适艺，呈现出清新自然的美感和亲切朴素的气质。

傣族家具多采用竹编结构，有捆扎连接的，也有采用竹榫连接的，竹木结合型家具也采用榫接，结构都较简单，透着傣族人朴实的民族风格，如图 9.6.1 所示。

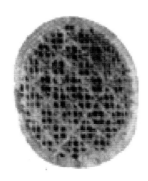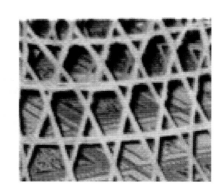

■ 图 9.6.1 竹编家具

9.7　结束语

傣族家具是傣族文化的一部分，同时，也为中国传统家具文化增加了异彩。它独特的艺术是其他民族家具所无法比拟和代替的。随着时代的发展，傣族家具将在发扬传统的同时，逐渐增加更多新的内容和形式。尤其是今天，在创建环保型家具的倡导下，继续继承和发扬傣族竹家具的传统并使之发展、创新，将会具有美好的前景。

参考文献

[1]　罗汉田.庇护：中国少数民族住居文化 [M].北京：北京出版社，2000.

[2]　王绍周.中国民族建筑：1-5 卷 [M].南京：江苏科学技术出版社，1999.

[3]　张柏春，等.中国传统工艺全集 [M].郑州：大象出版社，2006.

[4]　姜晋，潘嘉来.中国传统红木小件 [M].北京：人民美术出版社，2009.

[5]　童恩正.南方文明 [M].重庆：重庆出版社，2004.

10

纳西族传统家具

本章对纳西族的民族特征进行了概述，对纳西族传统家具的基本概况进行了详细的阐释，对家具的起源、种类、用材、结构工艺、造型艺术进行了系统的剖析，并罗列了大量具有代表性的纳西族传统家具图片进行赏析介绍。

10.1 纳西族概述

中国西南边陲的云南省丽江市境内，居住着纳西族、白族、汉族、彝族、普米族、傈僳族、藏族等多种民族，纳西族是该地区的主体民族，人口30多万，有自己的语言和文字。

纳西族是古代西北部青海、甘肃，黄河、湟水一带南下的氐羌族系与云南西北部和四川西南部土著居民长期融合而成的。唐、宋以前，纳西族以游牧为业；元、明、清三朝逐步转向农耕。然而，丽江地处横断山脉，高有海拔逾6000m的雪峰；低有海拔1800m的金沙江峡谷，相对落差高达3200m，气候与植被呈立体分布。生活于不同区域的纳西族，其生产、经济及文化亦呈立体状态。

以丽江古城为代表的城区，已进入发达的农业与商品经济生产模式；离城较近的坝区（小盆地），已进入农耕为主、畜牧为辅的生产方式；而离城较远的高山峡谷地区，仍停留在简单的农牧兼营的生产方式之中。故而，丽江纳西族的家具发展极不平衡，也呈多元化立体分布。其中也可看到家具发展的轨迹，可以清晰地看出民族文化交流对家具文化进步的影响。

唐宋年间，纳西族先民定居下来，在丽江等地从事农业生产，在这一时期纳西族家具也得到了极大发展。在历史文化长河中，纳西族历来都是一个善于接受先进文化的民族，历代纳西族土司都大量吸收汉、藏民族和其他民族的文化，并为己所用，到明清时期，逐渐形成了具有本民族特色而又不失先进的雅俗共赏的家具风格。在丽江地区，以木土司的宫室为代表，其中的纳西族家具多具有明代中原经济的某些特色，无论是图案清秀、形象逼真的木雕家具，还是色彩搭配得当的彩绘家具，都让人陶醉其中，同时又能清晰地感受到纳西族家具深厚的文化内涵。

10.2　纳西族传统家具概述

10.2.1　纳西族传统生活类家具

1. 火塘

由于生存环境多处于2500~3000m的高海拔山区，气候严寒，所以纳西族人的家居生活仍以火塘为中心。火塘本身就是家庭中的核心家具，取暖、餐饮、睡觉、待客、文化传承、宗教活动皆在火塘边进行。

在图10.2.1中，纳西家庭正在为新生婴儿举行命名仪式，跪者为家庭主妇。火塘高出地面50cm，火塘边沿用木镶边，作为做饭操作的灶台。中部为火塘，一家饮食皆出其中。上方两侧为睡觉的长床，宽约120cm，长300~400cm。床与火塘之间设有一木枋，图中置有碗筷者，是一件多功能的木枋，"酒席"、"茶具"、"饭桌"皆由它来承担，有时还当书桌使用。两侧长床以90°直角拼连，相连处放有神柜。长床尾端设有挂架，白天将被、毯等床上用品挂于其上，夜间取下使用，全家大部分成员都睡于火塘边的长床上。所以，这间纳西人的居室是多功能的，它集卧室、神坛、厨房、客厅、文化传承场所于一身，是研究人类早期居室家具文化的珍贵资料。

2. 条凳

条凳（图10.2.2）是一种在天然树体上，使用简单的工具砍削而成的。条凳长短不一，有多人坐、三人坐、二人坐和一人坐的。凳面由树体制成：巧妙地留下树枝，即成凳脚，有三足、四足或多足。凳为矮脚，一般高20~40cm。图中所示火盆在清朝晚期才出现在丽江古城和郊区，可能是受汉民族影响后形成的。在城市化发展中，城镇房屋向小型化过渡，屋内设置大火塘已无条件。加之城中居民的生产活动转向加工业与商业，无暇进山打柴，而改用了土灶和小火盆。土灶和小火盆的使用也符合人们逐渐追求卫生的生活进步规律。

■ 图10.2.1　火塘、灶台、火塘床等（和品正提供）

■ 图10.2.2　条凳、木火盆架（和品正提供）

12.2.2 纳西族传统宗教民俗类家具

纳西族有自己的民族宗教——东巴教。东巴教属原始宗教，是一种原始的、自发的、质朴而简约的宗教信仰。东巴教没有专门的教堂与脱离生产劳动的神职人员，宗教的组织者与参与者均是普普通通的劳动者。东巴教的宗教活动与民俗文化活动完全融为一体，还没有完全从生活中独立出来，所以家庭内任何物体都与宗教相关，却又较少单为宗教而设及与精神相关的家具。

1. 神龛

每个家庭火塘上方，两侧长床的结合部，均置一神龛（图 10.2.3）。神龛没有统一尺寸，一般高约 160cm，宽约 90cm，厚为 40cm。分上下两层，每层中部设有开门，内又用板分为三格，正面多彩绘东巴教吉祥物、神像以及富有宗教色彩的装饰图案，制作及彩绘与藏族佛龛相近，但相对要简约许多。神龛内放置东巴教经典以及迎神驱鬼的法器等物。

2. 顶天柱

顶天柱（图 10.2.4）在纳西族传统民居中有着极为重要的作用，是"顶住苍天降下灾祸"的重要支撑。凡举行祭天、祭自然神等祭神仪式之后的神牌，都要带回插于顶天柱上，这样才能有效地抵御灾祸。顶天柱同时又是家中一件常用家具。因为它立于火塘边上，水瓢、勺子、锅铲、碗筷篓都会挂于其上，家中主妇一天也离不了它。

10.2.3 纳西族传统生产生活类家具

1. 粮架

纳西族人喜爱使用粮架（图 10.2.5），把收来的粮食作物挂晒于粮架上，待干透后再进行脱粒。粮架分单排、双排两种。有的粮架顶部盖有木板，以防止雨水雪霜，粮食可以在粮架上储存较长时间；有的粮架则顶部不盖木板，粮食在粮架上晾干后，必须及时脱粒归仓。单排粮架可以围成"口"字形，四周为粮架，中间为脱粒场地。

■ 图 10.2.3　神龛
（和品正提供）

■ 图 10.2.4　顶天柱
（和品正提供）

■ 图 10.2.5　粮架
（和品正提供）

2. 粮仓

粮仓有多种形式，使用较广的有两种：一种为活动型，由四五十块木板成"井"字形垒拼而上，粮食入仓时，随着粮食的增多，围板逐步垒高；又随着粮食的消耗，围板可逐步撤除，粮食的入仓和出仓都很方便。另一种粮仓为固定型（图10.2.6），由圆木垒成一房间状，开有一扇小门。此类粮仓除贮藏粮食外，还可存放其他物品。

3. 粮柜

粮柜也有两种：一为方形，宽、厚都为90cm，高为75cm，柜门设于上方。这类方形粮柜一般配成一对，并排摆放使用。另一种为长方形（图10.2.7），长度一般在180cm上下，厚度和高度与方形相近或略小一些，内部分隔成2~3格，可存储不同品类的粮食。

纳西族的家具呈立体多样性分布，以上所述是极边远封闭山寨使用的家具，它保留了纳西族古代社会的传统家具形态，还处在封建社会早期粗糙简单的家具时期，适应于纳西族早期的经济文化水平。而城镇及近郊的纳西家庭，已在元、明、清三朝开始有所变化，清末与民国时段的变化较为显著，主要是吸收引进了内地民族的家具文化。

■ 图 10.2.6　固定型粮仓（和品正提供）

■ 图 10.2.7　长方形粮柜（和品正提供）

10.3 纳西族传统家具的起源

纳西族自己的传统家具，只在较少的极边远山区仍在使用。由于这些山村处于恶劣的自然环境内，保留着简单粗放的生产方式，交通闭塞，至今未通公路，与外界交流极少，经济文化生活与过去变化不大。因而，纳西族固有的家具文化仍在这些区域保存使用。

纳西族家具之所以高度发展于唐宋，最终形成于明清，有着深刻的文化背景。纳西族人擅长雕刻，早在南诏、大理国时期，木雕技术水平就已经很高，且具有较高的实用性和艺术欣赏性，大量用于宫殿、庙宇、园林和民居建筑之中。纳西族人有很多专门从事房屋建造和雕刻装饰的能工巧匠，曾有过"木匠提举"一类褒奖高明木匠大师的誉称。在铜工、银工、皮工、泥工、石工、瓦工等工匠内，木工的社会地位最高，最主要的原因是木工与民众的生活最为密切，家可无金银铜器，却不能没有木制的房屋及家具。中国沿海一带有"船老大"，丽江却有"木匠大师傅"的尊称。无论是达官贵人还是平民百姓，皆十分尊崇木匠大师傅。大师傅行于道，一路投来的都是敬仰的目光与赞美的言语。

做家具的木匠与盖房的木匠又有所不同，盖房者称为"粗木工"；制家具者称为"细木工"。细木工多数以一两人为伙，走村串寨，食宿于主人家中，花数月、半年或更长的时日，为主人打制家具，主人精心照顾其生活。

1. 汉式家具的引进

纳西族在唐宋时期，始与内地民族交往，但较为松散，不够密切，多为军事方面的冲突。1253年，忽必烈率领蒙古军进军云南，丽江纳西族部落首领阿琮阿良率部投诚，得忽必烈接纳，随大军攻打大理国（原南诏）立下战功。随后，元朝在西南设郡县，推行土司、土官自制的行政管理手段，授纳西首领"茶罕章管民官"、"茶罕章宣慰司"等官职。

明朝洪武十四年（1381年），朱元璋建立明王朝才十数年，西南各土官趁明王朝基业未稳，纷纷反叛，脱离明王朝，朱元璋多次招降云南梁王和大理国段氏，均遭拒绝。1382年，朱元璋拜将军傅友德、副将军蓝玉、平西侯沐英，率30万大军讨伐。丽江纳西族土知府阿甲阿得（第四代土司）"率众顺从"，并参与军事行动与后勤支持，破大理，进一步建立起了同明王朝的亲密关系。木氏土司不遗余力，多次率军参与朝廷军务，在云、贵、川、藏一带屡建战功，还远征至缅甸平乱，多次受朝廷封官赏赐，明朝多位皇帝亲笔题匾"诚心报国"、"西北藩篱"、"辑宁边境"等，同时接受汉文化与先进的生产技术。

丽江纳西族木氏土司，经历元、明、清3朝，传世22代，共470年。这一时期是纳西族地区稳定发展期，经济得到长足发展。木氏土司又非常崇尚文化，带头学习汉语、汉字、汉诗文，并不断引进内地各行工匠艺人，使用优惠政策鼓励其扎根丽江，丽江古城逐步形成。丽江古城实际上是个移民城市，是内地各民族融合的产物。

随着与内地民族交往的扩大，内地各民族文化，特别是汉文化全面引入丽江。以丽江古城为中心的纳西族建筑、服饰、习俗都有了显著的变化，而家具的变化尤为突出。

2. 明清家具的引入

从明清两代开始，纳西族渐渐引入内地家具。最初，可能在沐王府、寺庙等处使用；然后是木土司家族、富裕的纳西上流家庭随之效仿；至清朝末年，大部分丽江古城及城郊的纳西家庭或多或少地都有数件此类家具。初期工匠，由木土司从江浙一带特聘而来，特为王府及寺庙制作家具。因为早年土司府、各大寺庙的建筑、壁画及园林设计的工匠，据史料记载均聘自江浙一带，明清风格的家具制作艺人也应包含在其中。之后，部分内地工匠融入纳西族中，其后人继承下了这份工艺，许多城乡纳西木匠自然也吸取了内地家具的生产工艺，也有大理、剑川、鹤庆的白族工匠参与了丽江家具的制作。

1）桌子类（图 10.3.1）

纳西族的桌子类家具有书桌、贡桌、茶桌、饭桌等。

八仙桌（兼书桌、贡桌、菜桌、饭桌）

贡桌

小贡桌

边桌

■ 图 10.3.1 桌子类家具（和品正提供）

2）凳类（图 10.3.2）

凳子有高凳、矮凳两种，每种凳具又分独凳、双人凳、四人凳，在公共场所甚而有供五六人坐的长凳。

3）椅类（图 10.3.3）

椅类有高椅、矮椅之分。矮椅主要是方便日常生活，工艺较为简略；高椅主要陈设于殿堂、主室等重要场所之内，各项工艺较为精细考究。

长凳（春凳）

花凳

独凳

■ 图 10.3.2　凳类家具（和玉媛提供）

扶手椅

靠背椅　　竹节椅　　成套椅与花凳

■ 图 10.3.3　椅类家具（和品正提供）

4）储物类（图 10.3.4）

储物类家具有橱柜、书柜、古董柜、杂物柜、衣柜等。橱柜较为普遍，家家有之；书柜、古董柜和衣柜，中上以上家庭才有。

5）厨具类（图 10.3.5）

厨具做工虽不十分精细，但用材种类丰富，品种繁多，用途多样，设计五花八门，在民间的普及率也非常高，有水桶、粮桶、酥油茶桶、石臼等。

储物柜　　　　　　　　　　　　　带屉桌

■ 图 10.3.4　储物类家具（和品正提供）

木盆　　　　　　　　　木铲　　　　　　　　土陶火锅

竹背篮　　　　　木手缸　　　　　木缸　　　　　木臼

石臼　　　　　　　酥油茶桶　　　　　煮酒具

■ 图 10.3.5　厨具类家具（和品正提供）

6）摆设类（图 10.3.6）

摆设类家具有大小装饰屏、神像座、香炉、花座等，小巧精制，用以把玩、观赏与装点环境。

7）小杂类（图 10.3.7）

此类家具品种多样，材质多变，设计巧妙，有提篮、钱币匣、针线匣、茶盒、酥油茶桶、糖果盒等。

土陶香炉

木盒

小梳妆台

小装饰屏

半圆装饰桌

■ 图 10.3.6 摆设类家具（和品正提供）

竹提篮

小木匣

竹匣

竹礼篮

■ 图 10.3.7 小杂类家具（和品正提供）

3. 新中国成立初期家具

新中国成立初期到文化大革命结束，这期间的家具也极有特点，去封建化、去传统化很突出。造型都是直线条，省去了所有的曲线与装饰图案，体现出了那一特殊时代反对一切传统文化的极左思潮，具有强烈的时代感，值得我们反思。此时期家具品种多为书桌、饭桌及凳类，如图10.3.8所示。

4. 旅游时尚家具

丽江旅游起步于20世纪90年代初，经过20多年的努力，已成为世界级的旅游胜地，先后被联合国教科文组织授予3项世界遗产，分别是：丽江古城的"世界文化遗产"；《纳西东巴经籍译注全集》的"世界记忆遗产"；金沙江、澜沧江、怒江三江并流的"世界自然遗产"。旅游的数量和质量逐年提高，全国乃至新加坡、泰国、韩国等旅游服务行业的高手云集丽江，有了多家五星级、超五星级大酒店，出现了许多独具特色的客栈和各类酒吧、茶吧，也出现了一大批带有旅游休闲特色的家具。这类家具的设计时尚前卫，制作巧妙而带有些幽默甚至古怪，是家具文化中的一种新动向，必然会影响到居民家具理念的变化。

旅游家具一般多是椅子、凳子、储柜、吧台等常用家具，如图10.3.9所示。

高凳

矮条凳

高条凳

矮饭桌

■ **图 10.3.8　新中国成立初期家具**（和玉媛提供）

竹凳

木墩

■ **图 10.3.9　旅游时尚家具**（和玉媛提供）

其中，椅子类家具中有许多创新。吧台椅是洋式家具，国外多用木材或金属制作，但在今天的丽江市场中，使用了中国传统的竹编工艺，这的确是中西结合的好尝试；还有运用木材和木艺的手法，但形式却又是沙发的厚实造型，有一定新意；还有仿马槽形的靠椅，质朴稳重，极富乡土气息，如图 10.3.10 所示。

在丽江这样一个弹丸之地，在纳西族社会这么一个小小的历史舞台上，竟有众多的家具登台表演，很值得进行一番深入研究。各类家具的登台亮相，体现了人们不甘墨守成规、不断进取的精神，体现了民族交往、相互学习的民族团结和谐精神。特别是改革开放后的 30 多年间，在宽松的开放政治环境中，人们的创造力在无拘无束中自由释放，产生出一大批活泼时尚的、不拘一格的旅游休闲型家具，可喜可叹。

竹吧椅

酒吧成套椅几

酒吧椅

木吧椅

马槽椅

木椅

■ **图 10.3.10　旅游时尚椅类家具**（和玉媛提供）

10.4 纳西族传统家具的用材和结构工艺

1. 纳西族传统家具的用材

纳西族传统家具的用材，绝大多数以木为主，以竹、藤为辅。以下按用材量的多寡作简要说明。

（1）云南松。纳西族传统家具用材使用最广泛的应首推云南松。纳西族居于崇山峻岭之间，房前院后皆为松林，取材方便是其使用广泛的主要条件。

（2）杉树与阔松。此两种用材质地较云南松细腻，且结疤少，但生长于半山与山顶，离村寨较远，砍伐运输较难。

（3）楸木。楸木又分家楸与山楸。家楸最为细腻，树干笔直，几乎无节，木纹显著而精彩，最大的特点是耐腐，纳西族喜欢用其打制重要家具。家楸生长于房前屋后，伐后，其根部又发新树，一株独木往往发成一片小林。纳西人结婚成家后，需脱离父母，自己创建新家园，新婚夫妇喜在院子前后植以家楸，待他们的爱子年满 20 成婚之前，家楸早已成材，择粗壮者三五株便可打造其全套新婚家具。由于家楸耐晒耐腐，农家的粮架也多用家楸制作。山楸生长于野外，木质较家楸粗糙些，但其他性能与家楸相近，也是上好的家具用材。

（4）"青皮"（土语）、"豆腐楂"（土语）与"水冬瓜"（土语）。三者生长于 3000m 以上的高海拔山区，较难采集，十分珍贵，一般用于精雕细刻的家具。

（5）栗木。栗木多用于制作坚硬耐磨的家具，如木匠工具、木桥、地板等。

（6）檀香木与香樟。檀香木与香樟更是名贵木材，多用于制作新娘的嫁妆箱、梳妆台和堂屋正房内装饰器具之类的高档玩意儿。

（7）竹。竹材多用于制作农用、厨用器具，用量不在少数，种类也颇丰富，但总的来说多是些消耗品，特别是农用器具。

（8）藤。传统上藤材多用于制作农具，用于家具是年代稍近一些的事情。

2. 纳西族传统家具的结构工艺

在藏文化和汉文化的影响下，纳西族的传统家具具有多元化的特点。传统纳西族家具多选用当地易得的木材，结构上的处理相对简单，主要是箱柜桌椅类家具，以简化的榫卯结构连接，并在箱体内侧以嵌条加固。一些家具用皮革包覆，以增加其功能性和耐用性。还有些家具以金属加固在箱体外侧连接部分，并起到一定的装饰作用。

10.5 纳西族传统家具的造型艺术

1. 形态特征与艺术特点

由于纳西族所处地域的原因以及纳西族人善于学习借鉴的特点，纳西族的传统家具在装饰上吸取了藏族、汉族和白族的特点，又融入自身的喜好，形成了一种独特的装饰风格。纳西族传统家具外形相对粗犷，形体简单直观，功能性强，给人以端庄实用的之感，而在细部处理上，又具有细腻的美感。

2. 装饰技法与装饰题材

纳西族传统家具的装饰技法可分为雕刻、金属装饰、竹编等多种，以及保护家具表面的涂装方法等。题材深受中国传统图案及装饰纹样的影响。

1）雕刻（图 10.5.1）

雕刻在纳西族家具中是最多见也是最受人们喜爱的装饰类型之一，多为浮雕、透雕结合。可能是由于细致雕刻对材质的要求较高，多在木桌牙板、柜类家具门芯板、木椅靠背等处饰以精美雕刻。

纳西族传统民居客厅布置（和玉媛提供）

小贡桌

胸柜

■ 图 10.5.1 雕刻装饰（和品正提供）

2）金属装饰（图 10.5.2）

金属饰件的主要用途，一方面是增加家具的坚固性或掩盖材质的不足，另外还具有装饰美，主要材料为铁和铜。受当地工艺限制，金属装饰件的造型一般比较简单，根据形态和用途带有几何纹样和文字图形，主要以结构加强和功能使用为主。

3）竹编（图 10.5.3）

竹编是一种遍布中国南方各省的民间工艺，具有安全、快捷、实用、经济、轻巧等许多优点，在丽江家用器具中也较为多见。

竹编家具主要以竹椅、竹凳、竹盒、竹篮为主。部分竹编器具为增强实用性，会与皮革结合使用，造型较简洁、古朴。

木质铜扣枕匣

酥油茶三件套

■ 图 10.5.2　金属装饰（和品正提供）

竹编包皮提篮

竹盒

竹编靠椅

竹编圆凳

■ 图 10.5.3　竹编家具（和品正提供）

10.6　纳西族传统家具经典赏析

1. 椅凳墩类（图 10.6.1）

雕花红漆折叠木椅（和玉媛提供）　　　　　　　木靠椅（和玉媛提供）

庭院石墩、石桌（和玉媛提供）

■ 图 10.6.1　椅凳墩类家具示例

镂空雕花扶手椅（和品正提供）　　　镂空雕花靠背椅（和品正提供）

红漆小独凳（和品正提供）　　　红漆靠背椅（和品正提供）

牡丹纹描金直背椅（和品正提供）　　　植物纹直背椅（和品正提供）

■ 图 10.6.1（续）

2. 桌案几类（图 10.6.2）

雕花双层高脚桌

红漆小长桌

长供桌

桌上小供台

红漆透雕矮桌

带屉小长桌

室内火塘神龛

■ **图 10.6.2 桌案几类家具示例**（和品正提供）

3. 箱柜橱类（图 10.6.3）

带橱方桌

竹编蒙皮箱

带屉胸柜

带屉小橱柜

八宝纹样矮柜

■ 图 10.6.3　箱柜橱类家具示例（和品正提供）

4. 综合类（图 10.6.4）

春凳（长凳）

花凳（花架）　　　　　　　　纳西传统木梯

木桶　　　　　　　　　木胎漆盒　　　　　　　　酥油茶壶

■ 图 10.6.4　综合类家具示例（和品正提供）

10.7 结束语

纳西族家具是丰富而多彩的：既有原始古拙型；也有封建庄严型；还有自然休闲型；更有时尚怪异型。从历史纵向看，它始于唐宋，成熟在明清，繁荣于旅游大潮之中，是一条不断学习的纵线，内地各民族的先进家具理念与技术不断地给纳西族送来新鲜血液，不断地丰富健全了纳西族的家具肌体。从横向看，纳西族家具呈现出立体的多样性。首先是因地理决定的多样性，江边峡谷、小盆地、高寒山区均有各自的家具特色。然后是因文化与经济发展不平衡而出现的立体分布，城区、郊区、边远山区出现了惊人的差异。边远山区至今未通公路，家具都是一些村人用笨拙工具做成的原始家具；但在丽江古城繁华的旅游闹市区，有着当今世界设计最新颖、用材最现代的时尚家具。

参考文献

[1] 李汝明，丽江纳西族自治县志编纂委员会.丽江纳西族自治县志 [M].昆明：云南人民出版社，2001.

[2] 和品正，和钟泽.纳西族与东巴文化 [M].北京：中国民族艺术出版社，1999.

[3] 李霖灿.麼些研究论文集 [M].台北：故宫博物院，1984.

[4] 赵世红，和品正.东巴艺术 [M].昆明：云南人民出版社，2002.

[5] 李群育.丽江风物志 [M].昆明：云南人民出版社，1999.

[6] 丽江地区行政公署统计局.丽江统计年鉴 [M].2001.

[7] 杨福泉.策划丽江：文化与旅游篇 [M].北京：民族出版社，2005.

[8] 和仕勇.丽江古城志 [M].昆明：云南民族出版社，2011.

[9] 格桑顿珠.纳西族文化大观 [M].昆明：云南民族出版社，1999.

[10] 和玉媛，和品正.云南丽江纳西族家具简述 [J].美与时代，2011（04）：49-54.

[11] 袁哲，夏冬，强明礼.千姿百态的纳西族直背椅 [J].家具，2003（02）.

11

其他少数民族传统家具

本章对前面各章中没有述及的部分少数民族的民族特征和传统家具的基本情况进行了概述，包括白族、土家族、哈萨克族和羌族，对家具的起源、种类、用材、结构工艺、造型艺术进行了系统的剖析，并罗列了一些具有代表性的传统家具图片进行赏析介绍。

11.1　其他少数民族概述

1. 其他少数民族介绍

中华民族有着悠久的历史。从遥远的古代起，中华各民族人民的祖先就劳动、生息、繁衍在中国的土地上，共同为中华文明和建立统一的多民族国家而贡献自己的才智。祖国广阔、富饶的土地，是中华各族人民共同开发的。从夏、商、周至秦汉时期，当汉族的先民华夏族开发黄河流域的时候，各少数民族先民也同时开发了周围的广大地区。生活在东北的东胡、肃慎、挹（yì）娄、夫余、乌桓等民族在东北三省的广大地区，北部的俨狁（yǔn）、狄、匈奴、鲜卑等民族在今蒙古草原和华北北部以及西北一些地区，西域的龟兹、于阗（tián）、鄯善等"城郭国"的各族在今新疆地区，西北部的戎、羌、氐等族在今西藏、青海地区，南部的苗、濮、武陵蛮、长沙蛮以及东南部的百越等南蛮各族在今长江流域的广大地区，黎族和高山族的先民分别在海南岛和台湾，越人的一支在今香港、澳门地区，等等，各民族祖先在各个地区，以他们辛勤的劳动，为统一的多民族国家的建立打下了基础。

2. 其他少数民族传统家具的特点

其他少数民族的家具大致上有以下几个特点：

（1）反映社会历史面貌。例如黎族的剐木椅、凳，因材而用，结构简单，工艺原始，造型粗犷，反映了原始生活的历史面貌。

（2）表现宗教信仰色彩。例如黑彝的家具，几乎全用黑漆饰面，也是民族信仰的反映。

（3）反映民俗风情。例如德昂族的烛笼，是婚礼时夫妻对烛跪坐、相互祝福的喜庆家具；瑶族的长方饭桌，使用时，长辈坐于长侧，晚辈坐于短边，以显尊长。

（4）寓意思想，寄托幻境。例如满、彝、侗、哈尼、白、瑶等民族椅上的葫芦、圆盘与山形等装饰，都是运用槃瓠图腾造型，以示怀祖；白族龙床床顶的二龙装饰，取材白龙斗败黑龙的民间故事题材，象征善者必胜、天下太平、生活安逸。

（5）适应当地气候条件。例如维吾尔族的炕铺、朝鲜族的火道地板床铺和湘西土家族的多进滴水床中的烤火家具以及傣族的架空竹楼地铺等，均与当地气候密切相关。

（6）密切联系生产、生活方式。例如乌孜别克族的折床、折凳，用材厚实，结构灵活，正面装饰，利于搬运，适应草原游牧生活的需要。

（7）融合建筑内外结构。例如满族和鄂伦春族的儿童吊床、拉祜族的悬吊菜柜、黎族的柱式牛角衣挂、傣族和布朗族的凉台围栏椅、佤族与旱傣的地桩铺等，几乎全部利用建筑结构，构成不同功能的家具。

（8）以素为主，重点雕饰。各族民间使用的家具大多不作涂饰而显露材质纹理，但比较讲究雕饰，如回族的诵经桌等，常在迎面或视域中心等部位作重点雕饰，或彩绘装饰。

（9）就地取材。例如基诺族的木竹凉床，傣、黎、布朗族的柳藤鼓形凳、桌，鄂伦春族的桦皮篓，藏族的牛皮柜，黎族的牛角柱式衣挂，水族的石凳和草墩等，大都是就地取材制作，不拘一格。

11.2 白族传统家具

11.2.1 白族概述

白族、纳西族都起源于西北河地带的羌人，当时人们过着游牧与半游牧的生活，进入阶级社会以后，家具才算开始有所发展。魏晋南北朝时期是中国历史上一次民族大融合时期，各民族之间在经济、文化等方面的交流，极大地促进了白族家具的发展。据史料记载，在唐宋年间，也就是南诏国与大理国时期，白族家具步入了一个极好的发展时期。到了明清时期，白族地区开始实行改土归流政策，白族受制于内地，在一定程度上限制了白族家具的发展，但由于汉人带来了先进的文化及技术，白族人兼收并蓄，吸收汉族家具的优点，使白族家具最终发展形成。王室统治者下台后也多削发为僧，人数之多，在中国少数民族史上也是罕见的。于是表达佛教思想的图案纹样也栩栩如生地出现在了家具上。至今，佛教和白族的"本主教"常常融为一体。同时，白族又是一个信仰万物有灵的民族，有着古老的原始崇拜和自然崇拜，他们把这些内容都以不同的形式表达于家具之上。白族又是一个善于接受先进文化的民族，他们吸收和消化了汉族和其他少数民族家具的特色，包括图案纹样，从而使白族家具的图案纹样丰富多彩。白族地区盛产优质木材和雕刻材，为家具制作提供了充足的用材。苍山天然的优质大理石也常被用于家具制作，使白族家具平添几分雅致。

11.2.2 白族传统家具概述

白族家具在长期的演变中，逐步形成了独特的风格与体系。由于受到中原文化的深厚影响，白族人民早在末元时期生活习俗就已经与内地很接近了，因此白族家具的整体体系与中原家具基本上一脉相承，种类上大体相同，只是在一些小的分类上有所区别。

白族家具在发展过程中，又广泛吸收其他少数民族家具在制作工艺上的优良之处，形成了一套完整成熟的制作工艺。如拼板、镶板结构上，就借鉴、吸收了苏作家具在材料制作工艺上的优点。但是由于与内地科技水平的差别，白族家具结构工艺上很多地方依然与内地家具有很大差距。

白族有许多家具是不上漆的，为了防止其开裂、渗水和腐坏，或刷一层紫土、一层油，或刷数道火酒漆（虫胶酒精），或擦抹少许生香油。核桃木做的家具则用核桃仁在其上擦抹，让油脂自然渗入木质。有些用矿物颜料进行上色，有些还贴金并加镶嵌。上料的家具主要用生漆（即植物漆），茶几、春凳、八仙桌等用得较多。为透出木质和木纹，用清光漆刷的也不少。现在多用工艺油漆涂刷，少数用色漆彩绘。从传统白族家具与现代白族家具之间的差距来看，它们之间大的变化，造成了其后期装饰风格的极大差异，如传统的多髹黑漆，再加彩绘，而现代的多借鉴明清家具制法，这将在后面做详细对比。

白族家具集美学与功用为一体，继承了传统的清新淡雅的特点，又创造出了将美的艺术融入日常生活的特点。白族家具总的来说，大量继承了明清家具的风格，无论在雕刻上、图案上或造型上，都在一定程度上体现着传统家具的特点。比如龙、凤、麒麟、如意等吉祥图案，就是从中原传入的。动物纹样有龙、凤、虎、麒麟、狮、鹿、鱼、蝙蝠、松鼠等；植物纹样有香草、缠枝、牡丹、竹、梅、兰花、菊花、灵芝、荷花、石榴、宝相花等；其他纹样有十字纹、万字纹、冰裂纹、如意纹、云纹、玉环绳纹、水纹、火焰纹及几何形纹样等。在此基础上，白族匠人又结合自身文化做出了创新。如香草凤纹，把凤凰与香草组合在一起，是白族人在吸收了汉族的凤凰纹样之后变形得来的，寓意喜庆、吉祥，体现了白族人民的聪明智慧。白族家具在陈设形式上受到传统文化的影响，而从陈设的总体氛围、总体布局来看，民居建筑的形式、布局、构造也对其有着较大的影响，各种陈设的物件也体现出不同情调和追求。庭院中的许多陈设、装点结合环境的因素，以及建筑总体室内的陈设共同构成了民间居宅完整的起居空间。由于云南的地理气候环境以及历史文化的影响，形成了白族地区较为典型的"三坊一照壁"的合院式民居风格。而作为建筑陈设的主体部分，白族家具利用了造型、色彩和材质的处理，与建筑整体融为一体。

白族家具在造型上，采用了与建筑相似的形式；在色彩上，多采用深色，与光线充足的建筑环境形成一种对比与协调的艺术氛围；在木质雕刻上，精雕细作，将细致的细部与简洁的整体环境相对比；在材质上，由于大理白族地区盛产大理石，因此白族雕花家具常与大理石相配，即木框石心，注重木质与石质、木纹与石纹的对比，通过对比加强造型的艺术效果。用此家具，不仅有清凉之感，而且大理石天然的山川烟云图案，让人如欣赏一幅水墨氤氲的山水画一样，会引起无限遐思，家具从而俗中

见雅。使用木质与云花大理石自然的水墨写意艺术风格，与古朴、典雅的建筑环境相配合，与建筑上的许多水墨画相呼应。

白族人民在传统家具的基础上又吸收了许多少数民族家具的特色，将其融入白族家具的艺术体现之中。在造型上，白族家具除了传统家具的理性审美特点之外，则多了许多少数民族所特有的粗犷豪迈、追求自由的艺术特点。如在供桌、火盆架的设计上，在色彩的搭配及造型上，大量借鉴了藏族家具的特点。

白族家具在长期的历史发展中受到明清家具的影响较大，部分家具又偏重于清代家具风格，在造型上又过分注重雕工。有些家具，特别是一些太师椅，由于背板几乎全为镂雕，扶手、侧沿等地方也全是透雕，这在整体上显得有些繁琐、累赘，偏离了白族家具简洁、素雅的风格。但总的来说，白族家具依然是少数民族家具中的一颗闪亮明珠。

今天白族木雕家具经历了千年的时代变迁，逐步从一成不变的传统技法的困惑中走了出来，摆脱了单一的传统工艺，派生出不同风格。在今天的白族木雕家具中可以领略到创作者的不同情感。创作者结合各自的艺术特点，大胆地、自由地发挥自己的风格和技法，创造了创作形式的新天地，扩展了创作内容和范围，使白族木雕家具呈现出一派欣欣向荣的局面。今天，白族木雕家具作品在追求收藏价值和观赏审美的同时，以古朴、端庄和浑厚的艺术韵味，结合白族木雕精湛的技术，把白族木雕的美感层层地展示出来，涌现了一批与传统工艺相融和，又极富时代气息的生活题材作品。在借鉴了国内各地木雕成功经验的基础上，开拓出自然淳朴的雕刻艺术和以势造型、挖掘木质内在肌理美的劈雕艺术，将其融合进白族家具的制作艺术之中，使白族家具焕发了青春，显示了独特的生命力。

经过长期的历史发展，白族家具已发展成以大理剑川地区为主要代表的白族木雕家具工艺。在

剑川境内，狮河村是最大的木雕产品加工基地，也最具盛名。早在1975年，剑川木雕因在广州春交会的成功展示，就已在全国声名鹊起。随后，随着改革开放，产业结构的调整，剑川木雕得到长足的进步。作为剑川县木雕发展的主力军之一，截止到2000年底，狮河村从事木雕产业的共379户，约占总户数的70%；木雕艺人达579人，约占总劳力的44%。这在很大程度上反映了剑川白族木雕的发展现状。现在，剑川白族木雕家具的生产方式基本形成了企业经营模式，在多年的发展过程中已经具备了完整的生产、经营、销售系统。但多年的计划经济体制在一定程度上阻碍了白族木雕工艺的发展。到目前为止，在大理地区规模较大的白族木雕企业不多，其中经营状况较好的只有少数几家企业。在几十年的努力奋斗中，剑川白族木雕在国内外已经享有盛誉，以大企业为主流的白族木雕产业在海内外已经建立了一定的知名度。

11.2.3　白族传统家具的时代背景

白族家具从某种意义上来说，属于中国传统家具艺术大家庭的一部分。但从其风格特点来说，它又与传统家具中的主流，即明式和清式家具有很大的不同。在数千年的历史发展中，白族人民在保持着自己民族特色的同时，不断吸收中原地区以及其他民族的文化，造就白族文化的辉煌成就，创造了独具魅力的白族艺术，也形成了与明清家具风格相异的少数民族家具艺术。

由于白族发展的历史背景及其地理环境的关系，白族家具在产生的一开始，就与中原内地以及周边地区发生着千丝万缕的联系。在漫长的发展历程中，白族家具一直紧紧追随着中原传统家具发展的步伐，因而其成长历史几乎是与传统家具的发展历程是一致的。白族人民在多种艺术类型碰撞与融合的汇流中，依然努力追求着自己民族艺术的发展与表现，向世人展现自己的文化艺术成就，进而造

就了今天白族家具的独特魅力。

1. 关于白族起源的研究现状

作为云南一个主要的少数民族，白族的起源与发展是云南历史发展的一个重要部分，也是白族家具发展的历史见证。关于白族的起源有很多种说法。早期一些西方学者，如法国人拉古伯里和英国人派克伪造了南诏傣（泰）族说，曾一度为泰国史学界所承袭。

一向持傣族说的日本著名学者白鸟芳郎，后来也改而承认白族是藏缅语族的一支。而研究云南民族史的专家，大多主张白族与先秦至汉晋时期分布于滇川边境的"焚人"有族源关系。也有的认为白族源于土著的蹼（英）人，经白蛮而发展为白族。白族不是氐羌之别种，也不是彝族的分支。但是多数专家、学者认为，白族是多元的，是土著与外来民族融合形成的共同体，是异源同流。现在对于白族的起源有众多说法，但无论白族起源于何种民族，其文化的多元性在早期就已经体现出来了。

2. 关于白族起源的探讨

白族起源问题对白族家具的研究具有重要意义。因为，户族的起源与家具早期的成型有密切的关系。民族的特性在早期就在一定程度上奠定和影响了其文化、工艺美术等的发展方向，进而影响了家具的发展方向。从今天流传下来的传统白族家具，或者是从相关资料上都可以看出，云南早期的青铜文化艺术至今仍然对白族家具的风格有着影响。但对于白族的起源至今尚未有决定性的结论，加上其民族历史发展的特殊性，并且对其古代家具很难考证，因此我们只有从较近的年代进行考证。

11.2.4　白族传统家具的特征

通过研究史料及出土文物可以推断出大理白族家具的雏形产生于滇国时期。在南诏和大理国时期，伴随白族与周边各民族之间的文化交流后，逐步发展形成了具有白族鲜明特色的家具类型，并在明清

时期走向了成熟的风格。白族在云南的发展历史上曾扮演着非常重要的角色,建立过自己的政权形式。在这个过程中,白族文化处于云南各民族文化中的领先地位,这必然伴随白族在与其他民族的交流过程中把白族的文化传播出去,其传播的方式包括民间的自然往来和统治阶级使用强制措施推行等。家具就是一种典型的传播白族文化的载体。但白族家具具有十分强烈的地域性特征和民族性特征,它所影响的范围始终有限,主要有以下两个方面:

(1)白族在建立起自己的政权后,为了巩固统治地位,必然要同其统治下的其他少数民族和周边的其他民族进行交流。白族人民在把建筑和制铁技术传到彝、傣、纳西、阿昌等民族地区的同时,也吸取了这些民族的文化。人们在古代物质用品相对较为单一,衣、食、住、行中与"住"相关的物品如建筑和家具等构成了人们财富的主要部分,受到人们的普遍重视。随着白族把自己所掌握的先进建筑技术、家具制作技术传到其他地区,对其他民族的起居文化产生了深远的影响。

(2)白族家具是典型的雕刻家具。白族的雕刻工艺历史悠久,无论是石雕艺术还是木雕艺术都取得了较高的成就。在白族与内地的文化交流过程中,白族也向汉族传去了优秀的雕漆、木雕技术。"……云南统一于元皇朝中央政权统治之下,……白族优秀的雕漆技术,也在这时传入了祖国内地。"(《野获编·卷26》)白族把木雕工艺、漆绘工艺、石镶嵌工艺融合到家具制作上,形成了独特的风格,在与内地的工艺文化交流中影响了内地家具工艺的发展。

1. 白族传统家具的风格特征

1)造型浑厚,形式多样

大理白族家具总体上体现出比较浑厚的造型风格特点,这与白族居住的地域特征有直接关系。白族人民十分热爱大自然,对自然界的万物都充满了崇敬的心理,而且相对内地来说较少受各种礼制的束缚,这种心理直接反映到了日常生活所使用的家具物品上,无论是家具的造型、装饰都十分丰富,具有十分强烈的自然崇拜气息。

大理白族家具的整体给人一种敦实、厚重的视觉效果,在实际生活中经久耐用,不受气候条件的限制,对环境的适应性很强。大理白族家具在经过漫长的发展之后,在品种和类型上都发展得十分丰富,既有高型的家具,也有低矮型的家具;既有专门与传统白族建筑相配的厅堂家具,也有用于普通起居生活的家具。有的同一类型的家具却具有无数种装饰形式,如大理白族的靠背椅(图11.2.1),这种特点在内地家具的形式上也是少见的。

■ 图 11.2.1　大理白族靠背椅

2）用材朴实，地域性强

大理白族家具的用材主要从两方面来考虑，即木材的经济性与雕刻性能。大理白族家具是一种典型的为白族劳动大众制作的家具。由于它不是为特殊的人群所制作，所以就具有了非常朴实的特征。为劳动大众所制作，就意味着数量是较大的，所以不可能使用十分昂贵的制作材料。大理白族家具是一种特殊的木雕制品，是家具与木雕工艺品的结合。所以对材料的要求除了便宜外，其性能还要有利于雕刻，此外必须要具有一定的强度，这样家具的牢固性才能得到保证。所以，其使用的材料就必须具有较高的经济性、良好的雕刻性和一定的强度。云南自古以来森林资源就非常丰富，这正好给大理白族家具的制作提供了较好的基础。白族家具主要使用本地产的松木、青皮木等。当然，有一些白族家具也使用较昂贵的材料，如以楠木、红木、龙梅树木等制作的家具为上乘。但是，这只是数百年来无数白族家具中的少部分，并非主流，所以不能代表大理白族家具的用材特点。此外，大理白族家具也大量使用石材即大理石作为装饰用材，而这些石材也产自大理地区。所以整体上大理白族家具在用材上既朴实，又表现出较强的地域性特征。

3）注重装饰处理

白族自古以来生产力发展水平在云南各少数民族中一直处于领先地位，这使白族的文化得到了广泛的发展。文化的发展必然推动装饰的发展，因为装饰是人类文化发展到一定阶段的产物，这给白族所使用的器物的装饰发展提供了良好的基础，白族也成为一个十分善于进行装饰的民族，他们的建筑（如山墙的装饰，图11.2.2），以及生活中使用的各种器物、服饰等都进行了非常细致的装饰处理，生活周围的环境体现出强烈的装饰气氛。除多种雕刻装饰技法结合外，还大量使用彩绘进行装饰，以及使用本地所产的大理石进行镶嵌装饰等，把对自然的热爱，对美好生活的向往都融入到了器物的装饰之中。

中国的少数民族家具中，大部分家具的基本使用功能是最主要的，因此都表现出比较强烈的生活气息。而大理白族家具除了能满足基本使用功能外，其精神功能也与物质功能处于并重地位，有的白族家具几乎就是一件木雕艺术品（图11.2.3）。这样所形成的家具风格在中国少数民族家具中较为独特，这是白族人民在漫长的实践过程中逐步积淀的结果，也从侧面反映出白族人民对艺术的无比热爱。

4）多元文化相交融

大理白族家具从产生开始到发展成熟经历了漫长的过程，在这个过程中它并不是完全与外界隔绝的。通过研究白族的发展史，就可以发现白族从其先民时期到白族形成以及后来的漫长发展进程中，始终都处在一个不断与外界相互交流的过程中。可

■ 图11.2.2 山墙的装饰

■ 图11.2.3 大理白族圈椅与八仙桌

以说，白族的发展史就是一部与外界文化交流的发展史。大理白族家具通过白族人民不断与外界进行文化交流，逐步吸收其他民族先进的制作工艺、装饰图案等，并不断转化成为与自己生活相适应的家具艺术形式。比如传统汉族所使用的吉祥图案传入白族地区后，白族人民并非完全照搬照做，而是根据自己的审美需求加以变化，在构图和家具的使用部位上与内地表现出一定的不同，于是形成了在传统文化的背景下，突出表现自己民族风格的文化特色。此外，周边少数民族的文化（如藏族文化等）也被白族广泛地吸收进来，体现出多元文化相交融的特点。

5）多种宗教思想共存

宗教信仰是构成一个民族文化的重要组成部分。如果一个民族的发展一直处在一个封闭的系统中，那么其所信仰的宗教只会是与本民族一起产生和发展起来的本土宗教。但自古以来，大理白族所在地由于所处的地理位置较为特殊，各种民族文化在这里汇集共同发展，宗教信仰表现得非常复杂，有汉传佛教、南传上座部佛教、藏传佛教、基督教、天主教、伊斯兰教、道教和原始宗教等，表现出极大的宗教信仰自由。但是占主流的仍然是白族的本主信仰以及佛教和道教信仰，形成了一个多种宗教融合的局面。大理白族这种多宗教信仰的特征，对白族的宗教建筑和民居都产生了很大的影响。家具是建筑的衍生物，因此白族家具的用色、装饰纹样等都体现出一定的多宗教信仰的特点。

6）体现"天人合一"的造物思想

"天人合一"是个庞杂而多变的哲学命题。"它似乎有两个相关联又有差别的层面：一是与原始宗教思想相贯通的'自然崇拜'，通过仪式和象征连接造物活动。二是儒家提倡的'天人合一'思想，主要关注人性和道德与天的相类与相通。"在这里我们主要讨论的就是它作为一种造物活动的层面。大理白族家具在体现天人合一的造物思想时主要从

以下两方面来看：

一是对自然的崇拜。许多古代民族都认为日常生活所接触到的事物如山川、河流、动植物、各种自然现象等，无不具有神秘力量。由于人类对自然的无知和面对自然灾害时的束手无策，人们就渴望能得到自然中这些神秘力量的保护，能使自己变得强大或获得平安吉祥等。因此就产生了相关的宗教祭祀，或使用一系列的大自然中各种具有暗示性的花草动物作装饰，或直接进行造型模仿来制作生活器物。在大理白族家具中可以看到大量的使用动物造型的家具构件，这是古代白族先民对自然崇拜的直接反映。

二是充分体现出与自然环境的统一协调。由于人们所有的生活资料都取自大自然，只有与大自然协调发展，人类自身才能生生不息。大理白族家具所使用的材料都是自然界中广泛存在而且是极其普通的，从现代保护环境的立场而言，这体现出了大理白族人民从古至今，谋求自身与环境良性协调发展的天人合一的造物思想。

7）体现一定的等级特征

大理白族家具在同一类型的家具上，其形式具有多样性，这与其使用环境的要求和满足不同功能要求有直接关系，并体现出相应的等级性。比如放置在厅堂的椅子，其雕刻装饰、大小、重量都是不一样的，以区分男女主人。对于动物装饰纹样，如龙、虎、狮、麒麟等的使用也是十分讲究的。作者在走访传统白族地区的居民家时，常可了解到这样的一些情况，认为家中所使用的动物装饰与家庭的存在密切相关。比如普通老百姓使用的家具，通常只用狮、虎之类的图案来装饰，较少用龙的图案装饰，这虽然带有大量的迷信色彩，但是从一个侧面反映出了大理白族家具中所体现出的等级性特征，这是受封建传统思想影响所致的。

2. 白族传统家具在材质与制作方面的特色

白族家具的最大艺术特色在于其用材搭配素

雅，多雕刻。白族地区盛产各种优质家具用材，因而多是就地取材。在用材上，白族家具最大的特点就是木质与本地大理石的巧妙结合。白族剑川木雕家具以楠木、红木、龙梅树木为上乘，经过精心雕刻的各式吉祥图案，并在家具上镶嵌大理石，使剑川木雕家具更加典雅华贵。至今保存完好的北京故宫和十三陵里，还可看到大量的大理石。世界所产的大理石，以意大利为最多，而以大理为最美、最奇。大理石一般又分为花纹大理石与纯色大理石两大类。大理苍山所产的云灰、彩花大理石属于花纹大理石。水黑花大理石是彩花大理石中最名贵且特别的一个品种，它之所以名贵，除了品种稀有之外，主要还在于它自身所具有的非凡独特的美学格调与水墨画不谋而合。许多天然墨痕笑锋，均为神来之笔，其浑厚高古的格调令无数文人墨客为之倾倒。

11.2.5　白族传统家具的原料与辅料

白族家具用材，主要分为木材与石材两大类，其余还有少量的金属构件及其他材料。在家具木质材料中又主要分为硬木和非硬木两类，由此家具也可分为硬木家具和非硬木家具。硬木主要有紫檀木、花梨木、鸡翅木、铁梨木、乌木、红木等；非硬木包括杨木、楠木、桦木、黄杨木、南柏木、樟木、梓木、杉木、松木、梧桐木、榆木等。除了木材材质上的多样化外，白族家具还在木质的基础上巧妙地将本地天生的天理石与家具相结合，从材质质感到色彩花纹等几个方面的对比，使白族家具更富艺术魅力。

11.2.6　白族传统家具的加工工艺

装饰与工艺是一种互为统一的关系，装饰一方面是工艺的适应方式和形式，装饰因工艺而产生；另一方面装饰本身又是一种工艺方式。所谓装饰工艺，具有技术特征，表现为一种装饰性技术的存在。"工艺不仅影响或决定、产生了一定的装饰形式，工艺方式有时本身就是一种装饰方式和装饰的形式。"大理白族家具以厚重的装饰性彰显着民族风格，其装饰工艺流程包含在家具制作工艺流程中。但是，两者不是完全等同的。

1. 木材干燥

大理白族家具所使用的材料是天然木材，制作家具前需要进行干燥。木材干燥除了是保障家具最终装饰效果的工序之外，也是保障家具质量的重要工序。所以对天然材料进行干燥是整个制作工艺流程中十分重要的一步。对于装饰而言，木材的水分含量直接影响到雕刻以及彩绘的效果。目前白族家具的制作材料主要使用自然干燥法和人工干燥法。一般来说，生产能力较强的企业主要使用人工干燥法，即工业化的干燥法，如高温干燥、太阳能干燥、真空干燥、微波干燥等；而一般的小作坊主要使用自然干燥法，周期较长，而且受天气影响较大。现在随着大理白族木雕产业的发展，私人作坊成了木雕企业的有机组成部分。私人作坊一般主要负责雕刻这道工序，木材的干燥及粗加工通常由专门的企业负责处理。

2. 描绘图案

这一步是指将干燥好的木材进行必要的整形加工后，根据要求将设计好的图形描绘于木材的一定位置上。

11.2.7　白族传统家具的装饰手法

造型与装饰是中国传统家具的一大美学特征，白族家具也是如此。白族家具在充分消化吸收了中国传统家具与周边地区家具的造型与纹样特点后，形成了独特的民族特点，总体来说比较朴素，风格内敛。

1. 影响白族家具的主要因素

白族由于长期与汉族共处，深受汉文化影响，但由于大理地区所处地理位置的原因，又与周边民族相互交流，加之自己的文化，因此形成了自己的家具风格。概括来说，白族家具重视使用功能，基本上符合人体科学原理，如座椅的靠背曲线和扶手形式。此外，家具的构架科学，形式简洁，构造合理，不论从整体或各部件分析，既不显笨重又不过于纤细。

白族家具特色的形成受多种因素影响，主要有以下几个：

（1）明式家具的影响。明式的榫卯结构在传统家具中最为精密巧妙，构件之间不需要钉钉；胶粘也只作为辅助，上下左右、粗细斜直线都靠榫卯连接严密，造型优美，比例和谐，在整体与局部的比例上认真推敲处理，且讲究运线，线条雄劲而流利，制作上做到方中有圆，线脚匀称，滋润圆滑，平整光洁，拼接无缝，给人以愉悦和视觉美感。明式家具也非常重视天然材质纹理、色泽的表现，选择对结构起加固作用的部位进行装饰，没有多余冗繁的不必要的附加装饰，风格清新，典雅端庄。雅，是一种书卷气，是美的一种境界。明代文士崇尚"雅"，达官贵人和富商们也附庸"雅"。

（2）藏族家具的影响。藏族家具对白族家具的影响突出表现在朴实、结实、实用。以实用为主的藏族家具形式单调、品种不多。因为大多藏族人喜欢盘坐于地上，所以藏族家具里没有传统意义上的凳子、座椅，只有箱子、柜子和桌子三大类。藏族家具从不喜欢在形式上做文章，它的形态也不"拐弯抹角"，或长方形或正方形。在基本外形表面采用鲜艳的色彩体系描绘图案，其图案多带有宗教色彩。此外还有许多特别的装饰手法，比如彩绘、珠宝镶嵌、铁尖钉封边及雕刻、兽皮镶嵌等。这样的藏族家具显得粗犷厚实、质朴大方、狂野奔放，但在一定程度上显得拙重，缺乏技术含量。

（3）其他民族家具的影响。傣族家具、彝族家具、纳西族家具等也对白族家具产生了一定影响，这在白族的一些传统家具中都或多或少地有所体现。

白族家具是在长期历史发展中逐步形成的。从其历史发展过程可以看出，白族在思想上崇尚自由，因此在家具制造上，一开始就以造型与纹样的适度搭配为准则，相互适应，相互补充。白族家具在造型上，既吸收了传统家具的沉稳、庄重、古典的平衡美，又突破了这个禁锢，寻求到了较好的舒适感与实用性。比如在明清家具中，多数几案类家具多为四角一平面的结构，桌面下多为空置；而白族家具考虑了功能实用性，在桌面下加一雕花搁板，或设多格抽屉，面上雕花，这样不仅增加了实物放置空间，也未影响其美观性。白族手工艺人在家具外形上采用柔和的曲线，使得家具无棱角，这样可以获得丰富的艺术美感，同时也可以给人以较好的舒适感。与明清家具不同的是，白族家具在一定程度上保留了传统家具中沉稳端庄的艺术特点，将雅致的感觉进行了变化，由传统家具的整体感转化到了局部雕花细节上。

白族家具的装饰较为接近人们的生活。例如，为了与家庭和睦亲密的气氛吻合，白族雕刻的龙、凤，以藤蔓卷叶为身，不刻鳞甲硬翅之形，使人视之不唯不觉惶恐，倒是觉得十分亲近，这是白族工匠在吸收、移植异地文化中的一种了不起的创造。白族木雕龙纹，经过变形，与卷草合为一体，只取其神形与形状，有龙之威严，又不乏平民生活气息，极富创造力。再如，内地的蝙蝠装饰图案，在白族人民的变形、发展下，与牡丹、芍药、荷花等合为一体，使蝙蝠向更适用化、普及化发展，从而成为白族日常生活用具的装饰图案。蝙蝠与卷草、牡丹等香物融为一体的造型，极具民族风格。除此以外，白族工匠还将许多日常生活中的许多平常的动植物融入装饰图案中，富含生活意味。

2. 雕刻装饰

雕刻工艺是人类一门古老的艺术，其门类非常丰富。木雕作为雕刻艺术中的一个主要门类，历史源远流长。

白族家具，集雅俗为一体，雅而致用，俗不伤雅，达到了美学与功用的完美结合。白族家具的一大艺术特色在于多用雕刻，雕刻手法多样，图案纹样丰富。常用的雕刻手法有毛雕、平刻、浮雕、透雕、圆雕，有时还把其中几种综合在一起，如图11.2.4所示。民间有一句谚语："木匠的灵气，居家的活气。"意思是说木匠以超人的智慧创作的雕花家具，使人们的生活充满活力，增添了生活的乐趣。

1）圆雕装饰

圆雕是木雕工艺中一种重要的工艺技法，所表现的对象具有三维空间感，观看者可以从不同的方位来欣赏雕饰，而且每个方位所呈现的装饰效果都不同。大理白族善于木雕工艺，对圆雕技法的掌握也非常熟练。但家具中所使用的圆雕与其他工艺品中使用的圆雕有所不同，它只是适度地具有圆雕的态势。这主要是因为家具是由数个零部件组合起来的，在对零部件进行圆雕装饰时必须考虑与其他部件之间的结构关系以及使用圆雕的零部件自身的强度性能等。大理白族家具的雕刻装饰中，圆雕装饰主要用在支承结构的零部件上，如椅子扶手、家具腿脚等。

2）浮雕装饰

浮雕是木雕工艺中从三维空间向二维平面过渡的一种工艺技法。浮雕所表现的不是全方位和全面观的立体造像，而是只有固定朝向作者和观者的一个面，它是只可以作定向一面观察的立体造像。浮雕造像的立体状态，不是按对象形体本身的实际体积比例关系，而是经过不同程度纵向体积压缩所形成的改造过的立体形态。从工艺形式上它可分为高浮雕与低浮雕。由于观看者只能从浮雕的正面来欣赏雕饰，故作为家具上的一种装饰方法，它主要用在家具上具有板面部件的家具上，如春凳腿面、挂屏、箱柜的面板等。

3）透雕装饰

透雕是一种将装饰件镂空的雕刻方法。透雕工艺实际上是穿插于圆雕工艺和浮雕工艺中的一种特殊工艺手段，即雕空、镂空、挖空，刻意去掉形象以外的虚体部分，使圆雕和浮雕具有通透、灵动、气贯的空间感。

图 11.2.4 雕刻装饰

11.3 土家族传统家具

11.3.1 土家族概述

土家族是中国的少数民族之一，主要居住在云贵高原东端余脉的大娄山、武陵山及大巴山方圆 10 万余 km² 区域，分布于湘、鄂、黔、渝毗连的武陵山区。汉族人大量迁入后，"土家"作为族称开始出现。土家族人自称为"毕兹卡"，意思是"本地人"。1956 年 10 月，国家民委通过民族识别，确定土家族为单一民族。1957 年成立了湖南省湘西土家族苗族自治州，1983 年又成立了湖北省恩施土家族苗族自治州，其后又相继成立了酉阳、秀山、石柱、长阳、五峰、印江、沿河等民族自治县。通用语言为土家语和汉语。

北支土家族（湖南省湘西州、张家界市，以及湖北省恩施州、宜昌市的五峰、长阳，渝东南，黔东北）自称"毕兹卡"、"毕基卡"、"密基卡"等，土家语消失的地区随汉族称呼自己为"土人"、"人家（nin ga）"等。南支土家族仅分布于湖南湘西州泸溪县内的几个村落，自称"孟兹"。南支土家语与北部土家语不能通话，不是什么土汉混合语，现只有泸溪的 900 余人使用。苗族称凤凰及麻阳一带的土家族为"ka ga"。

土家语属汉藏语系藏缅语族，土家语支，也有人认为归入缅彝语支，是藏缅语族内一种十分古老独特的语言。绝大多数人通汉语，如今只有为数不多的几个聚居区还保留着土家语。没有本民族文字，

现时使用 1984 年创制的拉丁文字。通用汉文。崇拜祖先，信仰多神。

土家族主要从事农业。织绣艺术是土家族妇女的传统工艺。土家族的传统工艺还有雕刻、绘画、剪纸、蜡染等。土家织锦又称"西兰卡普"，是中国三大名锦之一。

11.3.2 土家族传统家具概述

土家族家具指在武陵山区里，分散存立于传统风格特异的土家吊脚楼建筑里的具有当地土家族特点的一般民用家具。

几千年来，中华民族使用的家具，极少接受外来影响而独成体系，形成了中国的家具艺术，成为中国古代物质文明的有机组成部分。它的形貌里蕴涵着高尚的民族意识，或许启迪着未来的工艺复兴。中国的少数民族众多，各民族家具也都具有各自不同的特点，首先需要从中找到一个突破点。土家族艺术作为一种民族艺术，与其生存的土壤——民俗、民风以及人们的日常生活息息相关，其流传与发展也始终与当地的民族风情、人文习俗相糅合。民间艺术在家具艺术中得到恒久的体现。通过深入探索古典家具和土家族家具之间的相异处及背景，证实社会环境和模式对二者有很大影响。古代社会一方面有严格的阶级、律法和传统的限制，另一方面却又丰富多彩，具有特色鲜明的地区文化。古典家具是士官阶级和富贵人家专用之物，所用名贵硬木多

来自东南亚，其构造、制作及纹饰均有严格标准，以符合上层社会的高雅品位和对精湛造工的要求。土家族家具虽已跟随传统造型和式样，但由于不受文士品位所规限，故此设计能够更花巧、活泼和自由，可跟古典家具面貌各异，或保留较古老的造型。

家具是生活方式的体现，也是一种文化的体现，透过武陵地区悠久的历史环境来解读土家族家具，就其研究本身来说具有民俗学上的意义。同时，武陵地区土家族家具在形态表现、装饰手法、用色、用材等方面既有传统家具的共性，也有它自身的特殊性，具有较高的艺术研究价值。传统土家族家具存在于武陵的地理环境之中，同时在其形成发展过程中也受到了社会历史人文环境的影响，原始文化、楚汉文化以及后来的佛教文化、书院文化、世俗文化等的思想精髓，反映在传统土家族家具的形态与装饰的方方面面。由于武陵地区多民族生活交融，因此，使土家族家具包容了生活在这一环境下的其他少数民族的特色，形成了多样的家具风貌和做法特点。

11.3.3　土家族传统家具的时代背景

土家族生息在湘、鄂、川、黔四省交会的武陵山区，分布地域达 30 个县。区内峰峦重叠，江河纵横，景色秀丽，是历史上巴人的发祥地。在华夏与西南文化的传播中，巴人发挥了重要的中介作用，巴人与楚人结合之后，这个作用尤其明显。土家族有自己的民族标志——虎图腾；有自己的特殊青铜乐器——虎钮淳于；土家民居吊脚楼也有与众不同的特色。这些都说明土家族是一个有独立文化的民族。[6] 由于土家族区域的隔绝性，接受外部世界相对缓慢，造成其风格改变的滞后，外部文化传播到土家族民间，其过程是缓慢的，改变也是渐变的。正如张良皋先生所说的那样：武陵山区由于历史地理的特殊原因，对于传统文化遗产的保存起到了"历史冰箱"的作用。

11.3.4　土家族传统家具的特征

1. 滴水床的转型

在中国古代，居室生活以床榻为中心，特别是家中的女眷们。床又是家具中的大件，古代女人私房家具都是以娘家陪嫁家具为主，以床为中心家具的生活也就成了女主人娘家地位和财富的象征，所以花围床在用材、工艺及装饰上都特别考究。清代李渔说："人生百年，所历之时，昼居其半，夜居其半。日间所处之地，或堂或庑，或舟或车，总无一定之在，而夜间所处，则只有一床。"床的艺术也就成了古家具艺术品的精髓。

花围床又叫架子床，因床上有雕花围栏而得名，主要由床柱、床栏、床顶和踏步构成，可分为四柱花围床、六柱床和拔步床。四柱床一般四角有四柱，床面两侧和前后镶安雕花围栏，柱上有床顶，顶的四周或雕花横眉或拼花纹样做挂檐。六柱床在围床正面中间加两柱设供人上下的门罩，两边各装饰"门围子"，故称六柱花围床。踏步床（或称拔步床）是花围床中最大的一种床，上有顶盖、下有底座、前有廊庑，床前设床榻，床榻周围设围栏，床榻上可放置桌凳、衣箱、灯盏等杂件。更讲究的踏步床设有垂柱外檐，犹如一间阁楼，其意象造物的理念在世界家具史上堪称一绝。横眉、挂檐及围栏、挡板、角牙都镂雕人物故事或吉祥图文或花草动物，整个大床就像是一座有堂有室的小型楼阁。民间还有称"合床"、"姐妹床"的，只是叫法各异，但其形式都是以上几类，只是更加亲切。土家族家具中的床称牙床，也叫雕花滴水床。

还有一种可坐可躺的雕花家具叫榻，北方称罗汉床，专指左右及后面装有围栏的一种床榻，功能和形状上都有点像西方的贵妃椅，是由汉代的榻逐渐演变而成的。榻的原始是坐具，后经长时期的发展演变，形体由小变大，具备了可供两三人同坐也可单人坐卧的两种功能，再加上围栏就成了后来的罗汉床。围栏多用小块木拼接成几何纹样，也有的用整板雕花做围栏，后背中间稍高，两边做约低对称阶梯。在清代晚期因受西方影响出现了一种仅后背和一侧有围栏，在有围栏侧安软枕的"美人榻"或"贵妃榻"。

2. 雕花滴水床的造型艺术

传统土家雕花滴水床的造型大方、流畅、实用、装饰性强，既有优美的点线面的合理构成，又有符合人体工程学的尺度和色彩。以造型优雅的花鸟人物及吉祥团花为节点，以卷草、花纹、回纹组织成流畅别致的线条"藤"。与西方家具相比较，雕花床有着中国传统文化艺术的特点。西方家具的面大多都是"实面"，而雕花床的"面"有虚有实，正如中国画以虚实有无来组织画面一样。花床的实面是以木结构块面方式出现的面，虚面是以点线结合出现的镂空面，通过点线的连续、交错、排列形成虚实结合的面，再加上半透明的麻质蚊帐，从一处可以看到另一处，形成既通透又具相对独立的空间，从而大大加强了滴水床的造型艺术性。与同时代的西方古典床造型相比，显然滴水床在空间变化上丰富得多。它所形成的一个独立的世界，与西方或现代流行床的直白有天壤之别。

花床在制作选料上也很讲究，十分注重木材原始纹理的表现。古花床用材多为黄花梨、紫檀木等硬木，都具有丰富优美的自然纹理图案和色调，制作过程中不做大面积漆饰，充分选用并保留木材本身在纹理和色调上的特色，把纹理清晰好看的部位放在家具的显著位置，选择了自然的最美处，充分体现了"始发自然"的精神。

古花床经过数百年到今天仍可使用，它牢固的原理就在于滴水床的木梁架结构：有极合理的卯榫，很少使用粘胶和铁钉，整个床见木不见钉，完全使用卯榫使各部件实现有机的结合。常用的卯榫有格角卯榫、棕角卯榫、明卯榫、通卯榫、半卯榫、长短卯榫、抱肩卯榫、勾挂卯榫、穿带卯榫、夹头卯榫、削钉卯榫等。偶尔使用竹钉或木尖"打尖"，以防止脱榫。当然，这是一套精湛的民间秘密工艺和传统材料工具完美接合的结晶。

花床所采用的中性色调，从色彩构成上给人一种舒适的感觉，无比地丰富和含蓄，常看不厌，又从另一种与西方不同的手法上丰富了色彩。

3. 雕花滴水床的装饰艺术

装饰是家具艺术的重要组成部分，花床的装饰主要是通过木纹、线型、雕刻、镶嵌及金属附件等方面构成的。花床的主要装饰是雕花，花围床的雕花面积应该是古家具中量最多的一种家具，雕刻手法主要有浮雕、透雕、圆雕及阴刻线条等多种，其中以浮雕和透雕最为常见，雕花的部位多在围栏、横眉、挂檐、廊庑、挡板、腿角及小构件等处（图11.3.1）。雕花床的装饰艺术是很具代表性的中国传统装饰艺术，与中国古代建筑有着许多相似之处，这是一种风格化文化的装饰"符号"，完全遵

床头柜

漆饰雕花床

■ 图 11.3.1 雕花装饰

循传统纹样的形式法则，无论是单独纹样、适合纹样还是连续纹样，都写实中夸张，图案形态生动，主次分明，在注重物象结构特征的同时又能形神兼备，富有动人的韵律和节奏。雕刻题材多种多样，动物有龙凤、螭虎、狮、鹿、麒麟等，植物有卷草、缠枝、牡丹、竹梅、灵芝、莲花等，还有云头纹、玉环纹、十字纹、万字纹、冰裂纹、绳纹、水纹、火焰纹以及几何纹等。刀法线条流畅，层次分明，疏密适度，栩栩如生。雕花多而不繁，华而不奢，动中显静，刚中见秀。制作工艺娴熟精练，线条飘逸，刀法圆熟。

花床的线型变化丰富，是常见的装饰。明清时期的花围床，特别是踏步床，每一张床都是一个独立的小装饰艺术展览馆，从顶到脚，从踏步垂柱外檐到后面的围栏、栏板，几乎都极尽装饰之美，主要运用于腿足、横眉、围栏及边框、床榻等部位，通过平面、凹面、凸面及阴阳线之间不同比例的搭配，组合形成千变万化的图形线，达到悦目的装饰效果。从断面上看，有圆形、方形、扁方扁网和流水式的变化形。单从腿的形式上常见的有鼓腿、三弯足、直足、蜻蜓腿等。三弯腿，它由腿部从束腰处向外膨出，然后内收到下端，又向外兜转，形成三道弯，所以取名三弯。还有鼓腿膨牙，它的腿部从束腰处也膨出，然后稍向内收，不向外兜转，顺势成为弧形。而相应的足部的线型变化则有内翻涡纹足或外翻马蹄足、卷珠足、卷书足等，常常还配有雕花，形式千变万化，线型各异，流畅挺秀，优美动人。

雕花床的角牙、牙板、牙头也是重点装饰部位。角牙，工匠称为"插角"，是花围床中应用很广泛的一种牙子。角牙有多种，在装饰意义上并无多大差异，主要是在家具的转折处起到装饰与过渡的作用，以别出心裁的艺术匠心，在家具中起到了独特的装饰效果。许多角牙以各种题材的花纹图案为内容，工匠称为"牙花"，如灵芝、卷草、螭龙、飞凤等。

牙板在花围床中所处的部位极其重要，因为它直接处在花围床的正面中间与两腿相连，所用材料都是有一定长度和宽度的板材，所以叫牙板。牙板直接装在面框或横挡下面，不仅具有突出的装饰作用，也是花围床不可缺少的结构。牙板两端与腿相连处都常常设段牙头做转角，功能上形同牙角，构图上多采用左右对称式，题材上也多是花草或动物或几何纹样。

4. 雕花滴水床的门罩装饰

门罩是床架角柱内、挂檐以下的装饰部位，是雕花床的门面，常与角柱、挂檐连接一起，常见的有隔扇式和带有门围的落地罩和栏杆罩，还有月洞门式和图光式等。门罩的面积较大、较高。除了有前面提到的动物、花草和吉祥装饰纹样外，门罩还深刻体现了花围床装饰艺术与传统文化的密切联系，常有人物故事、戏曲等图形出现。门罩的制作工艺也特别考究，有浅雕、浮雕、透雕、雕嵌、平嵌、镶嵌和平涂等几乎所有家具装饰手法。

5. 雕花滴水床的围栏装饰

滴水床的栏杆主要有床身周围的围栏、踏步左右及前面两边的靠栏、箱柜的亮格等，常用小木块拼接各式几何纹样。其构成形式多样，制作工艺高超，设计了许多特别的装饰元素，不仅在家具造型中影响巨大，而且也影响到古建筑栏杆风格。

6. 雕花滴水床的挂檐装饰

挂檐是指床架上半部分横挂在床顶四周的部分。伸出床顶以外踏步围栏以内的部位叫飞檐。有的还采用复合式挂檐，雕刻精美无比，装饰五彩缤纷，以生动鲜明的形象体现出高深的艺术价值。

7. 雕花滴水床的材料艺术

过去嫁女儿，都要置办一些家具作为嫁妆。最常见的就是衣箱。衣箱常用樟木制作，樟木箱甚至成了木质衣箱的代称。最常见的樟木家具除了衣箱外，还有柜橱类和屏风等。在武陵地区，架子床上的雕花板也有用樟木做的，虽然历经百十年，至今尤散发出香味。楠木也是一种名贵木材，有紫楠之称，主要产在长江中下游地区，因为具有纹理淡雅文静、质地细腻柔和、有微香、不变形、耐腐、不被虫蛀等优点，理所当然地就成为家具材料的上上品。铁梨木也称铁力木，产于云南、广西，质地坚硬，呈褐红至深紫，纹理通畅粗硕，棕眼高低不平，不易腐烂。由于材料较大，易于整张板制作。榉木虽然不属于名贵木材，但它的纹理清晰、质地均匀、线条流畅，有着天然美丽的大花纹，也是制作家具的常用材料。榆木木纹与榉木相似，所以有"南榉北榆"之称，其特点是木纹畅通无阻，花纹大方、无拘无束，木质较松软，木色棕黄、色泽明快，不易变形、易雕刻，是北方广为使用的家具材料。

由于绝技工匠们都是师徒相传或代代相传的方式传授，加上近代所会的人本身就不多，又因受现代西式家具和经济效益的冲击，工匠们大都放弃了本业，故不知能把花围床全套工艺完美做完的工匠是否还有人健在。希望这种绝技不会失传，否则就是中华传统文化的一大损失。

8. 椅背曲线的缺乏

环视武陵地区家具中的椅，不难看出一个非常明显的特征——椅圈、曲背非常少见。纵观中国传统家具和其他地区的民间家具如晋作、苏作、京作等，无不谈论到椅圈、曲背这一具有标志性的结构部件，一是因为其普遍性，二是因为其舒适性及美观性。

椅圈是指扶手椅或圈椅中，自搭脑部位伸向两侧，然后又向前顺势而下，尽端形成扶手，用弧形圆材攒接，搭脑处稍粗，自搭脑向两端渐次收细。人在就座时，两手、两肘、两臂一并得到支承，很舒适。曲背可以说是椅子发展的一大进步，体现了当时家具制作在人体工学方面的研究。调查发现，以上两种极具曲线意义的结构部件在武陵地区家具中非常少见，椅子造型大体以直线条为主，即使有曲度的变化也是非常细微的。为适合背部的依靠，

最多也是做斜度上的调整，这与用材有很大的关系。传统家具中无论是床榻还是椅座，因材料资源富足，绝大部分都是采用硬木材料，对于传统家具中曲度的形制是完全适宜的。柴木中的硬质材料往往因为其抗压性能非常优异，且材幅宽大，而被广泛用在床架、柜类等承重较大的家具中；而椅座类家具，除座面的宽幅较大之外，其余部件的材幅尺寸都比较小，如用硬木材质制作，必然会导致材料的浪费。在民间制作家具时都是以因材置宜为选材原则，因此椅座类家具大部分都是以软木制作的。传统土家族家具用材的选择性在客观上也就决定了它只能采用直线形制及曲率较小的形制。由于很多软木材料的材性无法达到硬木的程度，所承受的工艺要求也不一样，因此也就局限了家具在"造型上的变化"。

9. 靠背椅的通用性

靠背椅是武陵地区普遍存在的一类家具，可以说是家家常备，人人一把，大小形制根据使用者的不同年龄阶段有不同的制作（就像衣服一样，根据人的成长变化，有大、中、小码的阶梯变化）。靠椅不仅具有大小变化，同样还具有"身份"的变化。在很多不同的空间中，都能看到它的身影，比如堂屋、卧室、厨房等，甚至在集市上也可看到，它可以用来坐靠，也可用于搭放衣物等。

11.3.5　土家族传统家具的原料与辅料

1. 常用材

土家族家具用材的主要特点就是就地取材。武陵山区森林资源分布较广，杉松尤其丰富，西湖木、江华杉、茶陵松等久负盛名，樟、梓、楠木及竹材种类颇多，这为家具提供了丰富的用材。优良的桐油、生漆，又为其雕饰艺术的保存创造了条件。床架要稳当、美观，木材必须坚实耐用，多选用株、樟、梓、枣等杂木作材料。其他用料更多的是迁就禁忌、信仰的要求。土家族家具常用樟木制作，这是因为樟木料大，常见的大躺箱有六面独板，厚度达寸半，

顶箱衣柜也是如此，面心独板，毫不吝惜材料。土家族家具与以紫檀、黄花梨为代表的明清传统家具相比，其最根本和最直接的区别就在于选材的不同。传统民居是大量性的，经济性要求较高，因此尽量选用地方性材料资源是降低造价、节约经费的重要一环，也使建筑更加丰富多彩，更能反映出传统民居的地域特色。

2. 软木

1）杉木

杉木系杉科，杉木属，又名沙木、沙树、刺杉。其为乔木，高达30m，胸径2.5~3.0m；干形通直圆满，材质轻而韧，密度为0.35~0.40g/cm³；质韧，加工容易，纹理美观，木材芳香，不挠曲、不变形，内含"杉脑"，抗蚁蛀耐腐；长久漂运于水，不变形、不变质，适用于水运。它生长快，萌芽性强，人工繁殖容易，无论插条、实生苗和萌芽更新都能成林成材。在适生地区，杉木病虫害较少。杉木的分布范围很广，北起秦岭南坡、伏牛山南坡，南到两广、云南，东自浙江、台湾，西到云南、四川，包括湖南、福建、江西、贵州、浙江、广东、广西、四川、湖北、云南、安徽、江苏、河南、陕西、甘肃和台湾等。这些地区温暖、湿润、多雨的气候条件，为杉木的生长提供了好的自然环境。同时，杉木分布区内河流密布，如湖南沅江等地。其中江华杉条，材质优良，宁远九疑木，俗称"香杉"，均闻名全国。

2）松木

松木是武陵主要的速生材种之一，其纹理清晰，早、晚材区别明显；枝节部位的活节、纹理等生长特征自然，变化丰富；本色涂饰色泽清新、明快；材质柔韧、弹性好；在适当的使用条件下使用寿命长；出材率高，加工容易。

3）樟木

樟木因木理多纹成章而得名。作为一种常绿乔木，樟木产于中国东南沿海及湘黔等地，是江南一带常见的树种。小叶似楠而尖，背有黄毛、赤毛，四时不凋，夏日开花结子。树皮黄褐色略暗灰，心材红褐色，边材灰褐色，木大者可数人合抱，肌理细而错综有纹，切面光滑有光泽。油漆后色泽美丽，干燥后不易变形，耐久性强，胶接性能良好。可以染色处理，宜于雕刻。其木气芬烈，可驱避蚊虫，但较易爆裂，价值低于楠木。因其含有樟脑，会散发出浓郁的香味，避虫防蛀，民间多用此材做樟木箱，存放衣物最为适宜。最常见的樟木家具除了衣箱外，还有柜橱类和屏风等。在武陵地区，架子床上的雕花板也有用樟木做的。旧木器行内依形态还将樟木细分为红樟、黄樟、虎皮樟、花梨樟、豆瓣樟、白樟、船板樟等数种。一般古旧民间家具使用的樟木科樟木属香樟类的香樟和黄樟类的黄樟。

4）槐木

槐木原产于华北，在武陵山区也广为栽种，是土家族重要的常用木材，多作各种农具（锄柄、扁担、板车、风车腿等）及房屋建筑、家具用材，以及制鼓、车梁、车底板等。民间玩具陀螺一般也以槐木制作的最为经久耐用。槐树，落叶乔木，高可达25m，胸径至1.5m，老皮灰黑色，块状沟裂。槐木的边材呈黄色或灰褐色，心材呈深褐色或浅栗褐色；木材有光泽，无特殊气味和滋味；生长轮明显；环孔材；纹理颇直；结构中至粗，不均匀；重量中或重，硬度硬，干缩及强度中，冲击韧性高，富弹性；干燥不难；天然耐腐性强，抗蚁蛀，耐水湿，边材有蓝变色，木心材有时有腐朽；切削容易，切面光滑；油漆后光亮性良好；容易胶粘。

3. 硬木

1）楠木

楠木是中国和南亚特有的珍贵用材树种，在中国主要产自四川、云南、广西、湖北、湖南等地。据《博物要览》记载："楠木有3种，一曰香楠，二曰金丝楠，三曰水楠。南方者多香楠，木微紫而清香、纹美。金丝者出川涧中，木纹有金丝，向明视之，闪烁可爱。楠木之至美者，向阳处或结成人物山水之纹。水楠色清而木质甚松，如水杨之类，唯可做桌凳之类。"在柴木家具中楠木是比较高档的一种木材，它的颜色浅橙黄略灰，纹理淡雅文静，质地温润柔和，无收缩性，不易变形，遇火难燃，遇到雨天或黄梅天时还会发出阵阵幽香。明代宫廷曾大量采伐，故宫及京城不少古建筑均为楠木构筑，皇家及民间藏书楼也多用楠木制作。南方人用其制作棺木或牌匾。至于传世的楠木家具，则如《博物要览》中所说，多用水楠制成。世俗都以楠木为美观，以至有于软木之外包一层楠木的。至于日用家具，楠木最占少数，原因是其外观不如其他硬木华丽。但在民间家具中就不那么讲究了。

2）梓木

梓树为紫葳科，梓树属，落叶乔木，广泛分布于中国各地。其木材耐水湿，耐腐朽，抗蚁蛀，加工容易，尺寸稳定；易干燥，无翘曲和开裂现象，切割容易且切面光滑，广泛用来制作家具。春秋时期，由于建筑房屋大量使用梓木，所以当时就称木匠为梓匠，且已成为一个独立的工种。值得注意的是，当时称梓人是制造器物者，而匠人是建造宫室宗庙者，二者是有区别的。

3）柏木

柏木是中国分布最广的树种之一，生命力极强，四季常青。柏木材质坚韧细密，纹理美观，芳香四溢，耐腐耐久，是建筑、造船和制作家具的良材。由于柏木性情高洁的特点，在皇家陵园和名人墓地，都栽有柏树，后人步入其间，常为一阵阵沁人心脾的幽香所陶醉。从近年考古现场获知，不少王陵就用上千根柏木整齐堆叠，用意在于取其芳香而防腐，可见在古人的意识中，柏木的级别是非常高的。传世的柏木家具有南北之分，南柏也称"黄柏"，产于长江流域，家具的款式多为明式的披麻披灰，黑漆做里。做工相当精细的，必为大户人家所用。黄柏中的坚细者可充黄杨用于镶嵌。北柏家具常见于

山东一带。北柏的优点是硬度高、材质细腻、油性大、变形率低、耐腐耐磨；缺点是节疤多，老包浆发古铜色。

4. 竹材

武陵山区是中国竹类资源的主要分布区，资源丰富，种类繁多，共19个属116个种和44个变种。主要竹种有毛竹、水竹、黄杆竹（金竹）、桂竹、慈竹、假毛竹、方竹、湘妃竹（斑竹）、吊丝球竹、南岭箭竹、紫竹等。因为竹子为喜热熟水的常绿植物，故在中国南方的亚热带环境中极易生长，这些地区的竹子分布很广，到处都是郁郁葱葱的竹林。

竹制家具在明清时期又有很大发展，民间艺人利用当地盛产的竹子来装修房屋和制作各种室内用具。有的家庭几乎是竹子的世界，不仅外部建筑以竹质材料为主，而且室内地板、窗户以及日常用的桌、椅、床、凳和箱、柜、架格等皆是清一色的竹制品，其中最著名的当数湖南益阳小郁竹器。这里的家具制品主要以楠竹、麻竹等名竹为原料，制作风格上与竹器家具比较接近，也是讲求精细的做工、严谨的结构、优美的造型和凉爽、舒适、经久耐用。家具种类除椅、凳最流行外，还有桌、柜架格、床、枕、灯具、屏风以及成套的折叠家具等数十个品种。约始于清代康熙年间的水竹凉席，也是益阳地区的一大特产。这种竹席以水竹为原料，经过开竹、破篾、刮篾、煮、漂、编织和扭边等诸多工序制作而成。产品分日用型和观赏型两种。前者产量大、使用广，多编作"人"字纹、梅花圈和连环锁类图案，是一种大众化的民用铺垫用具；后者成本高、制作精，通常编作花鸟虫鱼、人物山水等装饰图案，多是富人官家使用的奢侈品，平民家庭难得一见。水竹凉席除用于铺垫外，还常围于床之靠壁或扎饰顶棚等，其精品素以做工精巧、色泽雅润、花纹秀丽、清凉消暑而闻名，有"薄如纸，明如玉，平如水，柔如帛"之誉。

11.3.6 土家族传统家具的主要加工工艺和特色

1. 土家族传统家具的主要加工工艺

1）雕刻

在土家地区，经常可以看到雕刻精细、宽大结实的传统木雕家具。家具的题材、造型都大致相同，就其题材而言，涉及土家和汉文化的诸多内容，既有传统典故、历史神话，又有戏曲故事、现实生活、飞禽走兽、树木花草，范围极其广泛；就其雕刻的技艺而言，有平面浅浮雕、高浮雕和透雕，并借助线刻造型，加强其装饰趣味；就其装饰手法而言，按雕刻画面所需，运用单色彩和多色彩，髹漆和贴金、混金等多种装饰方法，突出主题，使其作品表现出奔放犷憨的艺术风貌。尤其是木雕，富有浓郁的乡土气息，显示出鲜明的地方特色，如图11.3.2所示。

土家木制家具木雕工艺中的动物造型，种类繁多，造型别致。木制家具装饰的动物造型中，经常还采用夸张、简化、规范处理等手法。但更多的是多种造型手法并用，并以适应其所属工艺手段而选择。所以动物的动态、神态、体态、饰纹、色彩都具有笨拙、粗犷、憨厚等特点。汉民族创造的凤，是鹰和孔雀的混合体，造型流畅，装饰华丽，气质高贵；而土家族木制家具工艺中的凤，则脱胎于雉

图 11.3.2　木雕工艺

鸡，山野气息浓重，缩头缩脑，动态变化小，身形显得笨拙可爱。

2）镶嵌

使用镶嵌手段装饰家具，始于商周。在武陵地区的家具上镶嵌也比较广泛，在座椅的背板上、桌案的横枨上、床榻的相板上等嵌以小块玉石或不同色调的木饰或象牙等尊贵材料，造成木材的色调与纹理的不同效果，也很新巧，同时还体现使用者的身份及地位或者财富。到了清代，因为镶嵌的效果突出，比雕刻更为华丽，镶嵌所用材料更加广泛，可用木、牙、石、瓷、螺钿，以及玛瑙、珊瑚、宝石等。色泽光闪明亮、璀璨华美的螺钿嵌是在清代迅速发展的，工艺也逐渐精良。螺钿嵌有白色和彩色之分，五光十色的五彩嵌最为漂亮。

镶嵌又名"百宝嵌"，分两种形式：平嵌和凸嵌。平嵌即所嵌之物与地子表面齐平；凸嵌即所嵌之物高于地子表面，隐起如浮雕。

平嵌法多体现在漆器家具上，有些木家具上也用。漆家具的平嵌法是先以杂木制成骨架；然后上生漆一道，趁漆未干，粘贴麻布，用压子压实；干后再涂生漆一遍，阴干，上漆灰子两遍（第一遍稍粗，第二遍稍细，每遍均须打磨平整）；再在二遍漆灰上打生漆，趁黏将事先准备好的嵌件依所需要的纹饰粘好；干后再在地子上上细漆灰，漆灰要与嵌件齐平；这层漆灰干后，略有收缩，再根据所需颜色上各色漆，通常要上2~3遍，使漆层高于嵌件；然后，经打磨，使嵌件表面完全显露出来，再上一道光漆，即为成器。

所谓凸嵌法，即在各色素漆家具上或各种质料的硬木家具上，根据纹饰需要，雕刻出相应凹槽，将嵌件粘贴在家具上。如果在嵌件表面再施加相应的毛雕，则会使图案显得更加生动。常见这种嵌法的嵌件表面高于衬底。由于其起凸的特点，使花纹显出强烈的立体感。这是指大多数而言，偶尔也有例外，镶嵌手法相同，而嵌件表面与器身表面齐平，

例如桌面四边及面心，为不影响使用功能，就常采用这种做法。

3）家具示例

（1）土家族木椅

土家族木椅主要有靠背椅和圈椅。

靠背椅是只有后背而无扶手的椅子，分为一统碑式和灯挂式两种。一统碑式的椅背搭脑与南官帽椅的形式完全一样；灯挂式的靠背与四出头式一样，因其两端长出柱头，又微向上翘，犹如挑灯的灯杆，因此名其为"灯挂椅"。一般情况下，靠背椅的椅形较官帽椅略小。在用材和装饰上，硬木、杂木及各种漆饰等尽皆有之，特点是轻巧灵活、使用方便。清代由于手工业技术的发展，各类器物都呈现雕饰过繁的现象。为了加强装饰效果，清代座椅常常采用屏风式背，这样可以在板心上雕刻或装饰各种花纹。有的椅子虽也是官帽式，但扶手和后背立柱已不是与腿足一木连做，而是采用框式围子，用走马销与座面结合。有的外形轮廓是屏风式，轮廓内的空当攒成拐子纹，这样可以把大小材料都派上用场，既节省木料，又形成独特的清式风格。清代后期，由于珍贵木材的匮乏，加上战乱频繁，家具行业也和其他工艺一样走向衰落。产量较高且较易得到的红木是这一时期制作家具的主要材料，因此红木家具基本属于清代晚期至民国初年的作品。尽管它们制作于清代，但并不代表清式家具的典型风格。土家靠背椅，粗壮厚实的腿足等都充分体现了土家族坦率、朴实的民风。

圈椅的椅圈自搭脑部位伸向两侧，然后又向前顺势而下，尽端形成扶手。人在就座时，两手、两肘、两臂一并得到支撑，很舒适，故颇受人们喜爱。采用四足，以木板作面，在厅堂陈设及使用中大多成对，单独使用的不多。

圈椅的椅圈多用弧形圆材攒接，搭脑处稍粗，自搭脑向两端渐次收细，形成和谐的效果。这类椅子的下部腿足和面上立柱也采用光素圆材，只在正

面牙板正中和背板正中点缀一组浮浅简单的花纹。明代晚期，又出现了一种座下采用鼓腿彭牙带托泥的圈椅。尽管造型富于变化，然而4根立柱并非与腿足一木联作，而系另安，这样势必影响椅圈的牢固性。明代圈椅的椅式极受世人推崇，以致当时人们把圈椅亦称为"太师椅"。

"太师椅在古家具中算是礼俗之器，至早在宋代，由圈背交椅发展而来。圈背交椅是仕宦贵族家中都有的陈设，所以又号称太师椅。"也有研究认为，"南宋时京尹吴渊在交椅上再加一个荷叶形的托手使坐的人更舒服。他把这把椅子送给秦桧，而秦桧官至太师，当时人们就称为太师椅。"到了明清，太师椅的造型与宋史所载相差甚远，体形硕大，做工繁复。设于厅堂的扶手椅、屏背椅等都称为太师椅。

太师椅的造型特点是：体态宽大，靠背与扶手连成一片，形成一个三扇、五扇或多扇的围屏。靠背高度，一般为中间高、两侧低，依次递减至扶手，形如一座小山，围在座板的三面。座面下的四腿比较粗壮，配上落地枨或托泥，更是稳如泰山。整个太师椅，犹如一只宝座，雄伟而庄严。

土家太师椅有一类称"书卷椅"，原因是在椅背的搭脑上向后卷成卷书形，有的还将卷书的细部雕出。还有一类叫官帽椅，有人将靠背高一些的称南式官帽椅，将靠背低一些的称作扶手椅。按习惯，可统称为官帽椅。明式官帽椅与清式风格截然不同，主要体现在背板、搭脑、扶手的处理上。明式官帽椅的扶手很少有花饰，清式官帽椅的扶手则多用花饰。

（2）土家族木柜

土家族的柜一般是由两个部分通过一定的连接方式连接在一起的：上部分为镂空的柜，下部分或者也是镂空的柜，或者是两扇门，三或两个抽屉的柜。这种柜的用途极广，可当成箱用来储存衣物，也可以搁置一些东西。现代的土家人还在用这种柜，在上部镂空的部分放置装饰品，下部抽屉或者柜箱中储存一些东西。这与土家人设计家具时首先满足其实用性质的物质利益的设计思路是一致的。

（3）土家族滴水床

以前土家男女青年结婚，男家要打一架滴水床。滴水床素常有一道滴水和两道滴水之分。两道滴水床，又称为"出一步床"，雕龙画凤，十分讲究，堪称土家一绝。一道滴水和二道滴水之间为踏板，宽6尺零半寸，深4尺零半寸，左右设床头柜，可当坐凳，主要木雕在二道滴水上，如八仙过海、金瓜垂吊、龙凤呈祥以及各种花纹的"芽饰"，加上漆工艺术处理，显得斑斓绚丽。按鄂西习俗，床的尺码均不得用整数，必须加半寸，俗话说"床不离半，屋不离八"。"半"由"伴"的谐音而来，"八"由"要得发，不离八"而来，一般木工都懂得这个规矩，要是不按这个规矩，东主忌讳不说，还得返工重做。此一习俗，如今仍在沿袭。

土家滴水床是一种镂雕细致而装饰堂皇的床（图11.3.3）。与其说是床，不如说是一件显示着主人身份和财富以及审美情趣的工艺品。滴水床又分为三进滴水床、七进滴水床等。三进滴水床是大

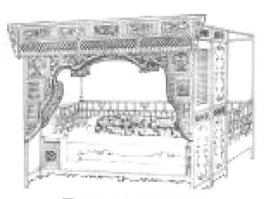

■ 图 11.3.3　滴水床（1）

户人家才用得起的，而七进滴水床则是土司家才能用的。滴水床上镂雕的多是栩栩如生的神灵或花草、稻粱，颜色则以金色和银色为最常见。滴水床不仅富丽堂皇，而且宽大无比。据说土家姑娘出嫁之前一般都暗地里派人去测量夫家的大门宽度，往往要木匠制作滴水床时故意做得比夫家的大门宽那么一点，这样姑娘嫁过去时夫家只有卸下大门才能迎娶进门，这无疑就给夫家一个下马威：本姑娘可不是那么好欺负的。土家姑娘的聪慧刁钻由此可见一斑。

为何要叫滴水床，究其缘由，有两个方面的原因：一是因为这张床在风格上仿照了土家民居中屋檐的层进结构，层层叠叠，酷似屋檐，一般的床有3层，最多的可达7层，故称"滴水"。另一则是因为土家族特殊的风俗习惯——哭嫁而得名。哭嫁是土家人典型的婚俗习惯，过去，土家姑娘十一二岁开始学习哭嫁，会不会哭嫁成了人们权衡姑娘聪明或者笨的标准之一，而且要求哭出眼泪来，泪水越多就越吉利，因而取眼泪滴答滴答流淌之意，故称此床为"滴水床"。据说一张滴水床制作费工费时，有时要几年时间才能得以完工，因此滴水床又称为"千工床"。

张家界市秀华山馆藏珍楼里珍藏的滴水床（见图11.3.4），从床檐到床脚，从床柱到四壁，内内外外都雕饰着精美的四季花朵图案。床檐正中雕的是金瓜，这意味着瓜迭连绵，发子发孙；金瓜两旁排开横列着春天的牡丹、夏天的荷花、秋天的菊花、冬天的梅花，象征四季；其他位置分别雕饰着文房四宝、琴棋书画。土家人是很看重床的，他们认为"日图三餐，夜图一宿"，人生有一半时间是在床上度过的，床不仅是睡眠休息之处，也是人生的起点和终点，他们把床放到了一个相当重要的位置。睡在床上睁眼一望，四时风月、自然万象、人生内容尽在视线之内，床告诉人们认识生活、懂得生活。

2. 土家族传统家具的主要特色

1）文化特色

土家民间木制家具可简单地分为3类：宗教色彩浓厚的寺庙使用的木制家具；官宦、商人等富裕大户人家使用的木制家具；农民等小户人家使用的简单木制家具。

寺庙所用的木制家具一般为香案等，根据寺庙的香火是否旺决定木制家具的讲究。一般来说，香火足的寺庙和官商人家所使用的木制家具一样，非常讲究；香火少的寺庙所用木制家具则如一般百姓家的木制家具一样，简练实用。但一般情况下，使用于寺庙中的家具，都雕刻有土家特有的"图腾崇拜"的图像；官商人家使用的家具，材料一般为非硬木材料，如榆木、核桃木、杨木等，家具的种类、数量、雕刻装饰、摆放位置及各自的用途都非常讲究，用料规范庄重，造型简练朴实，线型顺畅大气，做工精细；而农民等平民人家使用的家具则简单，一器多用，雕刻的纹样是象征着土家人民追求幸福生活的愿望，并以实用为主。

（1）乡野田园气息

土家纹样的取材主要来源于动物、植物、生产生活用品、天象与文字等5个方面。诸如：虎脚花、蝶翅花、牛角花、乌龟花、螃蟹花、狗牙齿花、阳雀花、蛇花、燕子花、猴子花等取材于动物；木兜花、

■ 图11.3.4 滴水床（2）

枫叶花、韭菜花、苞谷花、丝瓜花、梭罗树花等取材于植物；桌子花、椅子花、耙耙架花、豆腐架子花、船花、秤钩花等则取材于生产生活用具；天象纹有太阳花、月亮花、满天星、雾云花、水波浪等；文字纹则有寿字花、米字花、福禄寿喜等。"改土归流"之后，因受汉族刺绣影响，也吸收了凤穿牡丹、野鹿穿花、鸳鸯踩莲、喜鹊闹梅、鲤鱼跳龙门等吉祥纹样。

（2）农家淡泊心态

土家的图案母题是把各种动物、植物及生产生活用具改变为抽象的几何图案，把对象的形态结构、色彩、运动规律，转化为点、线、面的几何形式，这显然要比单纯的模拟、写真要复杂得多，并非像人们常说的"仔细观察、抓住特征、概括集中、夸张变形、去繁就简"等过程那么简单，它还饱含着深厚的原始造型意识和古老的文化内涵。土家人用自己的聪明智慧将生活中熟悉的事物创造抽象为具有民族特色和极高欣赏价值的图案。在这里，艺术创造与模拟自然是丝毫不相关的，物象的表现并不依赖于对客观对象的观察，而是靠记忆与承传（包括承传积累的历史记忆和个体的客观经验记忆）。在这种情况下，只有借助意象来造型，物象的一般特征在记忆中略去，而将物象感觉最强烈的特征抽引出来，以感性的东西为出发点，却又超出一般感性界限，抛开与事物本质毫不相干的现象。另一方面，根据民间艺人求全、求美的理想化观念表现自己的意念，这样的抽象既以形象自身特征为出发点，同时也包括对形象特征的选择与改造，而不是完全脱离实际的再现性的图案表现形式。

（3）山林绵密美感

以土家织锦为例。织锦纹样多为菱形结构，以斜线为主体，对称、反复连续等几何形排列，在极受局限的抽象纹饰中表现出某种物象的形态特征，却并非轻而易举之事。如织锦中的"台台花"，有规律性的直线排列，把虎头的雏形用直线形式表现

出来，完全不受自然形态的束缚，凭借主观的感受，表达出这种意匠的形式美。"八勾"至"四十八勾"取蜘蛛细长、弯折、多足的形态，有一种向心的内聚力及律动的美感。即使是最简单的一条线、一个点、一块色，均离不开客观生活的实际。如卷曲蔓延的"南瓜藤花"、展翅飞翔的"蝴蝶花"、S形回旋的"蚯蚓花"等，既是完全抽象化了的几何图案，又表现出了对象的精神特征。这一切，充分体现出土家族人高超的艺术才智、丰富的想象力和深厚的抽象造型能力。

2）造型特色

土家族家具与传统家具最大的不同点就在于造型特色上。土家族家具的造型特色主要有线的概括、自由空间和以意造型。

（1）线的概括

线的概括形成土家雕刻家具所具有的表现性特征之一。一定性质的物体往往表现为一定"质"和"形"的线；一定"质"和"形"的线又必然与一定的物象紧密相连，所以人们对于客观事物的感受不是纯粹的视觉就能体会到的，而是将长期以来对于这一事物的经验和情感移入其中而产生的。因此，单一的线造型不仅具有描摹事物的能力，而且足以唤醒人们对于日常某种生活的体验或情感，成为状物或抒情手段的载体。正是线造型的这种特殊性，土家雕工的造型手段与造型思维达到高度的一致，从而奠定了土家木雕变形、夸张与表现的必然基础。土家工匠在组合人物与场景的时候，采用的办法是人物透视为平视，而环境透视则为鸟瞰，这一点和中国传统绘画中的散视透视十分相似，尤其是和木板年画的构图空间相似。

（2）自由空间

土家民间工匠凭借在生活中对事物的理解去自由地安排构图，与西方的浮雕在空间意识方面差距很大。通常，西方的浮雕根据焦点透视来处理人物之间的关系，也就是"近大远小"的自然透视，强

调表现空间的真实效果。但这种方式对于稍复杂的构图有不少局限。而土家工匠在处理具体空间时就可以不受任何局限，而是通过对事物长期的感性积累来完成。

（3）以意造型

纵观土家家具木雕，不论是人物、山水，还是花草，大都采用具象的表现手法，但在造型上却是大胆的夸张。从表现人物看，往往头大身小，甚至房小人大，即使是花鸟或动物、风景，仔细观察，其形象并不"真实"，不像西方写实雕刻那样严格地讲究比例结构，讲究空间中的真实。但是人们仍然能够感觉到形象的存在，这是意象的真实。民间雕工在塑造形象时寻求的是趋势语言，是对整体造型态势的把握，通过造型趋势的"动"以破除木雕形式表面的"静"。所以，这些木雕的人物永远体现着生命状态的真实。他们在刻画人物时不着意雕刻五官表情，也不拘泥于人物身体各部位的长短比例，而是着意表现人物动态的传神写照，突出造型的稚拙、质朴；充分利用夸张、暗示等手法，以神情的表达提高感染力。在土家民间艺人眼中，"一切表现都必须能够引起对生命运动的注视和体验，一切构成元素都要如同来自活着的生命本身的辐射。"这种夸张的以意造型所显示的拙朴和稚趣并不是没有受过训练的工匠的随心所欲，在他们的创造中，我们闻到了审美真实的气味。自由与自律、浪漫与实在，相对立的因素统一在一起，使土家民间美术造型的根始终深植在精神与物质相交融的厚土之中。由于中国传统的正统艺术对雕塑的忽视，实际上形成了传统雕刻的民间性主流。因此可以看出，在土家族家具的雕刻上所体现出来的以意造型，在本质上与中国传统雕刻相似。

11.3.7　土家族传统家具的装饰手法

家具不仅具有功能性，还具有艺术性，它又是一种广为普及的大众艺术品。人们在使用它的时候，既能够满足特定的物质需求，又能够在接触和使用过程中产生某些审美快感，并引发丰富联想，从而满足一定的精神需求。

土家族家具的装饰手法主要有漆饰、雕刻两种类型，下面分别对它们的源流、艺术风格和工艺进行分析。

1. 漆饰

关于漆家具，早在明代隆庆年间黄大成编著的《髹饰录》中就有描述，到天启时杨明又做了补充，内容更加详尽。后经过王世襄先生对前书做了解说，即《髹饰录解说》。而在中国家具发展史上，除了传说中的鲁班，留下姓名的人物寥寥无几，其他与家具制作相关的历史名人都与漆器有关，如《髹饰录》作者，明代徽州漆家具大师黄大成，元代嘉兴府的剔红高手张成、杨茂、彭君宝等。流传下来的家具精品当中，留有款式的同样也多为漆木家具。

目前所能见到的土家漆家具大体有以下品种：各色素漆家具；红漆雕、黑漆雕家具；黑漆雕描金、紫漆描金、红漆描金家具；堆灰家具；刻灰家具等。以漆油饰家具最基本的是单色漆，常见的有黑、红、紫、黄、绿、褐诸色，其中以黑、红两色最多。黑漆又名玄漆、乌漆，是漆的本色，故古代有"凡漆不言色者皆黑"的说法。因此，纯黑色的漆器是漆工艺中最基本的做法。其他颜色皆是经过调配而成的。黑漆描金家具即在黑素漆家具上用半透明漆加彩漆，在黑漆地上描画花纹，然后放入阴湿室里，等漆阴干，再在花纹上打金胶，用细棉球着最细的金粉贴在花纹上。堆灰家具是在素漆家具表面，用漆灰堆成各式花纹，然后加以雕刻，再经过操饰或描金等，其特点是花纹隆起，高低错落，似浮雕。填漆和俄金是两种不同的漆工艺手法。填漆即填彩漆，是先在做好的素漆家具上用尖刀或针刻出低陷的花纹，然后把所需的色漆填进花纹，待干涸后，再打磨一遍，使纹地分明，花纹与漆地齐平。俄金、俄银的做法大体与填漆相似。刻灰又名"大雕填"，刻灰家具一般以黑漆作底，描画花纹，轮廓以内的漆地用刀挖去，保留花纹轮廓，刻挖的深度一般至漆灰为止，故名"刻灰"，然后在低陷的花纹内，填以不同颜色的釉、彩或金、银等，其特点是花纹低于轮廓平面。

制作漆家具的方法是：首先以较轻质的木料制成骨架，这是因为软木易着漆，硬木不易着漆；然后涂生漆一道，趁漆未干，糊麻布一层，用压子压实，使下面的生漆从麻布孔透过来；干后上漆灰腻子，一般2~3遍，分粗灰、中灰、细灰，每次都要打磨平整；再上所需色漆2~3遍；最后上一道透明漆，即清漆，即为成器。其他各类漆器均在素漆家具的基础上进行。

1）漆色变化的始末

早在河姆渡新石器遗址中就出土了目前考古发现最早的红色漆碗。这里所谓的"红色"，主要蕴涵着特定的巫术礼仪用意，是将人的观念凝结在漆器这种物质上，这种观念往往大于审美含义。而自古以来，南方尚红，源于楚人尚红色，以红色为贵，以赤帝为尊，对祖先的崇拜奠定了楚漆器尚赤的鲜明主调，以红色为主调的漆器具有丰富的巫术意旨。汉初尚赤，则大约与刘邦自认为是"赤帝之子"有关。汉初漆器仍以红色为主调，艳丽的红与黑相配，光亮照人，它是否袭用了楚人尚红的风习已不得而知，但它与楚系漆器的主色调大同小异确是一目了然的。如马王堆汉墓漆器色彩，一般以黑色作地，或者在黑地加红色作衬色，用朱红、赭色、灰绿等色作画。汉初漆器纹饰色彩除红、黑之外，还发展为用青、黄、白、绿、灰、金和银等多彩作画。汉武帝理政以后，接受五德终始说，于太初元年（前104年）发布诏令，宣布"改服色，易正朔"。《史记·孝武本纪》载，太初元年"夏，汉改历，以正月为岁首，而色尚黄"。于是，就以法令的形式确立起尚黄的制度。东汉时，在五行中特别突出了"土居中央"的地位，《集解》张晏曰："汉据土德"，

而土德为黄色，尚黄更具有了理论根据和神秘色彩，因而尚黄的观念愈加牢固。这种思想观念的改变也影响到漆器装饰上的变化，汉武帝以后便出现了以黄为主色调的漆器。这些漆色一直沿用到现在，不仅是对传统的继承，同样也还是因为制作漆色原料的丰富。

2）漆家具的流行

首先，漆器色彩从红、黑发展到青、黄、白、绿、灰、金和银等多彩色漆，这些色漆主要是用丹砂、石黄、雄黄、红土和铅粉等矿物颜料与漆和油调和而成的。由于武陵地质地理条件非常复杂，形成了多种多样的金属和非金属的丰富矿藏。已发现的有色金属多达111种，被誉为"有色金属之乡"。其中锑矿著称于世，又有"世界锑都"之称。铅、锌、钨等矿藏都居全国前列。已探明的非金属材料也有100多种，因此又被称为"非金属材料之乡"。其中雄黄、萤石、海泡石、石煤、独居石等储量，都居全国之首，这些原料又是调配色漆的必备原料。因此原料的丰富为漆器家具的发展奠定了牢固的物质基础。

其次，为掩饰坯材的"丑"。在明清时期，木以紫檀、花梨为贵的年代，大部分的软木家具都是以漆髹饰的，以遮盖其木材纹理本身的"丑"。在民间，不擦漆家具一般是硬质的白木家具（包括榉木、榆木、核桃木、银杏木、楠木、柞榛木、梓木、槐木、柘木、枣木、黄杨木等），以材质的自然木纹及包浆取胜；而擦漆家具一般是软质的白木家具（包括杉木、樟木、松木、椴木、桐木），因为软木用于漆器的内胎，具有韧性强、材质轻等优点，亦可以说用于漆饰是为扬长避短。

2. 雕刻

在土家族古建筑吊脚楼里，无论是梁柱、门窗，还是室内家具，很多都装饰着精美的木雕，传统土家族家具大部分都是木雕刻家具。在武陵民间匠人中流传着一句俗语："无雕不成器，非刻不是具。"

以木雕作为装饰的传统既久远又普遍，小到日用生活的器具，大到建筑构件上，几乎可以说无所不雕，无所不能雕。武陵民间木雕家具与本地区的建筑装饰石雕、竹雕等艺术形式有相互结合、相互发展的特点。区别主要在选择材料上，建筑雕刻部件选材不如家具制品考究，因为建筑的特征不需像家具制品那样细腻。通常木雕家具的选材以硬质杂木为主，所以比起精致的红木家具来，武陵家具的木雕刀功比较刚健粗犷、雕刻线条舒展。武陵木雕家具无论是从雕刻手法的娴熟上，还是雕刻题材的丰富上，都得益于远古雕刻艺术的影响。武陵木雕艺术品，就其造就和存世年代之久远而言，远早于徽州、东阳地区；就其雕刻题材内容而言，涉及宋、元、明、清各朝社会和文化的各个领域，几乎囊括了中国古代造型艺术的所有对象；就其雕刻技艺而言，有多层镂雕、圆雕、高浮雕、阴阳线刻等手法，并互相结合，相得益彰，把木雕技艺推上了一个新的境界；就其装饰手法而言，按雕刻画面所需，运用多色彩和单色彩、涂彩和素色、髹漆和贴金、泥金等多种装饰方法，突出主题，达到了"淡妆浓抹总相宜"的艺术效果。

有关木雕工艺，前面已经有所论述，下面主要讨论雕漆工艺。

雕漆始于唐，精于宋元，盛于明清，尤以明代达到了最高峰，是中国特有的漆艺品种，在世界上享有盛誉。雕漆的制作程序如下：首先是制胎，一般多为脱胎或铜胎；第二步为涂漆，即把色漆一遍一遍地髹涂于胎体上，少则几十遍上百遍，多则数百遍……待达到所要求的厚度时，再用刀雕刻。由于是在厚的漆层上雕刻，故名雕漆，实则是漆的浮雕。雕完之后，还要打磨推光，作品才算完成。

雕漆因漆的色彩不同而有不同的品种：黑漆者谓剔黑，朱漆者谓剔红，黄漆者谓剔黄，黑红相间者谓剔犀，黑黄绿红多彩者谓剔彩。

11.3.8 结束语

中国，创造了灿烂的东方文明，谱写了一段人类发展的历史。武陵文化是中国文化这一大家庭中的一朵奇葩，成就了这一带的家具风格。从传统土家族家具中能够认识到当时武陵地区的生产发展、生活习俗、思想情感和审美意识。其艺术成就是现代家具设计不容忽视的珍贵素材。通过对传统土家族家具所处环境、种类、用材、装饰方面的分析，得出以下结论：

（1）土家族家具作为中国家具的一部分，在品类及形制上基本沿袭了传统家具的特征。

（2）家具作为产品，最终要以实物的形式出现，因此它必须以材料为对象。土家族家具的材料特性会影响它的造型与效果。人类的生存方式决定了本土工匠在制作家具时，在材料使用上首先想到的总是唾手可得的材料。

（3）传统土家族家具的审美性通过漆饰、雕刻和镶嵌工艺得以完美体现。而精湛的漆饰工艺、雕刻手法和镶嵌技艺都充分展现了土家人的智慧和技术。土家漆器家具使用极为广泛，其原因主要是：① 武陵地区多样的金属和非金属的丰富矿藏为漆器家具的发展奠定了牢固的物质基础；② 为掩饰家具用材的"丑"。传统土家族家具的木雕题材图案也可以归纳为武陵家具装饰题材图案，大致有戏文故事、民俗生活场景、历史神话人物等几类题材。土家族家具以其自身所特有的材料和装饰手法反映出大众化的审美情趣和时代特征，其朴实的风貌散发出浓浓的生活气息。

11.4　哈萨克族传统家具

哈萨克族，属突厥语族，是哈萨克斯坦的主要民族和中国、俄罗斯、土耳其、乌兹别克斯坦等全球 40 多个国家和地区的少数民族，人口 1660 万左右，属于蒙古人种北亚类型和部分欧罗巴人种的印度地中海类型之间的过渡类型，是混血民族，也就是图兰人种，被誉为世界上唯一没有乞丐的民族。在中国的哈萨克族主要分布于新疆伊犁哈萨克自治州、阿勒泰，人口 165 万，使用哈萨克语，文字有 3 种，分别为哈萨克官方使用的西里尔文、阿拉伯文和拉丁文。

哈萨克族在游牧、迁徙过程中吸收周围民族的文化内容，创造出了具有特色的哈萨克民族文化。特别是中亚和新疆南部地区的绿洲农业文化，来自西北方向的俄罗斯文化、乌克兰文化、塔塔尔文化，以及相当重要的中原汉文化和中国北方满 - 通古斯文化，对哈萨克文化的发展都有影响。

中华人民共和国成立前，绝大多数哈萨克族人过着逐水草而居的游牧生活。牧民们住的是一种轻便而又易于支撑和拆卸的毡房（即穹庐，图 11.4.1）。他们的饮食，大部分是肉食和奶食。奶制食品多种多样，如酥油、奶屯馇、奶皮子、奶酪等。他们制作的马奶酒是名贵的饮料。牧民主要用牲畜的皮毛做衣服的原料，多用冬羊皮缝制大衣，不挂布面。妇女夏天穿长的花布连衣裙，冬季外罩对襟棉大衣。牧民冬季戴三叶帽，热天则扎用三角布制的头巾。未婚女子头戴漂亮的花帽，冬天有时戴皮帽；已婚妇女头戴方头巾或白布盖头，盖头外披白布大头巾，头巾左上端佩带一件首饰，并戴耳环、戒指和手镯。哈萨克族人民热情好客，对来拜访和投宿的客人给以殷勤招待。哈萨克族人大多信仰伊斯兰教，有些牧民仍保留着萨满教的残余。

■ 图 11.4.1　哈萨克穹庐

哈萨克族人民在生产生活的实践中创造了丰富多彩的文化艺术。哈萨克文学包括书面文学和口头文学，后者的地位十分重要。牧民们在相互交流与联系中，将不同部落的杰出文才创作的口头民间文学加以传承和发展，使之日益丰富，内容包括神话传说、民间故事、叙事长诗、爱情长诗、民歌、谚语等，其中尤以长诗所占地位突出。据统计，哈萨克族约有 200 多部长诗，代表作如《英雄塔尔根》、《阿勒帕米斯》等；史诗有《萨里海与萨曼》、《阿尔卡勒克英雄》等。哈萨克族的工艺美术作品非常丰富，妇女会制作毡房、各种毡制品、毛制品和服饰；不少男子会制作木器、铁器和骨器；用金银、玉石制作的各种装饰品造型艺术水平较高。哈萨克族爱好音乐，能歌善舞，民间乐器有冬不拉、杰特肯、霍步子。

11.4.1 哈萨克族传统家具概述

以游牧为生的哈萨克族在居住形式上继承了祖先的传统。由于哈萨克族在春、夏、秋的三季牧场中要不停地迁徙，只有易于搭卸、便于携带的房屋，才能适应生产和生活的需要，而毡房正符合了上述要求。一般牧民两个小时就能搭起一个毡房，若已搭起的毡房地方不太合适，几个人就能抬起来换个位置。毡房拆卸起来也很容易。在很短时间内，牧民就能将整个毡房和全部生活用品用毛绳捆扎起来，转移到另一个地方去。因而，毡房对哈萨克族来说再合适不过了。

毡房，哈萨克语称"宇"，它不仅携带方便，而且坚固耐用，住居舒适，并具有防寒、防雨、防震的特点。房内空气流通，光线充足，千百年来一直为哈萨克牧民所喜爱。由于毡房是用白色毡子做成的，毡房里又布置得十分讲究，因此人们称之为"白色的宫殿"。毡房由房围、房杆、顶圈、房毡、房门等组成，下部为圆柱形，上部为穹形。通常毡房有 3m 高，面积 20~30m²。

毡房内布置有一定的规矩，分成住宿和放物品两大部分。房正中对着天窗安设火塘或铁炉（图 11.4.2），毡房前半部铺有地毯。进门按逆时针

图 11.4.2 哈萨克穹庐正中的铁炉

方向，首先是厨房，制作各种食品；然后是主人的卧室（图 11.4.3）；往下铺着大地毯之处，可以接待客人或进行礼拜（图 11.4.4）；最后是儿子、儿媳的铺位。

毡房的功用是多方面的，除了居住待客外，也是从事生产和娱乐的场所，既是接羔的"产房"、孩子的课堂、婚礼的殿堂，也是哈萨克族人唱歌、跳舞的俱乐部。从冬季来临的 11 月到来年春季 4 月期间，哈萨克族人一般住在冬季牧场。这种房屋为四方平顶，内置铁炉或土炉取暖，为避风雪，多用土坯、石块或木头构筑而成。定居的哈萨克人的住房形式与周邻其他民族相似。

"忒哈拉"也是哈萨克族的一种建筑。此房圆顶，类似毡房，但有土石砌成的围墙，高 2m 左右，有天窗。这种房屋冬暖夏凉，基本已属定居房屋，房屋四周有围放牲畜的篱笆栅栏或土坯矮墙。

■ 图 11.4.3　哈萨克主人的卧室

■ 图 11.4.4　哈萨克穹庐中的内室一角

11.4.2 哈萨克族传统家具的造型艺术

哈萨克人的日常生活处处可见多彩的图案，地毯、衣饰、家具、器皿、乐器、马饰等物品上都绘有不同的图案。作为一种生活化了的艺术，哈萨克图案艺术的审美价值和使用价值达到了最大限度的统一，不同的图案样式都在一种具体的实物上点缀着哈萨克人的生活。丰富而又独特的图案艺术是哈萨克民族悠久历史文化的载体，从中可以揭示出哈萨克人的审美文化心理和民族的情感积淀。

图案艺术在本质上是一种人的意志和精神的物化。哈萨克族图案艺术具有图案艺术的一般共性，同时作为哈萨克人的民族审美心理与意志的体现更有其独特的魅力。首先，作为新疆民族民间艺术的典范之一，哈萨克图案艺术蕴涵着本土特殊的民族文化性格和精神特质。其次，哈萨克族的审美心理结构有赖于历史的生成和积淀，包括地理环境、生产方式、巫术礼仪、文化传统、宗教信仰等多种因素的影响。哈萨克图案艺术是这一影响的艺术结晶。从文化生态学的角度看，新疆民族文化的特质源于新疆独特的生态环境。荒漠、戈壁及高山之间狭长的草原绿洲带是新疆主要的地理特征。这里气候终年干燥，冷暖多变。同温暖、湿润的地理环境带给人以安定依赖的心理不同，恶劣的生存环境为这里的民族提供了纵横驰骋的天地，使他们有更加强烈的生存意识和对外部世界的征服、驾驭的超强能力，从而逐渐形成了新疆民族充满生气与活力、豪迈刚直、慷慨激昂的民族精神和深层文化结构。悠久的哈萨克族图案艺术即是这种地域情结和意志的物化之一。例如地毯上的图案以方形、长条形、三角形、菱形为主（图11.4.5），图形样式简洁，色彩朴素鲜明，图形线条相对粗犷豪放、淳厚大方。类似的图案艺术视觉面貌在柯尔克孜族图案中也有体现，原因在于两个民族都是新疆古民族的后裔，他们在历史文化之源上是相近的。哈萨克人图案的艺术气质不同于中原地区农业文明下的祥和、富贵的花草图案，也不同于新疆维吾尔族细密、丰繁的图案特征，它留给人的视觉感受是浑朴、厚实并充满张力。哈萨克族图案艺术具有原生态艺术的文化价值，记录着哈萨克族的历史发展与文化传承。

哈萨克人运用生活中长期积累的经验，发挥认识与创造形式美的能力，由简单到复杂，由粗糙到精细，由模仿到创造，逐渐形成了独具特色的图案艺术。这些图案的主题是自然主义的，以质朴自然的原始艺术特质来反映人的精神生活，以抽象和概括的手法将自然中的物象图案化、形式化，基本的装饰形有旋涡纹、花草纹、直线纹、几何纹（三角形、方形、菱形）。哈萨克图案中的植物纹样最为丰富。笔者在伊犁下乡期间在当地的哈萨克民间裁缝那里看到许多有代表性的图案样式，其中归纳了几种典型的花蕾、花枝和单独纹样，这些基本纹样经过再创造，可以演变出更多的样式。其中，单独纹样普遍使用在图案的中心位置，是主体图形。

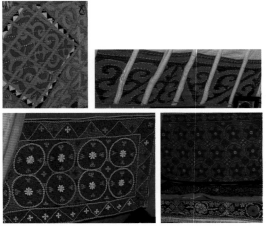

■ 图 11.4.5　哈萨克地毯装饰图案

11.5　羌族传统家具

羌族是一个具有悠久历史和古老文化的民族。在漫长的繁衍生息过程中，他们始终保持着自己独特的生活习惯和文化习俗。从民居形式、生产工具、服饰用品到民间歌舞都得到充分表现。调查表明，羌族在节气、生产劳作、祭祀、民居形式、家庭结构、家族成员在家庭中的地位、婚嫁、丧事、服饰以及传统文化传承中的细节上都继承得相当好。另外，在住居方面经过不断的演变、改进，形成了具有代表性的石屋民居。石屋类民居的民族不仅将石文化体现在民居建筑上，还体现在家里的用具上，如石雕、石磨、石凳、石水缸、石钵、石盒、石槽、石桌、石凳、石灯和建筑上的装饰物（石壁、石画、石人、石马、石狮，供奉神的石果、石鱼、石花，以及至高无上置放在羌民居房顶上的羌族"白石神"），此外很多地名也与石有关，如石头寨、石宝寨、石板寨、石金寨等，人们已将石看成生活中不可缺少的部分，如图 11.5.1 所示。

■ 图 11.5.1　羌族的石头用具及装饰

羌民们劳作中使用的农具基本上是根据当地的土壤及自然条件自己设计制造的，因此在四川省阿坝藏族羌族自治州的桃坪羌寨有农具的生产加工作坊，大一点的作坊还生产房屋的一些铁构件之类的东西。作坊是由寨子里的能工巧匠自己开的，农具的尺寸大小都与其他地方有所不同，往往是根据当地的地貌情况特殊加工的，如图 11.5.2 所示。

羌族家具也有用木材制作的，如图 11.5.3 所示。

■ 图 11.5.2　羌族的农具

■ 图 11.5.3　羌族人家使用的木制家具

参考文献

[1] 韩晓时. 满族民居民俗 [M]. 沈阳：沈阳出版社，2004.

[2] 徐海燕. 满族服饰 [M]. 沈阳：沈阳出版社，2004.

[3] 维基百科.

[4] 于江美，孙明磊. 浅析沈阳故宫中清宁宫的室内格局与家具 [J]. 家具，2007（5）.

[5] 蒋兰. 满族摇车的设计科学 [J]. 大家，2012（2）：98.

[6] 李正红. 大理白族家具装饰艺术及风格研究 [D]. 昆明：昆明理工大学，2007.

[7] 丁丽娟. 大理白族家具与白族民居建筑关系研究 [D]. 昆明：昆明理工大学，2008.

[8] 谷成东. 白族民居建筑 [J]. 住宅科技，2004（07）.

[9] 张瑞. 大理白族家具研究 [D]. 昆明：昆明理工大学，2005.

[10] 丁丽娟. 从符号学的角度初探白族家具文化的传承 [J]. 九江学院学报（社会科学版），2011（02）：97-99，102.

[11] 许佳，李正红. 云南白族家具的艺术风格 [J]. 艺术百家，2007（06）：198-200.

[12] 袁哲，叶喜，强明礼. 中国民族家具精选 云南白族家具 [J]. 林产工业，2002（01）：33-36.

[13] 袁哲，叶喜，强明礼. 中国民族家具精选 云南白族家具（续1）[J]. 林产工业，2002（02）.

[14] 张瑞，李纶，许佳. 大理白族家具起源及发展初探 [J]. 昆明理工大学学报（社会科学版），2004（04）.

[15] 何庆华，许佳. 白族家具的彩绘艺术 [J]. 家具与室内装饰，2008（10）：48-49.

[16] 易华. 湘西土家族传统床类家具木雕图案研究 [D]. 哈尔滨：东北林业大学，2012.

[17] 覃莉. 土家族区域木雕艺术发展史 [J]. 三峡大学学报（人文社会科学版），2011（01）.

[18] 覃莉. 土家族区域木雕艺术的发生与流变 [J]. 大舞台（双月号），2009（06）.

[19] 覃莉，张琼. 土家族木雕艺术的形制及其美学风格 [J]. 湖北民族学院学报（哲学社会科学版），2008（02）.

[20] 秦娅. 土家族家具木雕艺术研究 [D]. 昆明：昆明理工大学，2011（09）.

[21] 吴丹. 土家族木制家具美学研究 [D]. 长沙：湖南大学，2008.

[22] 曾瑜. 土家族滴水床装饰艺术研究 [D]. 长沙：中南林业科技大学，2012.

[23] 闫丹婷. 渝东南土家族民间家具审美特征分析 [J]. 装饰，2012（01）：137-138.

[24] 林毅红. 土家族三滴水床 [N]. 中国社会科学报，2012-10-08.

[25] 唐琦，王少婧. 多元文化在羌族建筑装饰艺术中的体现 [J]. 中华文化论坛，2013（02）.

[26] 张青. 羌族聚落景观与民居空间分析 [J]. 装饰，2004（02）.

[27] 张犇. 羌族白石装饰表现形式的地域性分析 [J]. 装饰，2007（03）.

图索引

5

6

7

后 记

我国城市化的快速发展，对传统文化的解构和破坏是显而易见的，各地无数传统建筑和家具已不复存在。综观全球，2008 年的世界经济危机对传统家具产业造成较大冲击，传统家具图书的出版也不断降温。在这样的背景下，《中华民族传统家具大典》的编委们怀着拯救中国传统文化的强烈责任心和使命感，克服种种困难，历时 5 年，编纂出了这部世界家具史上第一部综合性中国传统家具大典。我作为主编，倍感欣慰！

看着眼前堆积如山的书稿，回首过去 5 年里的点点滴滴，我很激动，也很感慨。5 年来，编委们对 30 多年来收集的海量家具资料进行了深入研究，对书稿进行了细致的推敲，从 4 万多张图片中认真挑选，注重细节，精益求精。行将付梓的这部书稿涉及的中国传统家具覆盖全国 23 个省（自治区、直辖市）和 16 个民族，堪称中国传统家具的百科全书。

为了确保本书的学术权威性、系统性和传承性，在成书过程中，南京林业大学张齐生院士、东北林业大学李坚院士和日本千叶大学名誉教授宫崎清先生为本书的编写提供了很多指导和帮助；20 多位编委不计任何报酬，在繁忙的工作中挤出时间，认真阅读和分析了家具界老一辈专家的研究成果，参考了国内外已出版的各种古典家具图书、论文及其相关资料；不少兄弟院校、传统家具企业的领导和设计师们为我们提供了热情支持和无私帮助；我的几届数十名研究生在传统家具图片的收集、分类、处理和整理上费尽了心血。

清华大学出版社的张秋玲编审，亲自策划、亲自指导，对这部书的出版计划进行了一次又一次调整，书稿规模增加到最初计划的 3 倍，装帧形式也从最初的黑白简装版改为现在的彩色精装版，使读者能够更真切地体会到中国传统家具的美妙；她还亲自拨冗担任责任编辑，以高度的责任心对书稿进行了多次审阅和修改，不断推敲、反复锤炼，不放过书中任何一个有疑点的数据、费解的字句甚至标点符号。

许美琪教授不顾年迈体弱，对本书进行了认真审查；南京林业大学周橙旻副教授和天津城建大学张小开副教授，默默无闻、任劳任怨地承担了一次又一次的书稿修改和汇总工作……正是因为他们的无私付出，才使这部大典能够如期和读者见面。

在此，谨向所有关心、支持和帮助本书出版的单位和专家表示最衷心的感谢！

由于我们经验不足，研究条件有限，第一次承担这样大的课题难免会出现一些疏漏，恳请广大读者和专家批评指教！

张福昌

2016 年 3 月 8 日凌晨